実用HDLサンプル記述集

まねして身につけるディジタル回路設計

鳥海　佳孝
田原迫仁治
横溝　憲治
　　共著

CQ出版社

- **サンプル記述についてのご注意**——本書で紹介するサンプル記述について，作成者はその著作権を放棄するものではありませんが，権利者の許諾なしに本書のサンプル記述をご利用いただいて構いません．本書で紹介するサンプル記述は，すべての論理合成ツール，すべてのHDLシミュレータ，すべてのその他の設計支援ツール，すべてのプラットホームなどで正しく動作することを保証するものではありません．また，本書のサンプル記述などを利用して生じたトラブルについて，小社ならびに著作権者は責任を負いかねますので，ご了承ください．
- **本書に関するご質問について**——文章，数式などの記述上で不明な点についてのご質問は，必ず往復はがきか返信用封筒を同封した封書にてお願いいたします．ご質問は著者に回送し直接回答していただきますので，多少時間がかかります．また，本書の内容の範囲を超えるご質問（コンサルティング的な質問など）には応じられませんので，ご了承ください．

まえがき

　私がHDL（Verilog HDL）を触り始めてから，早いもので10年を越えてしまいました．最初は，単に「ゲート・レベルのシミュレーションが高速である」という動機だけでHDLベースの論理シミュレータを購入した記憶があります．

　その当時は，主に大型計算機を使って論理シミュレーションを行っていました．朝，シミュレーションのジョブを投入しても，実際にシミュレーションが開始されるのはその日の夕方，あるいは夜10時の帰宅の頃ということが珍しくありませんでした．また，実行するのは良いのですが，そのジョブを制御する書式が間違っていて，途中で処理が止まってしまうといったこともしばしばありました．そして，「今日一日，いったい何をしていたんだろう」と思う毎日でした．

　「もっと効率よくシミュレーションできないかなぁ」と思っていた矢先に，HDLベースの論理シミュレータに出会いました．その当時の常識は，「ソフトウェア・シミュレータは遅い」というものでした．高速だと触れ込みのあったシミュレータは数多くありましたが，実際にベンチマーク・テストを行ってみると，言われているほどの性能は出ませんでした．ただ一つだけ高速だったシミュレータが，当時，米国Gateway Design Automation社（後に米国Cadence Design Systems社が買収）の論理シミュレータ「Verilog-XL」でした．プログラムみたいなコードを記述してコンパイルすると，すぐにシミュレーションが実行されます．たとえコンパイルがうまくいかなくても，すぐにそのエラーをメッセージで教えてくれます．今ではあたりまえのことが，当時はすごく新鮮に感じられました．「これでバリバリにシミュレーションできるゾ！」と思いながら，喜々として設計に取り組んだものです．

　HDLでシミュレーションできるようになり，その次に登場したのが米国Synopsys社のHDLベースの論理合成ツール「Design Compiler」でした．「HDLで決まった書きかたをしたら回路を作ってくれるって？」．最初は，そのようなことが本当にできるとは信じられませんでした．ところが実際にやってみると，回路の質はともかく，ほんとうに回路が出力されることに，素直に「すごい！」と思ったものです．そして，「どうしてこんな回路になるんだろう？」，「こう記述するとどうなるんだ？」といったことをいろいろ試してみました．あれから10年あまり経った現在，LSI設計ではあたりまえのようにHDLが使われ，論理合成ツールを使ってゲート・レベルのネットリストを出力しています．

　このように，私がHDLを使い始めた頃は，人手中心の設計手法から，EDAツールを使用する方法に移行するちょうど過渡期の時代でした．したがって，みんなが「設計手法」というものにものすごく興味を持っており，それぞれの手法が自分たちの設計にほんとうに使えるのかどうかを設計者自身が試していました．そして，そこで試したさまざまな記述方法が，現在でもたいへん役に立っています．

　しかし現在のLSI設計者には，こうした試行錯誤を行う時間的な余裕がないように見受けられます．そのため，自分自身で試すよりも，すでに経験のある部署や設計者，外注などに任せたり，設計変更するにしても劇的に構成を変えるのではなく，小手先の変更だけで済ませるケースが多いように思います．これはLSI設計に限ったことではありませんが，本当の技術やスキルを身に付けるには，何事においても実際に体験してみるしか方法はありません．いろいろと試したり失敗したりすることが，技術の肥やしになるのです．

ただし，試すといっても，昔は非常にお金がかかりました．EDAツールやワークステーションなどに何千万円，さらにチップを試作しようと思ったら，へたをすると「億」単位の金がかかります．このような状態で，気軽に試せるはずがありません．幸い会社に在籍していた頃，私自身がEDAツールを導入する立場にあったこともあり，いろいろなことを吸収させていただきました．しかし，現在はFPGA (field programmable gate array) があるので，私のような個人事業主でも数万円で回路を作って，実機で動かすことができます．すばらしい時代になったものです．

　このようなすてきな環境を使わない手はありません．そこで本書では，HDLを使って，これからハードウェアを作ってみようと思われる方のために，実際に動作する回路記述やシミュレーションの方法，さらには実機とソフトウェア（HDLシミュレータを含む）を同時に動作させる協調シミュレーションのサンプル記述を紹介します．

　本書はいわゆる「HDLの文法書」ではありません．しかし，まずはこの中にある記述をそのまま利用してみて，「はは～ん，こんなふうに動くんだ」という感触をつかんでいただければと思います．本書はHDLシミュレータや実機を実際に動作させることを主眼に置いて書かれています．実機で動作するところまでいけば，あとは読者のみなさんがそれぞれに知りたいところを掘り下げていくだけだと思います．実際に動かすことにこだわるエンジニアの方々に本書を読んでいただきたい，利用していただきたいと私たちは考えています．

　最後になりましたが，この本を出版するにあたり，CQ出版社 Design Wave Magazine編集部の中山俊一氏をはじめ，編集スタッフの方々にあらためて感謝いたします．前書きは私（鳥海佳孝）がえらそうに書いていますが，この本の共著者である田原迫仁治氏と横溝憲治氏のお二人にほんとうに感謝しています．また，ふだんからお仕事をいただいております顧客のみなさま，本当にありがとうございます．この業界で何とか生きていけるのも，みなさまのお力添えがあればこそです．そして一番感謝し，本書を捧げたい人たちは，私の妻，両親，義理の両親，そして3人の娘たちです．特に一番上の娘については，個人事業主としてふだんから家にいることが少ないこともあり，放ったらかしの状態です．それでも「お父さん，お仕事がんばってね！」と言ってくれる早希（さき）よ．いつになったら時間ができて構ってやれるのかわからないけれど，時間ができるようになった頃は，きっとお父さんは煙たがられる存在になっているのだろうな．「小さいときにあまり遊んでもらえなかった」と早希に言われたときのために，本書を早希に捧げます．本書を執筆していて忙しく，遊べなかったことにしておくれ．それくらいお父さんが携わっている半導体の業界は厳しいのだ．

　本書がLSIやFPGAの設計業界の何らかのお役に立つことを願いつつ，読者のみなさまのご活躍をお祈りいたします．

設計アナリスト　鳥海佳孝

Contents

第1章　設計再利用を考慮してHDLを記述しよう 9
1.1　柔軟なモデルを実現する"パラメタライズ" 11
1.2　優れたIPを作るには… 15

第2章　実用回路のサンプル記述 17
2.1　RSフリップフロップ 18
2.2　トランスペアレント・ラッチ 21
2.3　Dフリップフロップ 24
2.4　イネーブル付きDフリップフロップ 28
2.5　ロード付きアップダウン・カウンタ（非同期リセット）...... 31
2.6　ロード付きアップダウン10進カウンタ 34
2.7　マルチプレクサ，デマルチプレクサ 38
2.8　シフト・レジスタ 41
2.9　プライオリティ・エンコーダ 44
2.10　バレル・シフタ 46
2.11　加算器（ハーフ・アダー，フル・アダー）.............. 48
2.12　加減算器 52

Contents

2.13	乗算器	56
2.14	ALU（数値演算ユニット）	58
2.15	FIFO（同期バス）	61
2.16	デュアル・ポートSRAM（非同期バス）	66
2.17	ISAバス・インターフェース・コントローラ＋スクラッチパッド・レジスタ	69
2.18	パリティ・ジェネレータ，パリティ・チェッカ	72
2.19	水平パリティ・ジェネレータ，水平パリティ・チェッカ	77
2.20	パルス・ジェネレータ	82
2.21	パラレル-シリアル・コンバータ	89
2.22	シリアル-パラレル・コンバータ	95
2.23	アラーム保護	101
2.24	フレーム同期検出	106
2.25	アドレス・デコーダ	112
2.26	クロック同期アドレス/データ多重バス・インターフェース	117
2.28	クロック同期アドレス/データ分離バス・インターフェース	130

第3章　テストベンチのサンプル記述 ……………139

3.1　テストベンチとは何か ……………………………139

3.2　テストベンチの記述法 その1 ……………………146
　　　―― VHDLテストベンチの作成

3.3　テストベンチの記述法 その2 ……………………159
　　　―― Verilog HDLテストベンチの作成

3.4　検証結果の表示方法を工夫する …………………167

3.5　テストベンチの記述法 その3 ……………………180
　　　―― クロックの記述からテスト・シナリオまで

3.6　波形表示ツールの活用法 …………………………198

3.7　テストベンチの記述法 その4 ……………………201
　　　―― メモリ・モデルとパターン・ファイルの入出力

第4章　システム検証のためのサンプル記述 …………210

4.1　Verilog PLIの概要とシステム検証 ………………210

4.2　PLIを利用したRS-232-C通信エミュレータ ……225

Contents

4.3　　RS-232-C通信を利用したシステム検証 ･･････････････237

4.4　　USB通信を利用したシステム検証 ････････････････････246

参考文献 ･･257

付属のCD-ROMについて ･･････････････････････････････258

索引 ･･261

第1章 設計再利用を考慮してHDLを記述しよう

　まずはじめに，設計再利用を考慮したHDL記述の考えかたについて，お話しさせていただきます．この手の話をするとき，キーワードとして欠かせないのがIP (intellectual property) ということばです．この「IP」ということばは，いろいろな意味が込められて使用されていると思います．本書では，特に断らないかぎり，「論理合成可能なモデル，および回路ライブラリ」を指して使うことにします．なお，本書に付属するCD-ROMには，次章以降で紹介するさまざまな機能マクロのサンプル記述が収録されています．

　さて，現在，LSIの回路規模が大きくなるにつれて，IPを使用しないとLSIを短期間に作ることができないと言われるようになってきました．このIPを提供する，いわゆるIPプロバイダ（IPベンダとも呼ぶ）が注目を集めており，ここ数年，いろいろな新しい会社が出現しています（図1.1）．LSIの回路規模がさらに大きくなると，その面積の7〜8割を（外部調達や自社開発の）IPが占めるようになるとも言われています．おそらくこのような時代はもう目の前に来ており，遅かれ早かれこうしたIPを使った設計が主流になっていくのだと思います．

　その一方で，技術的な側面から見た場合，筆者自身は，「外部調達のIPを使った設計で本当によいのだろうか？」という疑問をもっています．たしかにビジネス的な観点から考えると，以下のような理由で外部調達のIPを使わざるをえないというのも理解できます．

- 短期間にモノ（LSI）を出したい．
- バグのために何度もリワーク（再設計）することは許されない．
- 一つのプロジェクトに何人もの設計者を割くことができない．

〔図1.1〕IPを提供するベンチャ企業が続々登場

しかし，このエンジニアリングの世界で本当にそれでよいのでしょうか？

LSIが組み立てパソコンのようになる!?

さて，外部調達の（つまり市販の）IPを使用してみんながLSIを設計し始めると，どうなるのでしょうか．たとえが適当なのかどうかわかりませんが，それは秋葉原で売られているできあいのパーツを買ってきて作る組み立てパソコンのようになるのではないかと思います．つまりだれが作っても同じようなものができあがってしまいます．このような状態になると，いったいどのようにして製品の差異化を図るのでしょうか．おそらく，組み立てパソコンの場合と同じようにソフトウェア（OSやアプリケーション）の勝負，あるいはモノの値段だけの勝負になっていくのだと思います（図1.2）．

ところで組み立てパソコンの世界において，技術的な蓄積はどこに集まるのかというと，組み立てパソコンに使用されているボードやチップなどを提供しているメーカではないかと思います．こうしたメーカの技術競争があるからこそ，次にどのようなボードやチップを提供したらよいか，どのようなものを作るべきかなどが見えてくるのだと思います．

LSIを作る世界でも，やがて組み立てパソコンの世界と同じようなことが起こるのかもしれません（すでにそうなっているのかもしれないが…）．つまり技術的な蓄積はIPプロバイダの中にしか存在せず，LSIを作る側は単にそのパーツ（IP）を利用するだけで，価格競争や，どうでもいいオマケを付ける競争に向かっていくのかもしれません．ただ欧米の場合は，IPプロバイダの中に技術が蓄積されていくだけまだよいのですが，IPプロバイダがほとんど存在しない日本では，このような方向にすら行っていないような気がします．

設計者一人一人がIPプロバイダになろう

上記のような状況に陥らないためにはどうしたらよいのでしょうか．それはやはり，LSI設計に携わっている設計者自身がIPプロバイダを目指すくらいの気概をもって回路を設計していくことではないかと考えます．IPプロバイダに対して，使用するIPについていろいろと率直に意見を言ったり，的確な指示が出せるように，やはり一度はIPを作ってみるべきではないかと思います．

技術的な進歩は，それまでの失敗や苦労の上に成り立つものです．単に言われたまま，提供されるものを黙って使っているだけでは，しかも使えるか使えないかの判断を下しているだけでは，でき上がったLSIに技術的な差が現れてこないのではないかと思います．

〔図1.2〕LSI設計は，だれが作っても差のない"組み立てパソコン"の世界になる!?

前述したように，ビジネス的な観点から見ると，自分でIPを作っている余裕などないというのが現実でしょう．しかし，そこを乗り越えていかないと，日本の電子業界や半導体業界が将来にわたって好ましい方向へ進んでいかないのではないか，と筆者は思うのです．
　前置きがたいへん長くなりました．本書では，IP化や設計再利用を意識したHDL記述のポイントについて解説します．次章以降のサンプル記述の中にも，そういった配慮をして記述したものが含まれています．
　じつは筆者は，8，9年ほど前にも，こうしたIPを設計したことがあります．当時はまだIPということばが存在しておらず（あったのかもしれないが，少なくとも筆者は知らなかった），論理合成可能なモデルということで「シンセサイザブル・モデル」と呼んでいました．そのとき設計したものは8ビットのCPUモデルと，その周辺回路（ペリフェラル）である割り込みコントローラやパラレルI/Oなどでした．以下では，これらを作ったときの経験を交えながら，使いやすいIPを開発するコツについて紹介していきます．

1 柔軟なモデルを実現する"パラメタライズ"

　IP化や設計再利用を意識してモデルを作る場合，HDLを記述するうえで避けて通れないテクニックが「パラメタライズ」です．これは，インスタンス化のとき（Verilog HDLであればmoduleの，VHDLであればentityの"箱"を置くとき）に，例えばビット幅をパラメータとして与え，そのIPのビット幅をユーザが自由にカスタマイズできるようにするテクニックです（図1.3）．
　パラメタライズの手法を用いていないと，そのIPをあるときは4ビット構成で，あるときは8ビット構成で使いたいという場合に，4ビットと8ビットの両方の下位モジュール（moduleまたはentity）を用意しなければなりません．このような方法をとっていたのでは，同じ種類の"箱"に対して，さまざまなモジュールを用意する必要があり，管理しきれなくなります．しかも，どこまでのビット幅のものを用意すればよいのか見当がつきません．同じ種類の"箱"に対して，パラメータを与えることによって，ビット幅を柔軟に変更できるしくみを作り込んでおけば，こうした問題を回避できます（図1.4）．
　ただし，パラメタライズのテクニックを使うと，シミュレーションや論理合成を行う際に，パラメータの受け渡しのようすが設計者側からはっきり見えなくなることがあります．そのため，パラメータの受け渡しの記述そのものを禁止している会社や設計チームもあります．この手法を利用する場合には，あなたのプロジェクトでパラメタライズがどのように取り扱われているのかをよく確認してください．

〔図1.3〕パラメータ入力でさまざまなモジュールができあがる

なにをパラメタライズにすればよいか

パラメタライズにする項目（パラメータに対応させる項目）として，大きく分けて以下の2種類があると筆者は考えています．
(1) **ビット幅に対応するパラメータ**
(2) **不要な機能（ファンクション）を削るためのパラメータ**

このほかに，いくつかのパラメータの組み合わせによって，いろいろな機能を生成させるといった方法も考えられなくはないのですが，RTL記述でそこまで行うのは，現実にはなかなか難しいのではないかと思います．

ビット幅のパラメタライズはすぐにでも導入できる

まず(1)のビット幅に対応したパラメタライズですが，簡単な機能マクロであれば，これはすぐにでも導入できます．詳しい記述方法については，次章以降のサンプル記述の解説を参照していただきたいと思います．基本的には，Verilog HDLでは，

parameter文，define文，for文

を，VHDLでは，

generic文，constant文，for文，function文

を使用します．特に，パラメータをビット幅に対応させる場合には，繰り返しの記述に適したfor文を駆使することになると思います．

ところで，ビット幅に対応したパラメタライズといっても，単純にビット幅を増減させるだけとはかぎりません．例えばCPUやDSPなどのプロセッサにおいて，データのビット幅をパラメタライズにしたとします．このとき，命令コード（OPコード）をこのデータ・バスから取ってくるとすると，もともと16ビットだったデータが24ビットや32ビットになってしまうことがあります．そこで，必要なOPコードのデコードのやりかたや不必要なビットの処理（たとえば'0'で埋めるとか）を考える必要があります．またアドレシング処理で，そのプロセッサが即値（immediate）などのアドレシングをサポートしている場合，パラメータの与えかたによって取り込むデータのビット幅が異なってきます．このあたりの考慮も必要になります．

このように，パラメタライズの手法をちょっとしたプロセッサやコントローラに適用するだけでも，HDL

〔図1.4〕**インスタンス化してパラメータを与える例**
ある機能の"箱"をインスタンス化するとき，ビット幅などのパラメータを与えることによって所望の仕様のモジュールが得られる．この方法を用いれば，すべてのビット幅に対して個別にモジュールを作成する必要がなくなる．管理や保守の面でも扱いやすい．

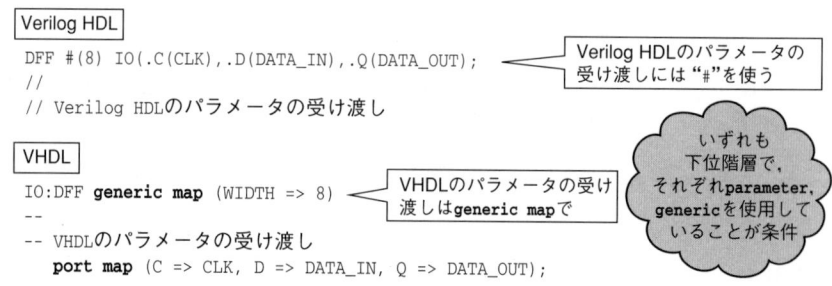

機能を削るためのパラメタライズの導入には検討が必要

次に(2)の,不要な機能を削るためのパラメタライズですが,筆者の経験では,これは(1)のビット幅に対応するパラメタライズと比べるとかなりめんどうです.単純に考えてもこちらのほうがめんどうだということは,おわかりいただけると思います.

前述した(1)で使用する構文以外に,Verilog HDLでは,

`ifdef文

を,VHDLでは,

for〜generate文,if〜generate文

を使用することになると思います(**図1.5**).特に,あらかじめHDL記述中に入っている機能を,パラメータを与えることによって削る場合,下位のモジュールのインスタンス化を行うかどうか,あるいは論理を生成するかどうかなどをコントロールする必要があります.

余談ですが,筆者が8,9年ほど前にパラメタライズの手法を利用してIPを作っていたころは,論理合成ツールがVerilog HDLの`ifdef文をサポートしていませんでした.そのため,Verilog HDLでインスタンス化をコントロールするのはけっこうたいへんでした.そのときにはどうしたかというと,変換プログラム(Cのプログラム)を作って,その変換プログラムにパラメータを与えると,ひな型となるHDLソースを

〔**図1.5**〕**パラメータを与えて機能などを削る例**
この例ではパラメータ(Verilog HDLではCPU_SELECT0,CPU_SELECT1,CPU_SELECT2,VHDLではCPU_SELECTに0,1,2のいずれかを指定)によって,信号cpu86に固定値('0'または'1')を代入するか,レジスタ(icw4の0ビット目)の値を代入するかを切り替えている.論理合成を行うと,cpu86が固定値になったほうが,回路的には小さくなることがわかる.つまり機能の削減を行っている.

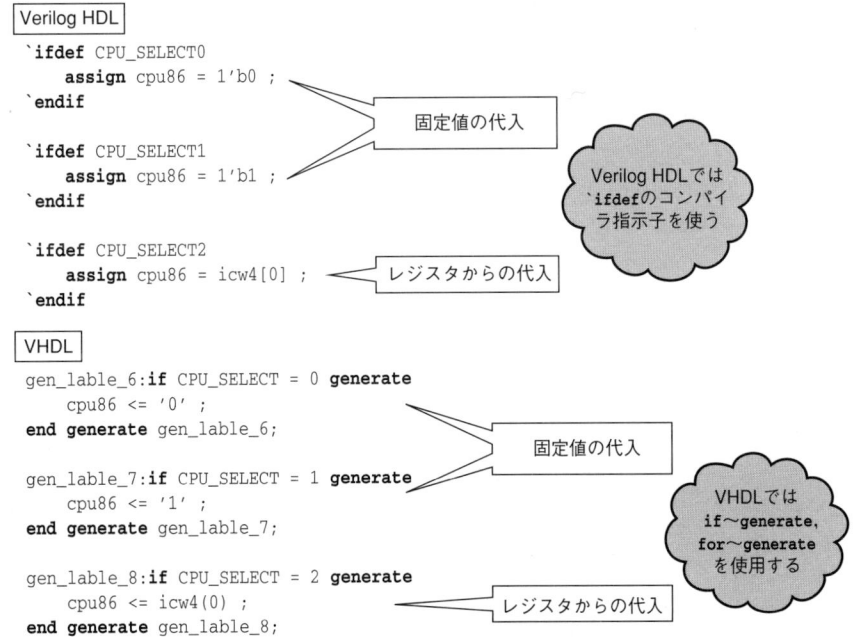

基に，所望の機能をもつHDLソースを生成するしくみを作りました（論理合成ツールが構文をサポートしていないからといって，すぐにあきらめてはいけない）．

面積の1/3，または500〜1,000ゲートの削減が目安

表1.1に，筆者が当時作った8255相当のパラレルI/Oのコントローラに対する，ビット幅と機能をパラメタライズにした記述の合成結果を示します（元の米国Intel社の8255は非同期で設計されているが，筆者が設計したモデルはすべて同期設計にした）．ASICライブラリがかなり古くて申しわけないのですが，米国LSI Logic社のLSI10Kのものを用いた結果です．ここでは，mode_selectというパラメータが機能に対応し，port_widthというパラメータがビット幅に対応しています．

mode_selectについてもう少し説明を付け加えます．Intel社の8255は，三つのモードを持っており，モードによって外部ピンなどの役割が異なります．通常の8255は，コマンド・レジスタに値を設定することによってモードを指定します．ただし，8255を使用する場合，実際には一つのモードのみを使うことが多いようです．筆者はモード0のみを使用する場合がほとんどだろうと判断しました（このへんは，いろいろと異論があると思うが…）．そこで，これらのモードの中から不要なものを削れるように，パラメタライズの手法を適用しました．

表1.1を見ていただければわかるように，同一のモード（mode_selectの値が同じ場合）では，回路規模はビット幅（port_widthの値）に比例していると考えられます．一方，モードを変えて一部の機能を削除した場合には，このような関係がありません．モード1（mode_select=111）とモード2（mode_select=011）は，回路規模にそれほどの差はありません．これはモード1とモード2の論理回路がきわめて似ているからです．一方，モード0（mode_select=001）では，回路規模がモード1の半分になっています．

以上のように，機能の削除に対応したパラメタライズでは，せっかく苦労してしかけを組み込んでも，劇的にゲート数が変化するとはかぎりません．むやみにパラメータを増やしても，その組み合わせに対する検証の手間が増えるだけです．トータルのゲート数を改善できないパラメタライズは，得策とは言えません．

ある米国人のエンジニアに，「機能を削るためのパラメタライズは，せめて500ゲート以上の削減が行われないのであれば無意味だ」と言われたことがあります．これを聞いたとき筆者は，上述のモデルを作る前だったこともあって，「たとえわずかでもゲート数が減れば，それだけでも価値がある」と考えていました．その後，実際にモデルを作り，たかだか三つのパラメータの組み合わせに対するモデルの検証を行うだけで

[表1.1] パラメタライズの手法を適用した8255相当の合成結果
使用した論理合成ツールは米国Synopsys社のDesign Compiler．論理合成時の制約条件はmax_area=0のみ．回路ライブラリは米国LSI Logic社のLSI10Kを用いた．port_widthはポートのビット幅のパラメータ．なお，mode_selectのパラメータに対応する機能は以下のとおり．mode_select[2]が'1'のとき，モード2に必要な論理を生成．mode_select[1]が'1'のとき，モード1に必要な論理を生成．mode_select[0]が'1'のとき，モード0に必要な論理を生成．

mode_select[2:0]	port_width	ゲート数	
111	8	1477	⎫
011	8	1382	⎬ モード選択のパラメータを変化
001	8	795	⎭
111	4	1268	⎫
111	16	2308	⎬ ポート幅のパラメータを変化
111	32	4028	⎭

もかなりの手間がかかることを経験しました．そこで初めて，米国人のエンジニアの言ったことばの意味がわかりました．

プロセス技術が日夜進化しているので，具体的に何ゲート以上と言うことは難しいのですが，せめて元のモデルの1/3の面積の削減，あるいは500～1,000ゲート以上の削減が行われないのであれば，機能を削るためのパラメタライズの手法は採用するべきではないでしょう．

ではどうやって，回路規模を削減できるかどうかを見通せばよいのでしょうか．これは一概にこうだと言えないところがあります．つまりモデルのアーキテクチャや機能を熟知していないと，このような判断を下せないからです．加えて，熟知していたとしても，よく見通せない場合さえあります．筆者の経験からすると，やってみないとわからない部分が，けっこう多いような気がします．

 優れたIPを作るには…

実際にIPを作るとき，場合によってはかなりプリミティブなレベルで（すなわちゲート・レベルに近い表現で）記述する必要があります．たとえば動作速度が問題になるIPでは，論理合成の制約条件の与えかたによって，回路の速度が大きく変化するのは好ましくありません．これは，合成用スクリプトなどをきちんとサポートする必要が出てくるためです．そこで，多少，記述の可読性を犠牲にしても，ゲート・レベルに近い表現で記述する必要があります．ソースの可読性がよくて，性能もきちんと満足できるIPを作ることができれば，それに越したことはないのですが…．

ユーザの協力なしによいIPは作れない

IPを作る場合，以下のような二つのパターンがあると思います．
(1) すでに世の中にある回路をIP化する．
(2) 新規の回路をIPとして作る．

(2)の新規の回路をIPとして作る場合は，モデルの作成をある程度開発側が主導できます．IPを利用するユーザからいろいろ状況を聞いて，モデルを改良していけばよいでしょう（ユーザ側にとっても新規のモデルなので，ある程度，開発側に協力しようという姿勢がある）．

ところが(1)のすでに世の中にある回路をIP化する場合は，そうはいきません．このようなモデルを作る際には，すでに出回っているマニュアルを参照したり，チップが存在するのであればそれを入手し，そのチップにいろいろと具体的な信号を入れて観測したりします．マニュアルに書かれていない動作などは，入力信号を入れても詳細がわからないことが少なくありません．そして，このようなマニュアルに書かれていない機能をアプリケーションが使っていることもあります．加えて，チップにさまざまなバージョンがあり，それぞれ動作が異なることさえあります．こうなるとIPを開発する側だけではお手上げで，IPを利用する側の情報がないと対処しきれません．つまりIPのユーザがIPを開発する側に協力しないと，実用的なIPを作れないということです．

筆者がIPを作っていたときは，(1)のすでに世の中にある回路をIP化するパターンでした．そのため，IPのユーザ（顧客）に相当手間を取らせましたし，お世話にもなりました．それによって，ようやく，どうにかこうにか使えそうなものができあがったのです．ほとんどのことは調べつくされていても，ユーザの利用

〔図1.6〕IPの開発側も利用側も相手に協力してあげようという姿勢がない

環境で動かなければアウトです．つまり，そのIPがどれほど洗練されているものであったとしても，「ユーザにとってよいIP」とは言えないのです．

海外ではどういう状況なのか，筆者はよく知りませんが，日本の場合には，以下のような問題があると思います．

- ユーザ側はIPを買うだけだから，自分たちの環境でそのIPが動作して当然だと考える（動かなければ，ただ文句を言うだけ）．
- IPプロバイダは，自分たちが想定していない方法でIPが使われた場合に，なんのサポートもしようとしない．

つまり，IPを開発する側も利用する側も，相手に協力してあげようという姿勢が少ないような気がします．たんにそのIPは使えるか使えないかという点に議論が集中してしまい，そのIPを改善しようという動きが見られないのではないでしょうか（図1.6）．

よいIPを作るには，IPの開発側とユーザ側の協力が不可欠だと筆者は思います（もっとも，今のこのご時世ではなかなか難しいのかもしれないが…）．

"組み立てパソコン"の世界ではエンジニア商売もあがったり

今後，半導体のプロセス技術が進歩すればするほど，チップに搭載できる論理回路の規模は大きくなり，配線の量が増え，配線遅延の影響が増大するでしょう．したがって，アプリケーションで使わない不要な機能を，パラメータを与えることによって削るという手法は合理的だと筆者は考えます．ただし，前述したように，そういったモデルを作るのが難しいという問題もあります．

結論としては，まずはビット幅を可変にする目的にパラメタライズの手法を適用するのがよいと思います．これだけでも十分効果があります．ただし，ビット幅を可変にするときにも，それなりの苦労はあります．データなどのビット幅も含めて，どういった項目をパラメタライズにするのが適当であるかを決めるには，IPを利用する側の情報が必要になります．ですから，IPを利用する側でも，「自分たちもIPプロバイダになるんだ」というくらいの気概をもって取り組まないと，本当の意味でクオリティの高いIPは手に入らないのだと思います．

組み立てパソコンの世界と同じで，だれが作っても同じモノ（LSI）ができる世の中になってしまうと，筆者のようなエンジニアはとっとと商売変えしたほうがよいのかもしれません．とりあえずは，みんなで切磋琢磨し，協力し合って，よいIPを生み出していきたいものです．

実用回路のサンプル記述

第2章

　第2章ではVHDLとVerilog HDLで作成したサンプル記述を紹介します．フリップフロップやアップダウン・カウンタのような基本回路から，同期FIFO，アドレス・デコーダ，バス・インターフェースのような実用回路まで，27種類の回路についてVHDLとVerilog HDLの記述（機能記述とテストベンチ）を紹介します（表2.1）．すべての記述は付属のCD-ROMに収録されています．また，いくつかの記述については，第1章で紹介したパラメタライズの手法を適用しています．

〔表2.1〕第2章で扱うサンプル回路と付属CD-ROMに収録したHDLデータの一覧

サンプル回路	VHDLの機能記述	VHDLのテストベンチ	Verilog HDLの機能記述	Verilog HDLのテストベンチ
1. RSフリップフロップ	rsff.vhd, rsff_inst.vhd	rsff_test.vhd	rsff.v, rsff_inst.v	rsff_test.v
2. トランスペアレント・ラッチ	latch.vhd	latch_test.vhd	latch.v	latch_test.v
3. Dフリップフロップ	dff.vhd	dff_test.vhd	dff.v	dff_test.v
4. イネーブル付きDフリップフロップ	e_dff.vhd	e_dff_test.vhd	e_dff.v	e_dff_test.v
5. ロード付きアップダウン・カウンタ（非同期リセット）	counter1.vhd, counter2.vhd	counter_test.vhd	counter1.v, counter2.v	counter_test.v
6. ロード付きアップダウン10進カウンタ	bcdcnt.vhd	bcdcnt_test.vhd	bcdcnt.v	bcdcnt_test.v
7. マルチプレクサ，デマルチプレクサ	mpx.vhd, dmpx.vhd	mpx_test.vhd, dmpx_test.vhd	mpx.v, dmpx.v	mpx_test.v, dmpx_test.v
8. シフト・レジスタ	sftreg.vhd, srreg.vhd	sftrg_test.vhd	sftreg.v, srreg.v	sftrg_test.v
9. プライオリティ・エンコーダ	penc1.vhd, penc2.vhd	penc_test.vhd	penc1.v, penc2.v	penc_test.v
10. バレル・シフタ	bshift.vhd	bshift_test.vhd	bshift.v	bshift_test.v
11. 加算器（ハーフ・アダー，フル・アダー）	hadder.vhd, fadder.vhd	hadder_test.vhd, fadder_test.vhd	hadder.v, fadder.v	hadder_test.v, fadder_test.v
12. 加減算器	addsub.vhd, fadder.vhd	addsub_test.vhd	addsub.v fadder.v	addsub_test.v
13. 乗算器	mltp.vhd, hadder.vhd	mltp_test.vhd	mltp.v, hadder.v	mltp_test.v
14. ALU（数値演算ユニット）	alu.vhd	alu_test.vhd	alu.v	alu_test.v
15. FIFO（同期バス）	fifo_sync.vhd	fifo_sync_test.vhd	fifo_sync.v	fifo_sync_test.v
16. デュアル・ポートSRAM（非同期バス）	dpram_async.vhd[注]	dpram_async_test.vhd	dpram_async.v[注]	dpram_async_test.v
17. ISAバス・インターフェース・コントローラ＋スクラッチパッド・レジスタ	isa.vhd	isa_test.vhd	isa.v	isa_test.v

〔表2.1〕第2章で扱うサンプル回路と付属CD-ROMに収録したHDLデータの一覧（つづき）

サンプル回路	VHDLの機能記述	VHDLのテストベンチ	Verilog HDLの機能記述	Verilog HDLのテストベンチ
18. パリティ・ジェネレータ, パリティ・チェッカ	user_func_pkg.vhd, ptygen.vhd, ptychk.vhd	pty_gen_chk_test.vhd	ptygen.v, ptychk.v	pty_gen_chk_test.v
19. 水平パリティ・ジェネレータ, 水平パリティ・チェッカ	pty_gen_h.vhd, pty_chk_h.vhd	pty_h_test.vhd	pty_gen_h.v, pty_chk_h.v	pty_h_test.v
20. パルス・ジェネレータ	pg.vhd, pgi.vhd	pg_test.vhd	pg.v	pg_test.vhd
21. パラレル-シリアル・コンバータ	ps.vhd	sp_ps_test.vhd	ps.v	sp_ps_test.v
22. シリアル-パラレル・コンバータ	sp.vhd	sp_ps_test.vhd	sp.v	sp_ps_test.v
23. アラーム保護	hogo.vhd	hogo_test.vhd	hogo.v	hogo_test.v
24. フレーム同期検出	sync.vhd	sync_test.vhd	sync.v	sync_test.v
25. アドレス・デコーダ	adr_dec.vhd	—	adr_dec.v	—
26. クロック同期アドレス/データ多重バス・インターフェース	admux_busif.vhd, bus_reg.vhd, adr_dec.vhd	admux_bus_test.vhd	admux_busif.v, bus_reg.v, adr_dec.v	admux_bus_test.v
27. クロック同期アドレス/データ分離バス・インターフェース	busif.vhd, bus_reg.vhd, adr_dec.vhd	busif_test.vhd	busif.v, bus_reg.v, adr_dec.v	busif_test.v

注：ビヘイビア・モデル（シミュレーション用）．

1 RSフリップフロップ

- 作成者名：鳥海佳孝
- サンプル記述：リスト2.1（rsff.v, rsff_inst.v），リスト2.2（rsff.vhd, rsff_inst.vhd）
- モデルの種類：RTLモデル
- 検証に使用したシミュレータ：VeriLogger（Verilog HDL），PeakVHDL（VHDL）
- 端子表
  入力：R, S
  出力：Q

　RSフリップフロップ（図2.1，図2.2）は割り込み（インタラプト）の受け付けなどに使用されます．RSフリップフロップが取り扱う信号は非同期となるので，静的タイミング解析をともなう論理合成の際には注意が必要です．

検証だけならタスキがけの表現でOK

　非同期入力のRSフリップフロップの記述は，ただ単純にRSフリップフロップの機能を示すだけ（つまり，合成しない）であれば，いわゆるタスキがけの表現でOKです．例えば，次のように記述します．

2.1 RSフリップフロップ

[リスト2.1] RSフリップフロップのVerilog HDL記述（rsff.v, rsff_test.v, rsff_inst.v）

```verilog
module RSFF_TEST;

parameter CYCLE = 100 ;
reg [3:0] R, S ;
wire [3:0] Q ;
wire Q0, Q0_tmp ;
integer I ;

RSFF_INST i0(R, S, Q);

initial
  begin
    for(I=0;I<=15;I=I+1)
      begin
        R=I;S=17-I;
        #CYCLE;
      end
    $finish;
  end

assign Q0 = ~(R[1] | Q0_tmp) ;
assign Q0_tmp = ~(S[1] | Q0) ;

initial
  $monitor($time,,"R0=%b S0=%b
                   Q0=%b",R[0],S[0],Q[0]);
endmodule

module RSFF_INST(R, S, Q);
parameter WIDTH = 4 ;
input [WIDTH-1:0] R,S;
output [WIDTH-1:0] Q ;

RSFF RS0(.CLK(S[0]), .RESET(R[0]), .D(1'b1),
                                    .Q(Q[0]));
RSFF RS1(.CLK(S[1]), .RESET(R[1]), .D(1'b1),
                                    .Q(Q[1]));
RSFF RS2(.CLK(S[2]), .RESET(R[2]), .D(1'b1),
                                    .Q(Q[2]));
RSFF RS3(.CLK(S[3]), .RESET(R[3]), .D(1'b1),
                                    .Q(Q[3]));

endmodule

module RSFF(CLK, RESET, D, Q);
input CLK, RESET ;
input D ;
output Q ;

reg Q ;

always @(posedge CLK or posedge RESET)
  begin
    if(RESET == 1'b1)
      Q <= 1'b0 ;
    else
      Q <= D ;
  end

endmodule
```

[リスト2.2] RSフリップフロップのVHDL記述（rsff.vhd, rsff_test.vhd, rsff_inst.vhd）

```vhdl
library IEEE;
use IEEE.std_logic_1164.all;

entity RSFF is
    port (CLK,RESET: in std_logic;
          D: in std_logic;
          Q: out std_logic
         );
end RSFF;

architecture RTL of RSFF is
begin
    process(CLK,RESET)
    begin
        if(RESET = '1') then
            Q <= '0';
        elsif(CLK'event and CLK='1') then
            Q <= D ;
        end if ;
    end process;
end RTL;

library IEEE;
use IEEE.std_logic_1164.all;

entity RSFF_INST is
    generic (WIDTH : integer := 4) ;
    port (R,S: in std_logic_vector(WIDTH-1
                                    downto 0);
          Q: out std_logic_vector(WIDTH-1
                                    downto 0)
         );
end RSFF_INST;

architecture RTL of RSFF_INST is
component RSFF
```

[リスト2.2] RSフリップフロップのVHDL記述 (rsff.vhd, rsff_test.vhd, rsff_inst.vhd) (つづき)

```vhdl
        port (CLK,RESET: in std_logic;
              D: in std_logic;
              Q: out std_logic
              );
end component;

constant VALUE_1 : std_logic := '1' ;
-- VHDL'87のための修正
signal VALUE_1_SIG : std_logic ;

begin

-- VHDL'87のための修正
VALUE_1_SIG <= VALUE_1 ;

GEN_RSFF:for I in 0 to WIDTH-1 generate
    RS: RSFF port map (CLK => S(I),RESET => R(I),
                       D => VALUE_1_SIG, Q => Q(I));
end generate;
end RTL;

library IEEE;
use IEEE.std_logic_1164.all;
use IEEE.std_logic_arith.all;
entity RSFF_TEST is
end RSFF_TEST;

architecture STIMULUS of RSFF_TEST is
component RSFF_INST
    generic (WIDTH : integer := 4) ;
    port (R,S: in std_logic_vector(WIDTH-1
                                    downto 0);
          Q: out std_logic_vector(WIDTH-1
                                    downto 0)
          );
end component;

constant WIDTH : integer := 4 ;
constant PERIOD : time := 100ns ;
signal R,S : std_logic_vector(WIDTH-1 downto 0);
signal Q : std_logic_vector(WIDTH-1 downto 0);

begin

U0:RSFF_INST generic map (WIDTH => 4)
             port map (R => R, S => S, Q => Q);

process
variable J : integer ;
begin
    for I in 0 to 15 loop
        if (I = 0 or I = 1) then
            J := 1 - I ;
        else
            J := 17 - I ;
        end if ;
        R <= conv_std_logic_vector(I,4);
        S <= conv_std_logic_vector(J,4);
        wait for PERIOD;
    end loop ;
    wait ;
end process;
end STIMULUS;
```

[図2.1]
RSフリップフロップのブロック図

入力信号はR(リセット入力)とS(セット入力)、出力信号はQ(RSフリップフロップの出力)。

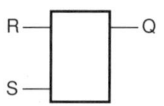

[図2.2] RSフリップフロップのタイム・チャート

1ビットのRSフリップフロップを四つインスタンス化して行ったシミュレーションの結果である。それぞれのRSフリップフロップに対して、リセット入力とセット入力をテストベンチとして作成した4ビット・カウンタで与えている。本モデルはリセット優先なので、リセット入力とセット入力が同時に入力された場合、リセットになるように設計されている。シミュレーション結果もそれを示している。

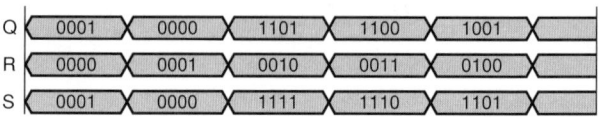

- Verilog HDL
  ```
  assign Q = ~(R | Q_tmp) ;
  assign Q_tmp = ~(S | Q) ;
  ```
- VHDL
  ```
  Q <= not (R or Q_tmp) ;
  Q_tmp <= not (S or Q) ;
  ```

ただし，上記のような記述スタイルは，論理合成を意識した記述（RTL記述）としては適当と言えません．この理由として，上記の記述では回路にループが含まれているため，パスの遅延解析（静的タイミング解析）などを行いにくい，または行えなくなってしまうからです．そのため，ASICの設計では，上記のようなタスキがけの回路の使用を禁止している場合もあります．

Dフリップフロップを使用する場合にはタイミング制約に注意

では，論理合成を意識して記述する場合は，どのようにすればよいのでしょうか．方法は2通りあります．
(1) 使用するASICなどのライブラリを利用する．
(2) 非同期リセットのDフリップフロップを利用する．

まず(1)の方法ですが，使用するライブラリの中に非同期のRSフリップフロップがあれば，これを使用するのが無難です．なぜなら，ASICベンダがいろいろな意味でこの回路の動作を保証してくれるからです．実際に記述する場合，このRSフリップフロップのモジュール名（Verilog HDL），ないしはエンティティ名（VHDL）をインスタンス化して利用します．

もう一つの(2)の方法は，通常の非同期リセットのDフリップフロップを使用して，Rの信号を非同期リセット端子に，Sの信号をCLK端子に接続します．このとき，D入力には固定値'1'を入れておきます．

機能的にはこれでOKです．ただし，この記述を直接RTLデータの中に入れてしまうと，論理合成時にタイミング制約をコントロールするのがめんどうになります．つまり，CLK端子にシステム・クロック以外の信号（Sの信号）が入力されているので，論理合成のタイミング制約を与えるときなどに，この部分に対する配慮が必要となるのです．そこで，あらかじめこのRSフリップフロップに相当するDフリップフロップは，一つの階層を設けて"箱"にしておき，その箱をインスタンス化したほうが取り扱いやすくなります．

 トランスペアレント・ラッチ

- 作成者名：鳥海佳孝
- サンプル記述：リスト2.3（latch.v），リスト2.4（latch.vhd）
- モデルの種類：RTLモデル
- 検証に使用したシミュレータ：VeriLogger（Verilog HDL），PeakVHDL（VHDL）
- 端子表　　入力：G, D　　出力：Q
- パラメータ：WIDTH（D, Qのビット幅）

Verilog HDLの場合もVHDLの場合も，トランスペアレント・ラッチ（図2.3，図2.4）のRTLの記述スタイルは組み合わせ回路とよく似ています．Verilog HDLでは，always文中でif文とcase文のいずれかを用いた場合，その参照している条件が不完全ならば，論理合成ツールはラッチを生成してしまいます．VHDLでは，process文中でif文を用いた場合，その参照している条件が不完全ならば，論理合成ツールはラッチを生成してしまいます．自分では組み合わせ回路を正しく記述したつもりでも，組み合わせ回路の論理が複雑で深くなってしまうと，条件を完結しきれずにラッチを生成させてしまうことがよくあります．

論理合成ツールがラッチをチェック

このような誤りを防ぐためのチェック機能をサポートしている論理合成ツールもあります．下記の例は，米国Synplicity社のFPGA用論理合成ツール「Synplify」を使用した例です．トランスペアレント・ラッチのVHDL記述をSynplifyにかけると合成結果に問題があったことを示し，次のようなワーニング・メッセージがログ・ファイルに現れます．

〔リスト2.3〕トランスペアレント・ラッチのVerilog HDL記述（latch.v，latch_test.v）

```verilog
module LATCH(G, D, Q);
parameter WIDTH = 1 ;
input G ;
input [WIDTH-1:0] D ;
output [WIDTH-1:0] Q ;

reg [WIDTH-1:0] Q ;

always @(G or D)
    begin
        if (G == 1'b1)
            Q <= D ;
    end

endmodule

module LATCH_TEST;

parameter LATCH_WIDTH = 4 ;
parameter CYCLE = 100 ;

reg CLK ;
reg [LATCH_WIDTH-1:0] DIN ;
wire [LATCH_WIDTH-1:0] DOUT ;
integer I ;

LATCH #(LATCH_WIDTH) I0(.G(CLK), .D(DIN),
.Q(DOUT));

always #(CYCLE/2)
    CLK = ~CLK ;

initial
    begin
        CLK = 1'b0 ;
        #(CYCLE/4) ;
        for (I=0;I<=15;I=I+1)
            begin
                if (I == 8)
                    #(CYCLE/2) ;
                DIN <= I ;
                #CYCLE;
            end
        $finish;
    end

initial
    $monitor($time,,"CLK=%b DIN=%b DOUT=%b",CLK,DIN,DOUT);

endmodule
```

[リスト2.4] トランスペアレント・ラッチのVHDL記述(latch.vhd, latch_test.vhd)

```vhdl
library IEEE;
use IEEE.std_logic_1164.all;

entity LATCH is
    generic (WIDTH : integer := 1) ;
    port (G: in std_logic;
          D: in std_logic_vector(WIDTH-1
                                 downto 0);
          Q: out std_logic_vector(WIDTH-1
                                  downto 0)
         );
end LATCH;

architecture RTL of LATCH is
begin

    process(G,D)
    begin
       if(G='1') then
          Q <= D ;
       end if ;
    end process;

end RTL;

library IEEE;
use IEEE.std_logic_1164.all;
use IEEE.std_logic_arith.all;

entity LATCH_TEST is
end LATCH_TEST;

architecture STIMULUS of LATCH_TEST is
component LATCH
    generic (WIDTH : integer) ;
    port (G: in std_logic;
          D: in std_logic_vector(WIDTH-1
                                 downto 0);
          Q: out std_logic_vector(WIDTH-1
                                  downto 0)
         );
end component;
constant LATCH_WIDTH : integer := 4 ;
constant CYCLE : time := 100ns ;
signal G : std_logic := '0' ;
signal D,Q : std_logic_vector(LATCH_WIDTH-1
                              downto 0) ;
begin

U0: LATCH generic map(WIDTH => LATCH_WIDTH)
          port map(G => G, D => D, Q => Q);

process
begin
   wait for CYCLE/2 ;
   G <= not G ;
end process;

process
variable J : integer ;
begin
   wait for CYCLE/4;
   for I in 0 to 15 loop
      if (I = 8) then
         wait for CYCLE/2;
      end if ;
      D <= conv_std_logic_vector(I,LATCH_WIDTH);
      wait for CYCLE;
   end loop;
   wait ;
end process ;

end STIMULUS;
```

[図2.3]
トランスペアレント・ラッチのブロック図

入力信号はG（クロック入力）とD［WIDTH-1：0］（データ入力），出力信号はQ［WIDTH-1：0］（トランスペアレント・ラッチの出力）．WIDTHは任意に与えられる整数値で，DとQのビット幅を決める．

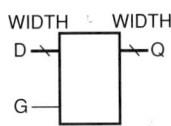

[図2.4] トランスペアレント・ラッチのタイム・チャート

トランスペアレント・ラッチのシミュレーション結果の一部を示す．WIDTHの値は4にしている（4ビットのトランスペアレント・ラッチとして動作している）．入力には，テストベンチとして作成した4ビット・カウンタの値を与えており，その値が所望のタイミングで出力されているかどうかを確かめている．入力が7以下のときは，Gに入力されているクロックが"L"の期間にDの入力を変化させている．入力が8以上のときはGのクロックが"H"の期間にDの入力を変化させている．つまりトランスペアレント・ラッチは，Gのクロックの"H"の期間にデータ入力が変化した場合，そのデータを伝搬する．

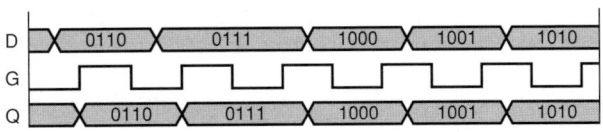

● Synplifyのワーニング・メッセージ

```
@W:"c:\temp\vhdl\latch.vhd":11:3:11:4|Latch generated from process for
signal q, probably caused by a missing  assignment
```

　このメッセージは,「11行目のprocess文に対してラッチを生成する」ということを示しています. このように, 論理合成ツールのほとんどは, ラッチを推定(生成)する場合, こうした警告メッセージを出力します(警告メッセージの出しかたは各社で異なる). したがって, ある程度RTLの記述ができあがったところで, 一度論理合成をかけてみて, 無用なラッチを生成していないかどうかチェックしておくとよいでしょう.

チーム設計ではインスタンシエーションを利用

　ラッチを使用した設計を複数の人数で行う場合, 前述のように, 組み合わせ回路の記述のしかたと似ているので, あらかじめ"箱"にしておいてそれをインスタンシエーションさせると, 安定した動作を保証しやすくなります. 各設計者にとっては"箱"をインスタンシエーションするだけですので, HDLで設計するという意味ではちょっと単調になるかもしれません. このようなアプローチを取る際には, パラメタライズの方法を導入しておくと有効です. サンプル記述ではVerilog HDLではparameterを, VHDLではgenericを使用しています. それぞれをインスタンシエーションするときは, 以下のように与えます.

● Verilog HDL
```
LATCH #(8) IO(.G(CLK), .D(DATA_IN), .Q(DATA_OUT));
```
● VHDL
```
IO:LATCH     generic map (WIDTH => 8)
             port map (G => CLK, D => DATA_IN, Q => DATA_OUT);
```

3 Dフリップフロップ

- 作成者名：鳥海佳孝
- サンプル記述：リスト2.5(dff.v), リスト2.6(dff.vhd)
- モデルの種類：RTLモデル
- 検証に使用したシミュレータ：VeriLogger(Verilog HDL), PeakVHDL(VHDL)
- 端子表
  入力：CLK, D
  出力：Q
- パラメータ：WIDTH(D, Qのビット幅)

　論理合成可能なDフリップフロップ(図2.5, 図2.6)の書きかたは決まっています. たとえシミュレータ上でDフリップフロップの動作を記述できたとしても, 論理合成ツールが解釈できる形式にしないと, 正

2.3 Dフリップフロップ

[リスト2.5] DフリップフロップのVerilog HDL記述（dff.v, dff_test.v）

```verilog
module DFF(CLK, D, Q);
parameter WIDTH = 1 ;
input CLK ;
input [WIDTH-1:0] D ;
output [WIDTH-1:0] Q ;

reg [WIDTH-1:0] Q ;

always @(posedge CLK)
   begin
     Q <= D ;
   end

endmodule

module DFF_TEST;

parameter DFF_WIDTH = 4 ;
parameter CYCLE = 100 ;

reg CLK ;
reg [DFF_WIDTH-1:0] DIN ;
wire [DFF_WIDTH-1:0] DOUT ;
integer I ;

DFF #(DFF_WIDTH) I0(.CLK(CLK), .D(DIN), .Q(DOUT));

always #(CYCLE/2)
   CLK = ~CLK ;

initial
   begin
      CLK = 1'b0 ;
      #(CYCLE/4) ;
      for (I=0;I<=15;I=I+1)
         begin
            if (I == 8)
                #(CYCLE/2) ;
            DIN <= I ;
            #CYCLE;
         end
      $finish;
   end

initial
   $monitor($time,,"CLK=%b DIN=%b DOUT=%b",CLK,DIN,DOUT);

endmodule
```

[リスト2.6] DフリップフロップのVHDL記述（dff.vhd, dff_test.vhd）

```vhdl
library IEEE;
use IEEE.std_logic_1164.all;

entity DFF is
   generic (WIDTH : integer := 1) ;
   port (CLK: in std_logic;
         D: in  std_logic_vector(WIDTH-1
                                    downto 0);
         Q: out std_logic_vector(WIDTH-1
                                    downto 0)
        );
end DFF;

architecture RTL of DFF is
begin

   process(CLK)
   begin
      if(CLK'event and CLK='1') then
         Q <= D ;
      end if ;
   end process;

end RTL;
```

```vhdl
library IEEE;
use IEEE.std_logic_1164.all;
use IEEE.std_logic_arith.all;

entity DFF_TEST is
end DFF_TEST;

architecture STIMULUS of DFF_TEST is
component DFF
   generic (WIDTH : integer) ;
   port (CLK: in std_logic;
         D: in std_logic_vector(WIDTH-1
                                    downto 0);
         Q: out std_logic_vector(WIDTH-1
                                    downto 0)
        );
end component;
constant DFF_WIDTH : integer := 4 ;
constant CYCLE : time := 100ns ;
signal CLK : std_logic := '0' ;
signal D,Q : std_logic_vector(DFF_WIDTH-1
                                    downto 0) ;
begin

U0: DFF generic map(WIDTH => DFF_WIDTH)
```

[リスト2.6] DフリップフロップのVHDL記述(dff.vhd, dff_test.vhd)(つづき)

```
                port map(CLK => CLK, D => D, Q => Q);          wait for CYCLE;
process                                                      end loop;
begin                                                          wait ;
   wait for CYCLE/2 ;                                      end process ;
   CLK <= not CLK ;
end process;                                                end STIMULUS;

process
variable J : integer ;
begin
   wait for CYCLE/4;
   for I in 0 to 15 loop
      if (I = 8) then
         wait for CYCLE/2;
      end if ;
      D <= conv_std_logic_vector(I,DFF_WIDTH);
```

〔図2.5〕
Dフリップフロップのブロック図

入力信号はCLK（クロック入力）とD[WIDTH-1：0]（データ入力），出力信号はQ[WIDTH-1：0]（Dフリップフロップの出力）．WIDTHは任意に与えられる整数値で，DとQのビット幅を決める．

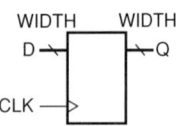

〔図2.6〕 Dフリップフロップのタイム・チャート

Dフリップフロップのシミュレーション結果の一部を示す．WIDTHの値は4にしている(4ビットのDフリップフロップとして動作している)．入力には，テストベンチとして作成した4ビット・カウンタの値を与えており，その値が所望のタイミングで出力されているかどうかを確かめている．入力が7以下のときには，CLK（クロック）が"L"の期間にDの入力を変化させている．8以上のときはCLKが"H"の期間にDの入力を変化させている．つまりDフリップフロップは，CLKが立ち上がるときだけデータ入力の値を出力に伝搬する．

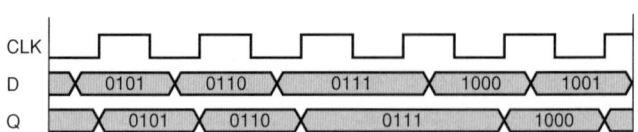

しく合成されません．ここで用意したサンプル記述は，一般に，どの論理合成ツールを使用しても，きちんと合成結果が得られると思います．

Verilog HDLではノン・ブロッキング代入を使う

Verilog HDL の場合，サンプル記述(リスト2.5)にあるように，

```
always @(posedge CLK)
   Q <= D ;
```

を用いるのが一般的です．このような順序回路を記述する場合，記述の順序に代入が影響されにくいノン・ブロッキング代入(<=)を用いるのが良いでしょう．ブロッキング代入(=)を用いる場合には，代入を行う順序をよく考慮して記述する必要があります．

VHDLでは記述方法の共通化が必要

一方，VHDLの場合には，以下のような記述スタイルがもっともよく使われていると思います．

```
process (CLK)
   begin
      if (CLK'event and CLK='1') then
         Q <= D ;
      end if ;
end process ;
```

このほかの記述方法としては，

```
process (CLK)
   begin
      if (not CLK'stable and CLK='1') then
         Q <= D ;
      end if ;
end process ;
```

または，

```
process (CLK)
   begin
      if (rising_edge(CLK) = true) then
         Q <= D ;
      end if ;
end process ;
```

を使ってDフリップフロップを推定させることができます．

　このように何種類かの方法で記述することができますが，チームで設計を行う場合には，いずれかの方法に統一して記述する必要があります．いろいろな記述方法が混じっていると，シミュレータによってはうまく動作しないこともあり，へたをするとシミュレータのデバッグを行うはめになることもあるので注意が必要です．

4 イネーブル付きＤフリップフロップ

- 作成者名：鳥海佳孝
- サンプル記述：リスト2.7（e_dff.v），リスト2.8（e_dff.vhd）
- モデルの種類：RTLモデル
- 検証に使用したシミュレータ：VeriLogger（Verilog HDL），PeakVHDL（VHDL）
- 端子表
  入力：CLK，D，EN
  出力：Q
- パラメータ：WIDTH（D，Qのビット幅）

イネーブル付きＤフリップフロップ（図2.7，図2.8）の記述上のポイントは，基本的にＤフリップフロップのところで紹介したことと同じです．注意する必要があるのは，VHDLで記述する場合です．ENの信号を次のように記述してしまうと，シミュレーションでは問題ありませんが，論理合成ツール（たとえばSynopsys社のDesign Compiler）が受け付けてくれないことがあります．

〔リスト2.7〕イネーブル付きＤフリップフロップのVerilog HDL記述（e_dff.v，e_dff_test.v）

```
module E_DFF(CLK, D, EN, Q);
parameter WIDTH = 1 ;
input CLK, EN ;
input [WIDTH-1:0] D ;
output [WIDTH-1:0] Q ;

reg [WIDTH-1:0] Q ;

always @(posedge CLK)
    begin
        if (EN == 1'b1)
            Q <= D ;
    end

endmodule

module E_DFF_TEST;

parameter DFF_WIDTH = 4 ;
parameter CYCLE = 100 ;

reg CLK, EN ;
reg [DFF_WIDTH-1:0] DIN ;
wire [DFF_WIDTH-1:0] DOUT ;
integer I ;

E_DFF #(DFF_WIDTH) I0(.CLK(CLK), .D(DIN),
                    .EN(EN), .Q(DOUT));

always #(CYCLE/2)
    CLK = ~CLK ;

always #(CYCLE)
    EN = ~EN ;

initial
    begin
        CLK = 1'b0 ; EN = 1'b0 ;
        #(CYCLE/4);
        for (I=0;I<=15;I=I+1)
            begin
                if (I == 8)
                    #(CYCLE/2);
                DIN <= I ;
                #CYCLE;
            end
        $finish;
    end

initial
    $monitor($time,,"CLK=%b DIN=%b EN=%b
                    DOUT=%b",CLK,DIN,EN,DOUT);

endmodule
```

[リスト2.8] イネーブル付きDフリップフロップのVHDL記述（e_dff.vhd, e_dff_test.vhd）

```vhdl
library IEEE;
use IEEE.std_logic_1164.all;

library IEEE;
use IEEE.std_logic_1164.all;

entity E_DFF is
    generic (WIDTH : integer := 1) ;
    port (CLK, EN: in std_logic;
          D: in std_logic_vector(WIDTH-1 downto
                                            0);
          Q: out std_logic_vector(WIDTH-1
                                            downto 0)
         );
end E_DFF;

architecture RTL of E_DFF is
begin

    process(CLK)
    begin
       if(CLK'event and CLK='1') then
           if(EN = '1') then
               Q <= D ;
           end if;
       end if;
    end process;

end RTL;
library IEEE;
use IEEE.std_logic_1164.all;
use IEEE.std_logic_arith.all;

entity E_DFF_TEST is
end E_DFF_TEST;

architecture STIMULUS of E_DFF_TEST is
component E_DFF
    generic (WIDTH : integer) ;
    port (CLK, EN: in std_logic;
          D: in std_logic_vector(WIDTH-1
                                   downto 0);
          Q: out std_logic_vector(WIDTH-1
                                            downto 0)
         );
end component;
constant DFF_WIDTH : integer := 4 ;
constant CYCLE : time := 100ns ;
signal CLK,EN : std_logic := '0' ;
signal D,Q : std_logic_vector(DFF_WIDTH-1
                                            downto 0) ;
begin

U0: E_DFF generic map(WIDTH => DFF_WIDTH)
          port map(CLK => CLK, D => D, EN => EN,
Q => Q);

process
begin
    wait for CYCLE/2 ;
    CLK <= not CLK ;
end process;

process
begin
    wait for CYCLE ;
    EN <= not EN ;
end process;

process
variable J : integer ;
begin
    wait for CYCLE/4;
    for I in 0 to 15 loop
        if (I = 8) then
            wait for CYCLE/2;
        end if ;
        D <= conv_std_logic_vector(I,DFF_WIDTH);
        wait for CYCLE;
    end loop;
    wait ;
end process ;

end STIMULUS;
```

[図2.7] イネーブル付きDフリップフロップのブロック図

入力信号はCLK（クロック入力），D[WIDTH-1：0]（データ入力），EN（データ入力を制御するイネーブル信号），出力信号はQ[WIDTH-1：0]（Dフリップフロップの出力）．WIDTHは任意に与えられる整数値で，DとQのビット幅を決める．

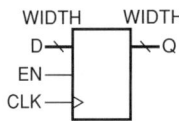

[図2.8] イネーブル付きDフリップフロップのタイム・チャート

イネーブル付きDフリップフロップのシミュレーション結果の一部である．WIDTHの値は4にしている（4ビットのイネーブル付きDフリップフロップとして動作している）．入力には，テストベンチとして作成した4ビット・カウンタの値を与えている．また，イネーブルは，このカウンタが奇数のときにアクティブになるようにした．カウンタの奇数値が所望のタイミングで出力されているかどうかを確かめている．入力が"7"以下のときは，CLK（クロック）が"L"の期間にDの入力を変化させている．入力が"8"以上のときは，CLKが"H"の期間にDの入力を変化させている．つまりイネーブル付きDフリップフロップは，CLKが立ち上がるときに，イネーブルが'1'である場合にデータ入力の値を出力に伝搬する．

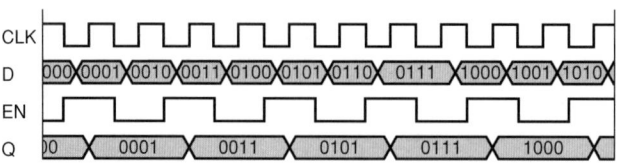

●好ましくない記述（VHDL）
```vhdl
library IEEE;
use IEEE.std_logic_1164.all;
entity E_DFF is
port (CLK, D, EN : in std_logic; Q : out std_logic);
end E_DFF ;
architecture RTL of E_DFF is
begin
process (CLK)
    begin
        if(CLK'event and CLK = '1' and EN = '1') then
--         if(CLK'event and CLK = '1') then
--             if(EN = '1') then
              Q <= D ;
--             end if;
        end if;
    end process;
end RTL;
```

論理合成ツールが記述について警告を出す

　Design Compilerの場合，ログのヘルプを見ると，推奨する記述スタイルに変更せよというメッセージが出力されます．

●Design Complierのログ
```
Error: Enabling expression not permitted outside wait statements  on line
```

```
11  (VHDL-2251)
       ...
（一部省略）
       ...
         Modify the if statement with the enabling condition to conform
         to suggested style.
```

また，Synplicity社の論理合成ツールであるSynplifyの場合，記述は受け付けますが，ワーニングが出力されます．

● Synplifyのワーニング・メッセージ
```
@W:"c:\temp\vhdl\e_dff.vhd":11:6:11:7|Feedback mux created for signal q.
  Did you forget the set/reset assignment for this signal?
```

以上のようにDフリップフロップなどのRTLをVHDLで記述する際には，クロックのイベントを参照する部分に，よけいな論理を記述しないことがポイントです．このようなイネーブルの信号を参照するのであれば，サンプル記述（リスト2.8）にあるようにif文をネストさせます．

ロード付きアップダウン・カウンタ（非同期リセット）

- 作成者名：鳥海佳孝
- サンプル記述：リスト2.9（counter1.v），リスト2.10（counter2.v），リスト2.11（counter1.vhd），リスト2.12（counter2.vhd）
- モデルの種類：RTLモデル
- 検証に使用したシミュレータ：Polaris（Verilog HDL），PeakVHDL（VHDL）
- 端子表
  入力：CLK, RESET, LOAD, DATA, INC
  出力：COUNT
- パラメータ：WIDTH（DATA，COUNTのビット幅）

ロード付きアップダウン・カウンタ（図2.9，図2.10）の記述はパラメタライズ表現で作成しています．

Verilog HDLではfor文を利用

Verilog HDL記述では，リセット時に各ビットに'0'を代入するためにfor文を使っています．このようにパラメタライズの際，各ビットの代入にfor文を利用できます．これは，文法上，数値を表すビット幅を指定する部分に，パラメータ宣言された定数を使用することが許されていないからです．またdefine文を使ってビット幅を定義して記述することも可能です．define文で指定されたものは，次のように，数

〔リスト2.9〕ロード付きアップダウン・カウンタ（非同期リセット）のVerilog HDL記述①（counter1.v）

```verilog
module COUNTER(CLK,RESET,LOAD,DATA,INC,COUNT);
parameter WIDTH = 4 ;
input CLK,RESET,LOAD,INC;
input [WIDTH-1:0] DATA;
output [WIDTH-1:0] COUNT;
reg [WIDTH-1:0] COUNT;

integer i ;

always @(posedge CLK or posedge RESET)
   begin
      if (RESET==1'b1)
         for(i=0;i<=WIDTH-1;i=i+1)
            COUNT[i] <= 1'b0;
      else if(LOAD==1'b1)
         COUNT <= DATA;
      else if(INC==1'b1)
         COUNT <= COUNT + 1'b1;
      else
         COUNT <= COUNT - 1'b1;
   end
endmodule
```

〔リスト2.10〕ロード付きアップダウン・カウンタ（非同期リセット）のVerilog HDL記述②（counter2.v）

```verilog
module COUNTER(CLK,RESET,LOAD,DATA,INC,COUNT);
parameter WIDTH = 4 ;
input CLK,RESET,LOAD,INC;
input [WIDTH-1:0] DATA;
output [WIDTH-1:0] COUNT;
reg [WIDTH-1:0] COUNT;
wire [WIDTH-1:0] COUNT_MUX_OUT;

integer i ;

function [WIDTH-1:0] COUNT_FUNC;
input LOAD,INC;
input [3:0] DATA,COUNT;

   if(LOAD==1'b1)
       COUNT_FUNC = DATA;
   else if(INC==1'b1)
       COUNT_FUNC = COUNT + 1'b1;
   else
       COUNT_FUNC = COUNT - 1'b1;
endfunction

assign COUNT_MUX_OUT =
                  COUNT_FUNC(LOAD,INC,D,COUNT);

always @(posedge CLK or posedge RESET)
   begin
      if (RESET==1'b1)
         for(i=0;i<=WIDTH-1;i=i+1)
            COUNT[i] <= 1'b0;
      else
         COUNT <= COUNT_MUX_OUT;
   end
endmodule
```

〔リスト2.11〕ロード付きアップダウン・カウンタ（非同期リセット）のVHDL記述①（counter1.vhd）

```vhdl
library IEEE;
use IEEE.std_logic_1164.all;
use IEEE.std_logic_unsigned.all;
entity COUNTER is
generic (WIDTH : integer := 4);
port (CLK, RESET, LOAD, INC : in std_logic;
      DATA : in std_logic_vector(WIDTH-1 downto 0);
      COUNT : out std_logic_vector(WIDTH-1
                                   downto 0) );
end COUNTER ;
architecture RTL of COUNTER is
signal COUNT_TMP : std_logic_vector(WIDTH-1
                                    downto 0);
begin
COUNT <= COUNT_TMP;
process (CLK, RESET) begin
if (RESET = '1') then
    COUNT_TMP <= (others => '0');
elsif (CLK'event and CLK = '1') then
    if (LOAD = '1') then
        COUNT_TMP <= D;
    elsif (INC = '1') then
        COUNT_TMP <= COUNT_TMP + '1';
    else
        COUNT_TMP <= COUNT_TMP - '1';
    end if;
end if;
end process ;
end RTL ;
```

[リスト2.12] ロード付きアップダウン・カウンタ(非同期リセット)のVHDL記述②(counter2.vhd)

```vhdl
library IEEE;
use IEEE.std_logic_1164.all;
use IEEE.std_logic_unsigned.all;
entity COUNTER is
generic (WIDTH : integer := 4);
port (CLK, RESET, LOAD, INC : in std_logic;
      DATA : in std_logic_vector(WIDTH-1
                                   downto 0);
      COUNT : out std_logic_vector(WIDTH-1
                                     downto 0) );
end COUNTER ;
architecture RTL of COUNTER is
signal COUNT_MUX_OUT,COUNT_TMP :
           std_logic_vector(WIDTH-1 downto 0);
begin
COUNT <= COUNT_TMP;
process (LOAD,INC,D,COUNT_TMP) begin
    if (LOAD = '1') then
        COUNT_MUX_OUT <= D;
    elsif (INC = '1') then
        COUNT_MUX_OUT <= COUNT_TMP + '1';
    else
        COUNT_MUX_OUT <= COUNT_TMP - '1';
    end if;
end process ;

process (CLK, RESET) begin
if (RESET = '1') then
    COUNT_TMP <= (others => '0');
elsif (CLK'event and CLK = '1') then
    COUNT_TMP <= COUNT_MUX_OUT;
end if;
end process ;
end RTL ;
```

[図2.9] ロード付きアップダウン・カウンタ(非同期リセット)のブロック図

入力信号はCLK(クロック入力)，RESET(リセット入力)，LOAD(ロードの制御信号)，D[WIDTH-1：0](ロード時のWIDTHビット幅のデータ入力)，INC(インクリメント・デクリメントの制御信号)，出力信号はCOUNT[WIDTH-1：0](カウンタのWIDTHビット幅の出力)．ここではWIDTHは任意に与えられる整数値で，DとCOUNTのビット幅を決めている．

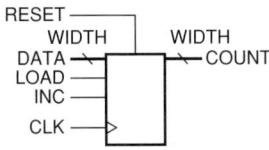

[図2.10]ロード付きアップダウン・カウンタ(非同期リセット)のタイム・チャート

COUNTERモデルのシミュレーション結果の一部である．WIDTHは4(4ビットのカウンタとして動作している)．最初にRESET信号をアクティブにし，RESET信号によって初期化されるかどうかを確かめている．次にLOAD信号をアクティブにし，ロードできるかどうかを確かめている．このとき，ロード値は"C"("1100")の値をロードしている．ロード信号をアサートした後，カウント値が"F"("1111")のあと"0"に戻るかどうかを確かめる．次に，INCの信号を'0'にセットしてデクリメントする．このときもインクリメント同様，"0"の次に"F"になるかどうかを確かめている．

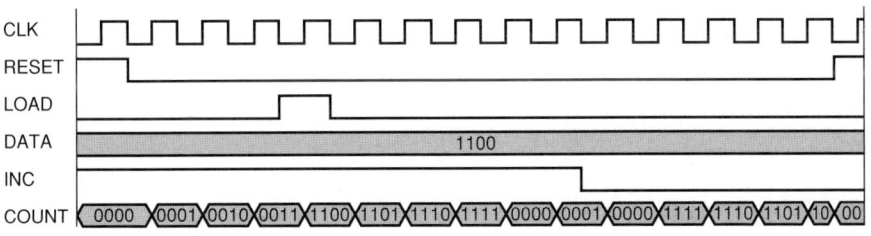

値を表すビット幅を指定する部分に使用できます．

```
define WIDTH 4
input [`WIDTH-1:0] DATA;
output [`WIDTH-1:0] COUNT;
reg [`WIDTH-1:0] COUNT;
COUNT <= `WIDTH'h0;
```

VHDLはアグリゲートで記述を簡単に

　VHDLでもfor文を使用することはできます．しかし，同じ値をそれぞれのビットに代入するのであれば，アグリゲートの方法を使用したほうが記述が簡単になるので，今回はその方法をとっています．仕様としては非同期リセットを用いています．このようなカウンタ類では非同期リセットを用いておいたほうが，論理合成後のゲート・レベルの回路で確実に初期化が行われ，安定した回路を得ることができます．

　このほかの制御信号はクロック(CLK)に同期しています．外側からデータの値をセットできるように，LOADの信号を持っています．またカウンタがアップダウンするのを制御するために，INCという信号を持っています．三つの制御信号は，以下のような優先順位が付いています．

　　RESET > LOAD > INC

　ここではサンプル記述として，一つのalways文やprocess文に一気に書くスタイルと，組み合わせ回路と順序回路(Dフリップフロップ)に分けて書くスタイルの2種類を用意しました．同期リセットを用いる場合には，組み合わせ回路の部分と順序回路の部分を分けておいたほうがよいと思います．こうしておくと，リセットによる初期化が確実に行われる回路が生成されやすくなります．一つのalways文やprocess文に一気に書くスタイルでは，場合によってはRESET信号の優先順位が一番高くない回路を生成することがあります．

　同期リセットを確実に行うために，論理合成ツールのディレクティブやアトリビュートを使うこともあります．ただしこの方法では，ツール間で，データの互換性がとれない場合があります．

ロード付きアップダウン10進カウンタ

- 作者名：鳥海佳孝
- サンプル記述：リスト2.13(bcdcnt.v)，リスト2.14(bcdcnt.vhd)
- モデルの種類：RTLモデル
- 検証に使用したシミュレータ：VeriLogger(Verilog HDL)，PeakVHDL(VHDL)
- 端子表
  入力：CLK, RESET, LOAD, DATA[3：0], INC
  出力：COUNT[3：0]

2.6 ロード付きアップダウン10進カウンタ

基本的には前の「ロード付きアップダウン・カウンタ」を10進にしたものです(**図2.11**,**図2.12**).16進カウンタの場合と10進カウンタの場合の機能的な差は,アップカウントのときは"9"の次が"0"になり,ダウンカウントのときには"0"の次は"9"になることです.以下のようにカウントの値を参照して記述します.

[リスト2.13] ロード付きアップダウン10進カウンタのVerilog HDL記述(bcdcnt.v, bcdcnt_test.v)

```verilog
module BCDCNT (CLK, RESET, LOAD, INC, DATA,
COUNT);

input CLK,RESET,LOAD,INC ;
input [3:0] DATA ;
output [3:0] COUNT ;
reg [3:0] COUNT ;

always @(posedge CLK or posedge RESET)
begin
if (RESET == 1'b1)
    COUNT <= 4'h0;
else if (LOAD == 1'b1)
    COUNT <= DATA;
else
    begin
        if (INC == 1'b1)
            begin
                if (COUNT == 4'h9)
                    COUNT <= 4'h0;
                else
                    COUNT <= COUNT + 4'h1;
            end
        else
            begin
                if (COUNT == 4'h0)
                    COUNT <= 4'h9;
                else
                    COUNT <= COUNT - 4'h1;
            end
    end
end
endmodule

module BCDCNT_TEST ;

parameter CYCLE = 100 ;
reg CLK,RESET,LOAD,INC ;
reg [3:0] DATA ;
wire [3:0] COUNT ;

BCDCNT U0(.CLK(CLK), .RESET(RESET), .LOAD(LOAD),
          .INC(INC), .DATA(DATA), .COUNT(COUNT));

always #(CYCLE/2)
    CLK = ~CLK ;

initial
begin
    CLK = 1'b0 ;
    RESET = 1'b1 ;
    DATA = 4'h8 ;
    LOAD = 1'b0 ;
    INC = 1'b1 ;
    #CYCLE ;
    RESET <= 1'b0 ;
    #(CYCLE*3);
    LOAD = 1'b1 ;
    #CYCLE ;
    LOAD = 1'b0 ;
    #(CYCLE*5);
    INC = 1'b0 ;
    DATA = 4'h2 ;
    #(CYCLE*5);
    LOAD = 1'b1 ;
    #CYCLE ;
    LOAD = 1'b0 ;
    #(CYCLE*5) ;
    RESET = 1'b1 ;
    LOAD = 1'b1 ;
    INC = 1'b1 ;
    DATA = 4'h6 ;
    #CYCLE ;
    RESET = 1'b0 ;
    #CYCLE ;
    LOAD = 1'b0 ;
    $finish ;
end

initial
    $monitor($time,,"CLK=%b RESET=%b LOAD=%b
        DATA=%h INC=%b COUNT=%b", CLK,RESET,LOAD,
                                  DATA,INC,COUNT);

endmodule
```

[リスト2.14] ロード付きアップダウン10進カウンタのVHDL記述（bcdcnt.vhd，bcdcnt_test.vhd）

```vhdl
library IEEE;
use IEEE.std_logic_1164.all;
use IEEE.std_logic_unsigned.all;
entity BCDCNT is
port (CLK, RESET, LOAD, INC : in std_logic;
      DATA : in std_logic_vector(3 downto 0);
      COUNT : out std_logic_vector(3 downto 0) );
end BCDCNT ;
architecture RTL of BCDCNT is
signal COUNT_TMP : std_logic_vector(3 downto 0);
begin
COUNT <= COUNT_TMP;
process (CLK, RESET) begin
if (RESET = '1') then
    COUNT_TMP <= "0000";
elsif (CLK'event and CLK = '1') then
    if (LOAD = '1') then
        COUNT_TMP <= DATA;
    elsif (INC = '1') then
        if (COUNT_TMP = "1001") then
            COUNT_TMP <= "0000";
        else
            COUNT_TMP <= COUNT_TMP + '1';
        end if;
    else
        if (COUNT_TMP = "0000") then
            COUNT_TMP <= "1001";
        else
            COUNT_TMP <= COUNT_TMP - '1';
        end if;
    end if;
end if;
end process ;
end RTL ;

library IEEE;
use IEEE.std_logic_1164.all;

entity TEST_BCDCNT is
end TEST_BCDCNT;

architecture STIMULUS of TEST_BCDCNT is
component BCDCNT
    port (CLK, RESET, LOAD, INC: in std_logic;
          DATA: in std_logic_vector(3 downto 0);
          COUNT: out std_logic_vector(3 downto 0)
         );
end component;
constant CYCLE : time := 100ns ;

signal CLK : std_logic := '0' ;
signal RESET,LOAD,INC : std_logic ;
signal DATA,COUNT : std_logic_vector(3 downto 0) ;
begin

U0: BCDCNT port map(CLK => CLK, RESET => RESET,
                    LOAD => LOAD, INC => INC,
                    DATA => DATA, COUNT => COUNT);

process
begin
    wait for CYCLE/2 ;
    CLK <= not CLK ;
end process;

process
begin
    RESET <= '1' ;
    DATA <= "1000" ;
    LOAD <= '0' ;
    INC <= '1' ;
    wait for CYCLE ;
    RESET <= '0' ;
    wait for CYCLE*3;
    LOAD <= '1' ;
    wait for CYCLE ;
    LOAD <= '0' ;
    wait for CYCLE*5;
    INC <= '0' ;
    DATA <= "0010" ;
    wait for CYCLE*5;
    LOAD <= '1' ;
    wait for CYCLE ;
    LOAD <= '0' ;
    wait for CYCLE*5 ;
    RESET <= '1' ;
    LOAD <= '1' ;
    INC <= '1' ;
    DATA <= "0110" ;
    wait for CYCLE ;
    RESET <= '0' ;
    wait for CYCLE ;
    LOAD <= '0' ;
    wait ;
end process ;

end STIMULUS;
```

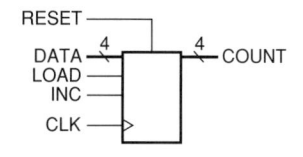

2.6 ロード付きアップダウン10進カウンタ

〔図2.11〕ロード付きアップダウン10進カウンタ

入力信号はCLK（クロック入力），RESET（リセット入力），LOAD（ロードの制御信号），DATA（ロード時の4ビットのデータ入力），INC（インクリメント/デクリメントの制御信号），出力信号はCOUNT（10進カウンタの4ビット出力）．

〔図2.12〕ロード付きアップダウン10進カウンタのタイム・チャート

10進なのでビット幅は4ビットとして与えられている．この波形には出ていないが，最初にRESET信号をアクティブにして，RESET信号によってカウンタが初期化されているかどうか確かめている．図のように，まずLOAD信号をアクティブにし，"8"の値をロードできるかどうか確かめ，その後，10進カウンタなので，インクリメントしているときに"9"の次が"0"になっているかを確かめている．さらに，"3"までインクリメントしてからINCの信号を"0"にしてデクリメントし，"0"の次が"9"になっているかを確かめ，最後にRESET，LOAD，INCの信号を同時に"1"にして，RESETが論理的にまさっているかどうかを確かめている．

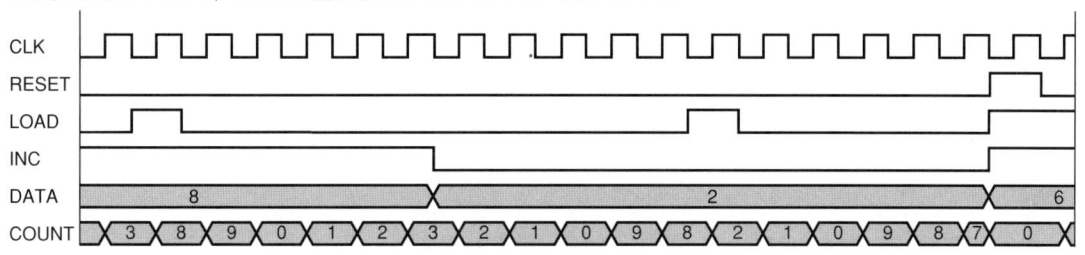

●アップカウント（Verilog HDL）
```
if (COUNT == 4'h9)
    COUNT <= 4'h0;
else
    COUNT <= COUNT + 4'h1;
```
●ダウンカウント（Verilog HDL）
```
if (COUNT == 4'h0)
    COUNT <= 4'h9;
else
    COUNT <= COUNT - 4'h1;
```

　上記の記述で「COUNT == 4'h9」と「COUNT == 4'h0」の部分が，いわゆるカウンタのキャリに相当する部分です．したがって，このような10進カウンタを利用して60進カウンタなどを作成する場合には，上記のキャリを利用して次段のカウンタのキャリ・インに渡します．

リセット以外の信号を参照するのは避ける

　RTLの記述では，たとえアップカウントのときに"9"の次が"0"になるからといって，以下のような記述は好ましくありません．

●Verilog HDL
```
always @(posedge CLK or posedge RESET)
```

```
    begin
        if ((RESET == 1'b1) || (COUNT == 4'h9))
            COUNT <= 4'h0;
```
● VHDL
```
    process(CLK,RESET)
    begin
        if ((RESET = '1') or (COUNT = "1001")) then
            COUNT <= (others => '0');
        elsif (CLK'event and CLK = '1') then
```

非同期リセットを持つ順序回路の基本的なRTL記述のポイントは，①センシティビティ・リストにクロック以外の非同期リセット信号を記述する，②非同期リセット信号の参照の優先順位をもっとも高くしておく，の二つです．したがって，リセット以外の信号を参照するのはできるだけ避けたほうがよいでしょう．

7 マルチプレクサ，デマルチプレクサ

- ●作成者名：田原迫仁治
- ●サンプル記述：リスト2.15（mpx.vhd），リスト2.16（dmpx.vhd），リスト2.17（mpx.v），リスト2.18（dmpx.v）
- ●モデルの種類：RTLモデル
- ●検証に使用したシミュレータ：Actel Desktop VeriBest（VHDL），ModelSim（Verilog HDL）
- ●端子表
  ［マルチプレクサ］
  入力：IN1, IN2, IN3, IN4, SEL
  出力：OUT_D
  ［デマルチプレクサ］
  入力：IN1, SEL
  出力：OUT_D1, OUT_D2, OUT_D3, OUT_D4

マルチプレクサは，図2.13のように，多入力から一つの出力を選択する回路です．セレクタと呼ばれることもあります．

不定値'X'の対策として，二つの記述を使い分ける

リスト2.19のサンプル記述はVHDLのprocess文を使った組み合わせ回路の典型的な例です．①のようにcase文を使って優先順位を付けないことに注意してください．

②ではSEL信号の"11"をothersで記述しています．この方法はSEL信号の不定値'X'の伝搬を防ぎま

2.7 マルチプレクサ，デマルチプレクサ

〔リスト2.15〕マルチプレクサのVHDL記述（mpx.vhd）

```vhdl
library IEEE;
use     IEEE.std_logic_1164.all ;
use     IEEE.std_logic_misc.all ;
use     IEEE.std_logic_unsigned.all ;
use     IEEE.std_logic_arith.all ;

entity MPX is
  port (
        IN1 :       in      std_logic_vector(7 downto 0);
        IN2 :       in      std_logic_vector(7 downto 0);
        IN3 :       in      std_logic_vector(7 downto 0);
        IN4 :       in      std_logic_vector(7 downto 0);
        SEL :       in      std_logic_vector(1 downto 0);
        OUT_D :     out     std_logic_vector(7 downto 0)
       );
end MPX;

architecture RTL of MPX is

begin
  -- 出力アサインメント

  -- 出力アサインメント記述の終了
  process(IN1, IN2, IN3, IN4, SEL) begin
    case SEL is
        when "00" => OUT_D <= IN1;
        when "01" => OUT_D <= IN2;
        when "10" => OUT_D <= IN3;
        when others => OUT_D <= IN4;
      end case;
  end process;

end RTL;
configuration CFG_MPX of MPX is
  for RTL
  end for;
end CFG_MPX;
```

〔リスト2.16〕デマルチプレクサのVHDL記述（dmpx.vhd）

```vhdl
library IEEE;
use     IEEE.std_logic_1164.all ;
use     IEEE.std_logic_unsigned.all ;

entity DMPX is
  port (
        IN1 :       in      std_logic_vector(7 downto 0);
        SEL :       in      std_logic_vector(1 downto 0);
        OUT_D1 :    out     std_logic_vector(7 downto 0);
        OUT_D2 :    out     std_logic_vector(7 downto 0);
        OUT_D3 :    out     std_logic_vector(7 downto 0);
        OUT_D4 :    out     std_logic_vector(7 downto 0)
       );
```

〔リスト2.16〕デマルチプレクサのVHDL記述（dmpx.vhd）（つづき）

```vhdl
end DMPX;

architecture RTL of DMPX is

begin
   -- 出力アサインメント

   -- 出力アサインメント記述の終了
   OUT_D1 <= IN1 when SEL ="00" else "00000000";
   OUT_D2 <= IN1 when SEL ="01" else "00000000";
   OUT_D3 <= IN1 when SEL ="10" else "00000000";
   OUT_D4 <= IN1 when SEL ="11" else "00000000";
end RTL;
configuration CFG_DMPX of DMPX is
   for RTL
   end for;
end CFG_DMPX;
```

〔リスト2.17〕マルチプレクサのVerilog HDL記述（mpx.v）

```verilog
module MPX (IN1, IN2, IN3, IN4, SEL,
                                OUT_D);
input [7:0] IN1, IN2, IN3, IN4 ;
input [1:0] SEL ;
output [7:0] OUT_D ;
reg [7:0] OUT_D ;

always @(IN1 or IN2 or IN3 or IN4 or SEL)
   case(SEL)
       2'b00:OUT_D = IN1;
       2'b01:OUT_D = IN2;
       2'b10:OUT_D = IN3;
       default:OUT_D = IN4;
   endcase

endmodule
```

〔リスト2.18〕デマルチプレクサのVerilog HDL記述（dmpx.v）

```verilog
module DMPX(IN1, SEL, OUT_D1, OUT_D2, OUT_D3, OUT_D4);
input [7:0] IN1;
input [1:0] SEL;
output [7:0] OUT_D1, OUT_D2, OUT_D3, OUT_D4;

assign OUT_D1 = (SEL==2'b00)? IN1 : 8'b00000000;
assign OUT_D2 = (SEL==2'b01)? IN1 : 8'b00000000;
assign OUT_D3 = (SEL==2'b10)? IN1 : 8'b00000000;
assign OUT_D4 = (SEL==2'b11)? IN1 : 8'b00000000;

endmodule
```

〔リスト2.19〕マルチプレクサの2通りのVHDL記述

```vhdl
process(IN1, IN2, IN3, IN4, SEL) begin
  case SEL is                          ---①
      when "00" => OUT_D <= IN1;
      when "01" => OUT_D <= IN2;
      when "10" => OUT_D <= IN3;
      when others => OUT_D <= IN4;     ---②
  end case;
end process;

process(IN1, IN2, IN3, IN4, SEL) begin
  case SEL is
      when "00" => OUT_D <= IN1;
      when "01" => OUT_D <= IN2;
      when "10" => OUT_D <= IN3;
      when "11" => OUT_D <= IN4;
      when others => OUT_D <= (others => 'X');
                                       ---③
  end case;
end process;
```

〔図2.13〕マルチプレクサのブロック図

多入力から一つの出力を選択する回路．たんにセレクタと呼ばれる場合もある．選択信号の組み合わせにより，出力するデータが決まる．

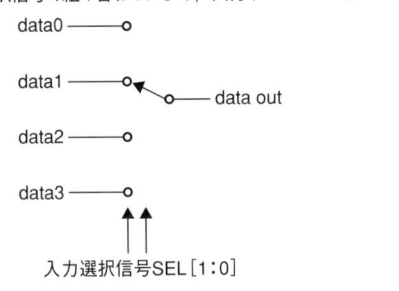

〔図2.14〕デマルチプレクサのブロック図

一つの入力を多数の出力に振り分ける回路．選択信号の組み合わせにより，出力先を決定する．

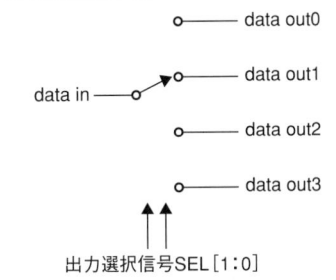

すが，制御信号であるSEL信号入力に'X'がくることそのものが歓迎できる状態ではありません．

出力データからSEL信号の不定状態を特定したい場合には，③のようにSEL信号で"11"まで状態を記述し，othersに'X'を書きます．これで，SEL信号の異常を検出できます．

どちらの記述のほうがよいということはありません．制御信号SELの'X'の伝搬を見つけるか，抑え込むか，必要に応じて使い分けてください．

ラッチができるprocess，自由度が減るwhen

一方，図2.14のように，一つの入力を多数の出力に振り分ける回路をデマルチプレクサと呼びます．process文と違い，入力信号を羅列する必要がありません．このケースでは入力をセンシティビティ・リストに書いても手間ではありませんが，入力が多数ある場合，process文のカッコ内でセンシティビティ・リストの入力信号の書きもれが起こると，不用意なラッチを生成する場合があります．そういった意味でwhen文は，センシティビティ・リストを書く必要がなく，信頼性と可読性に優れます．ただし，ネスト記述ができないなど自由度は減ります．状況に応じてこれらを使い分けてください．

デマルチプレクサ入力信号SELに不定値'X'がくると，すべての出力が'0'になります．また，SEL信号で選択されていないOUT_D1～OUT_D4がバス系信号などで出力が不定でもよい場合，「else "00000000"」を「"XXXXXXXX"」にすることで，ゲートを削減することができます．

8 シフト・レジスタ

- 作成者名：田原迫仁治
- サンプル記述：リスト2.20 (sftreg.vhd)，リスト2.21 (sftreg.v)
- モデルの種類：RTLモデル
- 検証に使用したシミュレータ：Actel Desktop VeriBest (VHDL)，ModelSim (Verilog HDL)
- 端子表
  入力：CLK, RST, SEL, S, P　　　出力：Q

〔リスト2.20〕シフト・レジスタのVHDL記述（sftreg.vhd）

```vhdl
library IEEE;
use     IEEE.std_logic_1164.all ;
use     IEEE.std_logic_unsigned.all ;

-- 非同期リセット付きフリップフロップ
entity SRREG is
  port (CLK,RST,D: in std_logic; Q: out std_logic);
end SRREG;
architecture GATE of SRREG is
begin
  process(CLK, RST) begin
      if(RST='1') then
          Q <= '0';
      elsif(CLK'event and CLK='1') then
          Q <= D;
       end if;
  end process;
end GATE;
configuration CFG_SRREG of SRREG is
  for GATE
  end for;
end CFG_SRREG;

-- シフト・レジスタの構造
library IEEE;
use     IEEE.std_logic_1164.all ;
use     IEEE.std_logic_misc.all ;
use     IEEE.std_logic_unsigned.all ;
use     IEEE.std_logic_arith.all ;

entity SFTREG is
  port (
           CLK :         in     std_logic;
           RST :         in     std_logic;
           SEL :         in     std_logic;
           S :           in     std_logic;
           P :           in
                           std_logic_vector(3 downto 0);
           Q :           out    std_logic_vector(3 downto 0)
        );
end SFTREG;
architecture RTL of SFTREG is
component SRREG
  port(CLK,RST,D: in std_logic; Q: out std_logic);
end component;
signal QD, SD :std_logic_vector(3 downto 0);
begin
  -- 出力アサインメント
  Q <= QD;
  -- 出力アサインメント記述の終了
  SD(0) <= S      when SEL='0' else P(0);
  SD(1) <= QD(0)  when SEL='0' else P(1);     ①
  SD(2) <= QD(1)  when SEL='0' else P(2);
  SD(3) <= QD(2)  when SEL='0' else P(3);
  FF0: SRREG port map (CLK=>CLK, RST=>RST,
                       D=>SD(0), Q=>QD(0));  ②
  FF1: SRREG port map (CLK=>CLK, RST=>RST,
                       D=>SD(1), Q=>QD(1));
  FF2: SRREG port map (CLK=>CLK, RST=>RST,
                       D=>SD(2), Q=>QD(2));
  FF3: SRREG port map (CLK=>CLK, RST=>RST,
                       D=>SD(3), Q=>QD(3));
end RTL;
configuration CFG_SFTREG of SFTREG is
  for RTL
  end for;
end CFG_SFTRG;
```

〔リスト2.21〕シフト・レジスタのVerilog HDL記述（sftreg.v）

```verilog
// FF with ASYNC Reset
module SRREG(CLK, RST, D, Q);
parameter WIDTH = 1;
input CLK, RST;
input [WIDTH-1:0] D;
output [WIDTH-1:0] Q;
reg [WIDTH-1:0] Q;
integer I;
always @(posedge CLK or posedge RST)
  begin
      if(RST==1'b1)
          for(I=0;I<=WIDTH-1;I=I+1)
              Q[I] <= 1'b0;
      else
          Q <= D;
  end
endmodule

module SFTRG(CLK, RST, SEL, S, P, Q);
parameter WIDTH = 4;
input CLK, RST, SEL, S;
input [WIDTH-1:0] P;
output [WIDTH-1:0] Q;
wire [WIDTH-1:0] SD;

assign SD = (SEL==1'b0)? {Q[WIDTH-2:0],S} : P;
SRREG #(WIDTH) FF(.CLK(CLK), .RST(RST), .D(SD),
                                          .Q(Q));
endmodule
```

〔図2.15〕シフト・レジスタの三つの使いかた
図の(a)～(c)はそれぞれ，本文中の使いかたの(1)～(3)に対応する

(a) シリアル-パラレル変換

(b) パラレル-シリアル変換

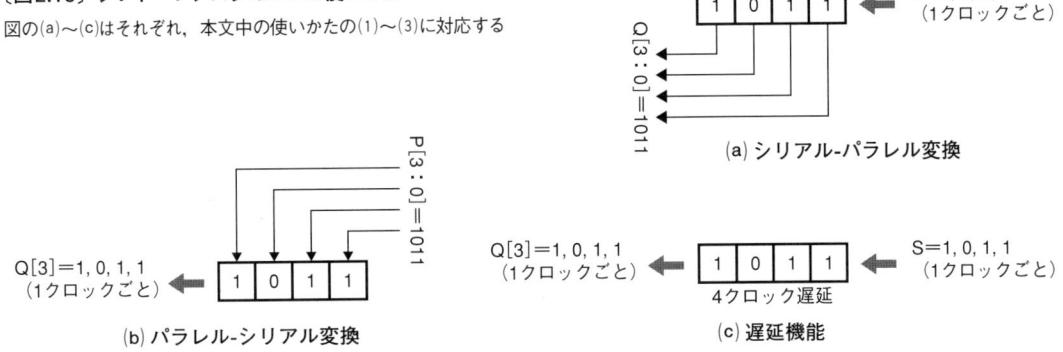

(c) 遅延機能

〔図2.16〕シフト・レジスタのブロック図
シリアル-パラレル変換に利用する場合，Sからシリアル・データを入力し，Q[3:0]から一気に取り出す．パラレル-シリアル変換に利用する場合，P[3:0]のデータをSEL信号で選択してフリップフロップに入力し，Q[3]から順次読み出す．遅延機能として使う場合には，Sからシリアル・データを入力し，Q[3]から順次読み出す．

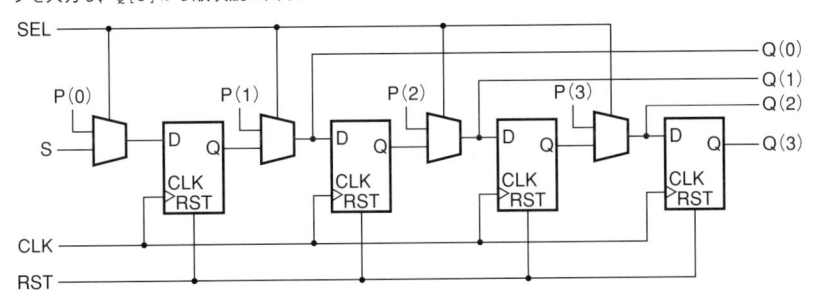

シフト・レジスタは，以下の3通りの方法で使われています（図2.15）．
(1) 入力されてくるシリアル・データをクロックの数だけフリップフロップに記憶させ，パラレル情報として一度に取り出す（シリアル-パラレル変換）．
(2) 逆に，パラレル・データを入力し，シリアル・データとして読み出す（パラレル-シリアル変換）．
(3) たんにフリップフロップの段数分の遅延素子として用い，最終段のフリップフロップからシリアル・データとして再度取り出す（遅延機能）．

図を見れば動作は一目瞭然

　原理的に，とくに難しいものではありません．ここではフリップフロップを組み合わせた回路で記述してみましょう．このような回路は記述よりも図を見たほうが理解しやすいので，**図2.16**にブロック図を示します．
　リスト2.20はサンプルのVHDL記述です．①で，SELが'0'のときは，シリアル・データが順番にDフリップフロップに入力されます．その後，出力Q(3)から順次読み出せば，クロック分遅れたデータを受け取ることができます．
　また，Q[3:0]を一度に読み出せば，シリアル-パラレル変換となります．
　さらに，SELが'1'のときは，パラレル入力データP[3:0]が各Dフリップフロップに1クロックで入り

ます．その後，出力Qからシリアル・データとして読み出せば，パラレル-シリアル変換になります．②では，下位モジュールのDフリップフロップをインスタンスとして呼び出しています．

9 プライオリティ・エンコーダ

- 作成者名：田原迫仁治
- サンプル記述：リスト2.22（penc1.vhd），リスト2.23（penc1.v）
- モデルの種類：RTLモデル
- 検証に使用したシミュレータ：Actel Desktop VeriBest（VHDL），ModelSim（Verilog HDL）
- 端子表
  入力：IN1　　出力：S

〔リスト2.22〕プライオリティ・エンコーダのVHDL記述（penc1.vhd）

```vhdl
library IEEE;
use     IEEE.std_logic_1164.all ;
use     IEEE.std_logic_unsigned.all ;

entity PENC1 is
  port (
        IN1 :   in      std_logic_vector(7 downto 0);
        S :     out     std_logic_vector(2 downto 0)
       );
end PENC1;

architecture RTL of PENC1 is

begin
  -- 出力アサインメント

  -- 出力アサインメント記述の終了
  process(IN1) begin
    if    (IN1(7)='1') then S <= "111";
      elsif(IN1(6)='1') then S <= "110";
      elsif(IN1(5)='1') then S <= "101";
      elsif(IN1(4)='1') then S <= "100";
      elsif(IN1(3)='1') then S <= "011";
      elsif(IN1(2)='1') then S <= "010";
      elsif(IN1(1)='1') then S <= "001";
      else                  S <= "000";
      end if;
  end process;
end RTL;
configuration CFG_PENC of PENC1 is
  for RTL
  end for;
end CFG_PENC;
```

2.9 プライオリティ・エンコーダ

〔リスト2.23〕プライオリティ・エンコーダのVerilog HDL記述(penc1.v)

```verilog
module PENC1(IN1, S);

input [7:0] IN1;
output [2:0] S;
reg [2:0] S;

always @(IN1)
  begin
       if(IN1[7]==1'b1)
          S = 3'b111;
       else if(IN1[6]==1'b1)
          S = 3'b110;
       else if(IN1[5]==1'b1)
          S = 3'b101;
       else if(IN1[4]==1'b1)
          S = 3'b100;
       else if(IN1[3]==1'b1)
          S = 3'b011;
       else if(IN1[2]==1'b1)
          S = 3'b010;
       else if(IN1[1]==1'b1)
          S = 3'b001;
       else
          S = 3'b000;
  end
endmodule
```

〔表2.2〕プライオリティ・エンコーダの真理値表

IN[7]の優先順位が一番高く,このビットが'1'の場合は,他のIN[6:0]の状態に関わらずS[2:0]="111"を出力する.以下,IN[6],IN[5]...と調べていき,それぞれが'1'の場合に,S[2:0]にそのビット番号をバイナリ出力する.

IN [7:0]								S [2:0]		
7	6	5	4	3	2	1	0	2	1	0
1	—	—	—	—	—	—	—	1	1	1
0	1	—	—	—	—	—	—	1	1	0
0	0	1	—	—	—	—	—	1	0	1
0	0	0	1	—	—	—	—	1	0	0
0	0	0	0	1	—	—	—	0	1	1
0	0	0	0	0	1	—	—	0	1	0
0	0	0	0	0	0	1	—	0	0	1
0	0	0	0	0	0	0	—	0	0	0

注:—は Don't care.

〔リスト2.24〕forループを使ったプライオリティ・エンコーダのVHDL記述

```vhdl
process(IN1)
  variable TMP : std_logic_vector(2 downto 0);
  begin
    TMP := "000";                                     ----------------②
       for l in 7 downto 0 loop                       ----------------①
         if(IN1(l)='1') then
             TMP := CONV_STD_LOGIC_VECTOR(l,3);
         end if;
       end loop;
       S <= TMP;
  end process;
```

プライオリティ・エンコーダは,入力のうち優先度の高いビットからエンコードして,バイナリ・コードを出力する回路です.これは,入力のIN[7:0]のうち2ビット以上が'1'になるような場合でも,優先順位で確定する出力が得られます.逆にIN[7:0]を出力する外部回路が,必ず1ビットしか'1'にならない設計になっている場合,IN[7:0]のセレクト回路をワンホットで記述することもできます(ただし,これは

プライオリティ・エンコーダではないが…）．

if elseに優先順位を持たせて記述

真理値表を**表2.2**に示します．ひと昔前までは，この真理値表をさらに論理圧縮して，最適な真理値表を作ることが，LSI設計者の腕の見せどころでした．しかし，HDL記述があたりまえとなった現在では，可読性を重視するようになり，こうした論理圧縮の仕事は論理合成ツールに任せるのが一般的です．

リスト2.22はプライオリティ・エンコーダのVHDL記述の例です．プライオリティ・エンコーダは，読んで字のごとく，VHDLの`process`文の`if else`文に優先順位を持たせて記述していきます．`IN[7:0]`の7ビット目が'1'のときは，バイナリ・コード"111"を出力します．同じように，これ以降，優先順位を付けながら`IN[7:0]`のビット番号をバイナリに変換していきます．

また別の例として，`for`ループを使ったプライオリティ・エンコーダを**リスト2.24**に示します．こちらも優先順位を付けるため，`for`文のループ変数1は7から0で終わります．①のローカル変数`TMP`にはループの前に初期値を入れてください．②でループ終了後，`variable`変数を出力に代入します．

10　バレル・シフタ

- 作成者名：田原迫仁治
- サンプル記述：リスト2.25（bshift.vhd），リスト2.26（bshift.v）
- モデルの種類：RTLモデル
- 検証に使用したシミュレータ：Actel Desktop VeriBest（VHDL），ModelSim（Verilog HDL）
- 端子表
  入力：IN_D, SEL
  出力：OUT_D

バレル・シフタの「バレル（barrel）」は，直訳すると「樽」の意味です．これは，通常の右シフトや左シフトのようにシフトした後のビットに'0'が入るのではなく，左右方向のシフトに合わせてMSB（最大量子化ビット）の値はLSB（最小量子化ビット）へ，LSBの値はMSBへと（樽のように）回転していきます．ちょうどアセンブラの`rotate left`命令や`rotate right`命令と同じです．

ローテート・シフトを使うと回路が大きくなる

この場合，移動した後のビットに'0'が入るVerilog HDLのシフト演算子（<<, >>）は使用できません．一方，VHDLにはローテート・シフト演算子（ROL, ROR）が，VHDL93から用意されています．しかし，この演算子を使った多ビットのバレル・シフタの記述は，論理合成で回路規模が大きくなりがちです．ビヘイビア記述で使う分にはローテート・シフト演算子は有効ですが，RTL記述で使う場合は十分に注意してください．

図を参照しながら，4ビット・バレル・シフタの動作原理を理解しておきましょう．**図2.17**にブロック図を示します．この図はセレクタを用いたプリミティブなブロック図ですが，一つの入力からすべての出力

[リスト2.25] バレル・シフタのVHDL記述(bshift.vhd)

```vhdl
library IEEE;
use     IEEE.std_logic_1164.all ;
use     IEEE.std_logic_unsigned.all ;

entity BSHIFT is
  port (
        IN_D  : in      std_logic_vector(3 downto 0);
        SEL   : in      std_logic_vector(1 downto 0);
        OUT_D : out     std_logic_vector(3 downto 0)
        );
end BSHIFT;

architecture RTL of BSHIFT is

begin
  -- 出力アサインメント

  -- 出力アサインメント記述の終了
  process(IN_D, SEL) begin
    case SEL is
      when "00" => OUT_D <= IN_D;
      when "01" => OUT_D <= IN_D(2 downto 0) & IN_D(3);
      when "10" => OUT_D <= IN_D(1 downto 0) & IN_D(3 downto 2);
      when "11" => OUT_D <= IN_D(0) & IN_D(3 downto 1);
      when others => OUT_D <= (others => 'X');       -- ①
    end case;
  end process;
end RTL;
configuration CFG_BSHIFT of BSHIFT is
  for RTL
  end for;
end CFG_BSHIFT;
```

[リスト2.26] バレル・シフタのVerilog HDL記述(bshift.v)

```verilog
module BSHIFT(IN_D, SEL, OUT_D);

input  [3:0] IN_D ;
input  [1:0] SEL ;
output [3:0] OUT_D ;
reg    [3:0] OUT_D ;

always @(IN_D or SEL)
  begin
    case(SEL)
      2'b00: OUT_D <= IN_D;
      2'b01: OUT_D <= {IN_D[2:0],IN_D[3]};
      2'b10: OUT_D <= {IN_D[1:0],IN_D[3:2]};
      2'b11: OUT_D <= {IN_D[0],IN_D[3:1]};
      default: OUT_D <= 4'bx;
    endcase
  end
endmodule
```

パスへ出力できるようになっています．SELは2ビットで4通りの選択ができ，4ビットをすべての状態にシフトします．右2ビットのローテート・シフトは，左2ビットのローテート・シフトでもあります．左・右シフトの選択や4ビット以上のローテート・シフトで同じ状態を表すケースは，SEL信号に入る前の上位

〔図2.17〕4ビット・バレル・シフタのブロック図
入力信号IN_D[3:0]をシフトしたすべての組み合わせが出力可能な回路．最小単位のブロックは2値のセレクタ．これを8個組み合わせて形成した．

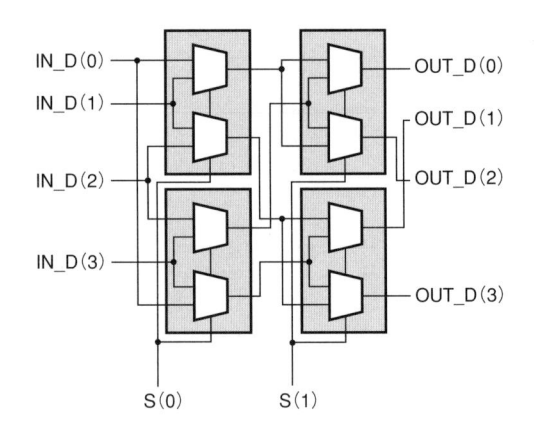

階層の回路で判別および制御してください．これが回路規模を小さくするコツです．

　リスト2.25はバレル・シフタのVHDL記述の例です．図2.17のブロック図ではセレクタを用いて説明しましたが，実際のHDL記述でこのセレクタを用いた回路を書くと，可読性が非常に悪くなり，他人が記述を見てもなんの動作をしているのかわからなくなります．4ビットの場合はまだしも，さらに多ビットになると，記述すら困難になります（つまり，結局，図を書くはめになる）．そこで，ここではcase文と連接子&を用いた記述例を示します．

　また，今回は①のように記述して，SELの入力の不定値を検出する記述にしています．この右辺の「others => 'X'」は，左辺OUT_Dのビット幅が変わってもケアする必要がない便利な記述方法です．

11 加算器（ハーフ・アダー，フル・アダー）

- 作成者名：田原迫仁治
- サンプル記述：リスト2.27（hadder.vhd），リスト2.28（hadder.v），リスト2.29（fadder.vhd），
  リスト2.30（fadder.v）
- モデルの種類：RTLモデル
- 検証に使用したシミュレータ：Actel Desktop VeriBest（VHDL），ModelSim（Verilog HDL）
- 端子表
  [ハーフ・アダー]
  入力：A_IN, B_IN　　　　出力：S, C
  [フル・アダー]
  入力：A_IN, B_IN, C_IN　出力：S, C

　加算器（アダー）は基本となる算術演算子の一つです．通常，HDL記述の中でなにげなく+と書いて終わってしまうことが多いこの演算子ですが，まずは2進数1ビットの加算器の論理ゲート回路を使って，その

原理を理解しましょう．ただし，この記述は原理を理解するためのもので，動作を表すためのHDL記述としては必ずしもふさわしくないことを最初に断っておきます．

〔リスト2.27〕ハーフ・アダーのVHDL記述（hadder.vhd）

```vhdl
library IEEE;
use     IEEE.std_logic_1164.all ;
use     IEEE.std_logic_unsigned.all ;

entity HADDER is
  port (
          A_IN :  in      std_logic;
          B_IN :  in      std_logic;
          S :     out     std_logic;
          C :     out     std_logic
        );
end HADDER;

architecture RTL of HADDER is

begin
  -- 出力アサインメント

  -- 出力アサインメント記述の終了
  S <= A_IN XOR B_IN;
  C <= A_IN AND B_IN;

end RTL;
configuration CFG_HADDER of HADDER is
  for RTL
  end for;
end CFG_HADDER;
```

〔リスト2.28〕ハーフ・アダーのVerilog HDL記述（hadder.v）

```verilog
module HADDER (A_IN, B_IN, S, C);
input A_IN, B_IN ;
output S, C ;

assign S = A_IN ^ B_IN;
assign C = A_IN & B_IN;

endmodule
```

〔リスト2.29〕フル・アダーのVHDL記述（fadder.vhd）

```vhdl
library IEEE;
use     IEEE.std_logic_1164.all ;
use     IEEE.std_logic_unsigned.all ;

entity FADDER is
  port (
          A_IN :  in      std_logic;
          B_IN :  in      std_logic;
          C_IN :  in      std_logic;
          S :     out     std_logic;
          C :     out     std_logic
        );
end FADDER;

architecture RTL of FADDER is

begin
  -- 出力アサインメント

  -- 出力アサインメント記述の終了
  -- S[1:0] = A + B + C
  S <= C_IN XOR (A_IN XOR B_IN);
  C <= (A_IN AND B_IN) OR (A_IN AND C_IN) OR
                          (B_IN AND C_IN); -- ①

end RTL;
configuration CFG_FADDER of FADDER is
  for RTL
  end for;
end CFG_FADDER;
```

〔リスト2.30〕フル・アダーのVerilog HDL記述（fadder.v）

```verilog
module FADDER(A_IN, B_IN, C_IN, S, C);
input A_IN, B_IN, C_IN ;
output S, C;

assign S = C_IN ^ (A_IN ^ B_IN);
assign C = (A_IN & B_IN) | (A_IN & C_IN) |
                           (B_IN & C_IN);

endmodule
```

けた上がりなしの加算器はEXORとANDで実現

まず，1ビット同士の加算を考えます．図2.18を参照してください．1ビットの加算はこの4パターンで，真理値表は表2.3のようになります．これは出力の状態から推定すると簡単です．S出力は，EXORゲートで作り出すことができ，C出力は，ANDゲートで作り出すことができます．このようなけた上がり入力

〔図2.18〕2進数1けた同士の加算の組み合わせ
組み合わせは4通り．入力が1同士のときだけけた上がりが発生する．

```
   0       0       1       1    ←A_IN
+) 0    +) 1    +) 0    +) 1    ←B_IN
   0 0     0 1     0 1     1 0
   C S     C S     C S     C S
```

〔表2.3〕2進数1けた同士の加算の真理値表
2進数1けた同士の加算の組み合わせを真理値表で表すとこうなる．SはXORゲートの値と等しい．CはANDゲートの結果と等しい．つまり，ハーフ・アダーはこの2種類のゲートで作ることができる．

A_IN	B_IN	C	S
0	0	0	0
0	1	0	1
1	0	0	1
1	1	1	0

〔図2.19〕ハーフ・アダーの回路図
XORゲートとANDゲートの組み合わせで構成される．

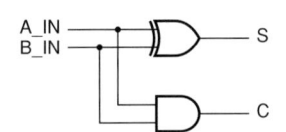

〔図2.20〕2進数3けた同士の加算
(a)は，2進数3けた同士のけた上がりのない加算の例．この場合，各けたでけた上がりは起こらないので3個のハーフ・アダーを使って計算できる．(b)は，(a)の計算をブロック図で示した．けた上がりが発生せず，すべてのけたで計算可能．(c)は，1けた目のけた上がりが，次のけたに反映できないようすを示している．2けた目以降はフル・アダーが必要になる．

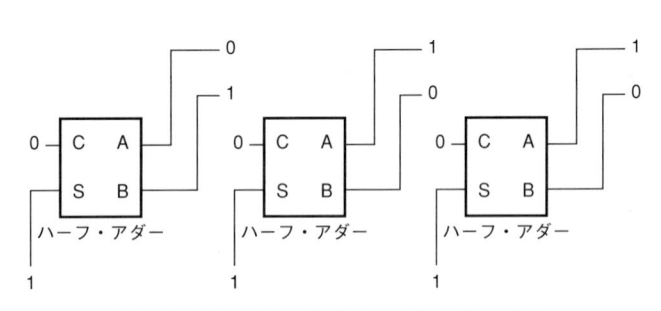

(b) けた上がりのない加算を実現するブロック図

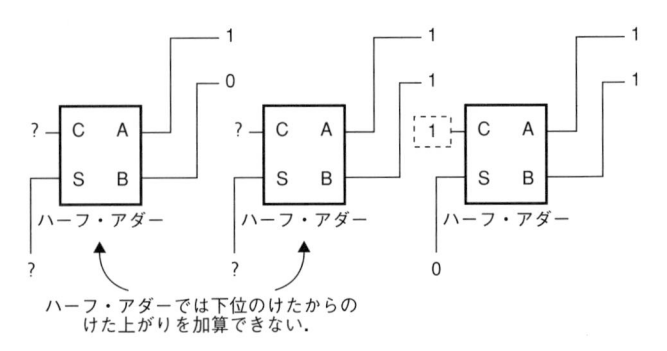

```
   0 1 1
+) 1 0 0
   1 1 1
```

(a) けた上がりのない加算の例

ハーフ・アダーでは下位のけたからのけた上がりを加算できない．

(c) けた上がりのある加算を実現できない

を考慮しない2入力の加算器を半加算器(ハーフ・アダー)と呼びます．回路図で表すと図2.19のようになります．

多ビット加算はけた上がりに対する配慮が必要

それでは次に，多ビット同士の加算について考えてみましょう．図2.20(a)，(b)に示すように，3＋4(すなわち011＋100)の場合，各けたの加算ではけた上がりがなく，各けたそれぞれ単独で加算が成り立つことがわかります．この場合はハーフ・アダーの3個使いで計算できます．しかし，7＋3の場合はどうでしょう．111＋011は(下から)1けた目と2けた目にけた上がりがありますが，前述のハーフ・アダーではけた上がり入力ができません(図2.20(c))．そこで必要になるのが，けた上がり入力を持った全加算器(フル・アダー)なのです．

表2.4にフル・アダーの真理値表を示します．このフル・アダーを3個用いれば，先ほどのけた上がりを含んだ加算(7＋3など)が可能になります．では，このフル・アダーの真理値表を見ながら，記述を考えていきましょう．この場合も出力の状態から推定すると簡単です．Sが'1'になるのは，ハーフ・アダーの場

〔表2.4〕フル・アダーの真理値表

すべての入力のうち2ビット以上が'1'であれば，Cは'1'になる．C_INが'0'であれば，Sはハーフ・アダーと同じになる．また，C_INが'1'であれば，Sはハーフ・アダーの出力の反転となる．このことに注目すると，もう一つEXORゲートを挿入して，C_INの状態に合わせて反転させればよいことがわかる．

C_IN	A_IN	B_IN	C	S
0	0	0	0	0
0	0	1	0	1
0	1	0	0	1
0	1	1	1	0
1	0	0	0	1
1	0	1	1	0
1	1	0	1	0
1	1	1	1	1

〔図2.21〕フル・アダーの回路図

出力Cは入力のうち2ビットが'1'かどうかを判定する．3ビットとも'1'になるケースが表2.4の真理値表の一番下にあるが，A_INとB_INの入力でCが決まるので，3ビットのすべてを判定する必要はない．SはC_INの状態に合わせて反転させればよいので，ハーフ・アダーの出力SにEXORゲートを追加すればよい．

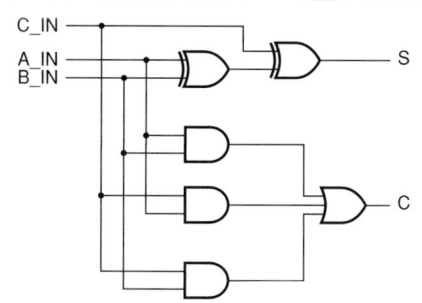

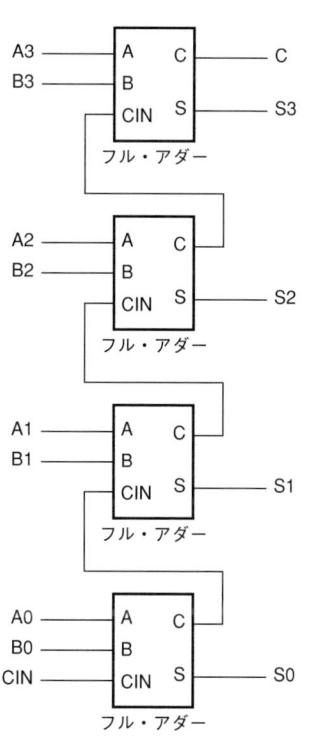

〔図2.22〕フル・アダーを使った2進数4けたの加算器

フル・アダーを使用すれば下位のけたからのけた上がりを判定できる．一番下位のけたはハーフ・アダーでもよいが，減算時に使うことを考慮してフル・アダーにしてある．加減算器については，「12.加減算器」の項を参照．

合の出力とC_INのEXORをとるだけで済みます．また，C_IN，A_IN，B_INのうち2ビット以上が'1'のときにCは'1'になるので，リスト2.29の式①のようになります．

回路図を図2.21に示します．また，4ビット加算器のブロック図を図2.22に示します．この図の最下位のCINは減算で必要になりますが，これは次項で説明します．ふだんなにげなく使っている+演算子ですが，その動作原理を確認してみてください．

12　加減算器

- 作成者名：田原迫仁治
- サンプル記述：リスト2.31 (addsub.vhd, fadder.vhd), リスト2.32 (addsub.v, fadder.v)
- モデルの種類：RTLモデル
- 検証に使用したシミュレータ：Actel Desktop VeriBest (VHDL), ModelSim (Verilog HDL)
- 端子表
  入力：A_IN, B_IN, AORS
  出力：S, C

まずは，補数について考えてみましょう．考えやすいように10進数（10の補数）で説明します．今，A+B=10という式があったとき，BをAの補数と呼びます．また，AはBの補数でもあります．つまり，お互いの値がけた上がりに必要な値（補数）です．たとえば，3の補数は7で，7の補数は3です．

ここで，7－3を考えます．3を引く代わりに3の補数を加えると，7＋(3の補数=7)=14となり，この14の10のけたを捨てれば4という減算の解が出ます．次に，3－7のように解が負になるケースを考えます．3＋(7の補数=3)=6となり，－4という正しい解は出てきません．しかし，さらにこの6の補数をとると，正しい解の絶対値(4)を得ることができます．つまり，補数を使えば，解の正負の判定は別に必要となりますが，減算を加算にできるのです．

解が負の場合にはさらなる補数変換が必要

図2.23に加減算器のブロック図を示します．セレクタが減算側になると，EXORゲートはインバータの役割を果たし，B側の全ビットを反転させます（1の補数を生成する）．このEXORゲートを用いた反転は広く利用されていますので覚えておくと便利です．

そして，CINから'1'を入力して1の補数に＋1すると，B側から入力される値は2の補数になります．この回路において減算時にCが'0'の場合，負の解であることがわかります．

10進数の補数のところで解説したように，減算で解が正の場合，けた上がりを捨てます．解が負の場合，けた上がりが発生しない代わりに，さらに補数の計算が必要となります．負の値がS[3:0]に出力されている場合，さらにこの値の補数を導き出す必要があります．そこで，図2.24のように，さらにもう一つ4ビット加算器を使って2の補数を求め，最終段でC=0とCIN=1（減算の実行）を条件にして，補数回路から解を出力します．

[リスト2.31] 加減算器のVHDL記述（addsub.vhd, fadder.vhd）

```vhdl
library IEEE;
use     IEEE.std_logic_1164.all ;
use     IEEE.std_logic_unsigned.all ;

entity FADDER is
  port (
          A_IN : in      std_logic;
          B_IN : in      std_logic;
          C_IN : in      std_logic;
          S    : out     std_logic;
          C    : out     std_logic
        );
end FADDER;

architecture RTL of FADDER is

begin
    -- 出力アサインメント

    -- 出力アサインメント記述の終了
    -- S[1:0] = A + B + C
    S <= C_IN XOR (A_IN XOR B_IN);
    C <= (A_IN AND B_IN) OR (A_IN AND C_IN) OR
                            (B_IN AND C_IN);

end RTL;
configuration CFG_FADDER of FADDER is
  for RTL
  end for;
end CFG_FADDER;
--
-- 加算と減算の構造
library IEEE;
use     IEEE.std_logic_1164.all ;
use     IEEE.std_logic_unsigned.all ;

entity ADDSUB is
  port (
          A_IN : in      std_logic_vector
                                    (3 downto 0);
          B_IN : in      std_logic_vector
                                    (3 downto 0);
          AORS : in      std_logic;
                         -- 加算か減算かの選択
          S    : out     std_logic_vector
                                    (3 downto 0);
          C    : out     std_logic
        );
end ADDSUB;

architecture RTL of ADDSUB is
component FADDER
  port (
          A_IN : in      std_logic;
          B_IN : in      std_logic;
          C_IN : in      std_logic;
          S    : out     std_logic;
          C    : out     std_logic
        );
end component;
signal CO : std_logic_vector(2 downto 0);
signal BD : std_logic_vector(3 downto 0);
begin
    -- 出力アサインメント

    -- 出力アサインメント記述の終了
    BD(0) <= B_IN(0) xor AORS;
    BD(1) <= B_IN(1) xor AORS;
    BD(2) <= B_IN(2) xor AORS;
    BD(3) <= B_IN(3) xor AORS;
    FADD0: FADDER port map (A_IN=>A_IN(0),
    B_IN=>BD(0), C_IN=>AORS,  S=>S(0), C=>CO(0));
    FADD1: FADDER port map (A_IN=>A_IN(1),
    B_IN=>BD(1), C_IN=>CO(0), S=>S(1), C=>CO(1));
    FADD2: FADDER port map (A_IN=>A_IN(2),
    B_IN=>BD(2), C_IN=>CO(1), S=>S(2), C=>CO(2));
    FADD3: FADDER port map (A_IN=>A_IN(3),
    B_IN=>BD(3), C_IN=>CO(2), S=>S(3), C=>C);
end RTL;

configuration CFG_ADDSUB of ADDSUB is
  for RTL
  end for;
end CFG_ADDSUB;
```

〔リスト2.32〕加減算器のVerilog HDL記述（addsub.v, fadder.v）

```
module FADDER(A_IN, B_IN, C_IN, S, C);
input A_IN, B_IN, C_IN ;
output S, C;

assign S = C_IN ^ (A_IN ^ B_IN);
assign C = (A_IN & B_IN) | (A_IN & C_IN) | (B_IN
                                          & C_IN);

endmodule

module ADDSUB(A_IN, B_IN, AORS, S, C);
input [3:0] A_IN;
input [3:0] B_IN;
input AORS;
output [3:0] S;
output C;

wire [2:0] CO;
wire [3:0] BD;

assign BD[0] = B_IN[0] ^ AORS;
assign BD[1] = B_IN[1] ^ AORS;
assign BD[2] = B_IN[2] ^ AORS;
assign BD[3] = B_IN[3] ^ AORS;

FADDER FADDER1(A_IN[0], BD[0], AORS, S[0], CO[0]);
FADDER FADDER2(A_IN[1], BD[1], CO[0], S[1], CO[1]);
FADDER FADDER3(A_IN[2], BD[2], CO[1], S[2], CO[2]);
FADDER FADDER4(A_IN[3], BD[3], CO[2], S[3], C);
endmodule
```

〔図2.23〕加減算器のブロック図

最下位のけたのCINを使用する．補数を作る際，反転した値に1を足すと補数ができるからである．EXORゲートを追加するだけで減算を実現できることがわかる．

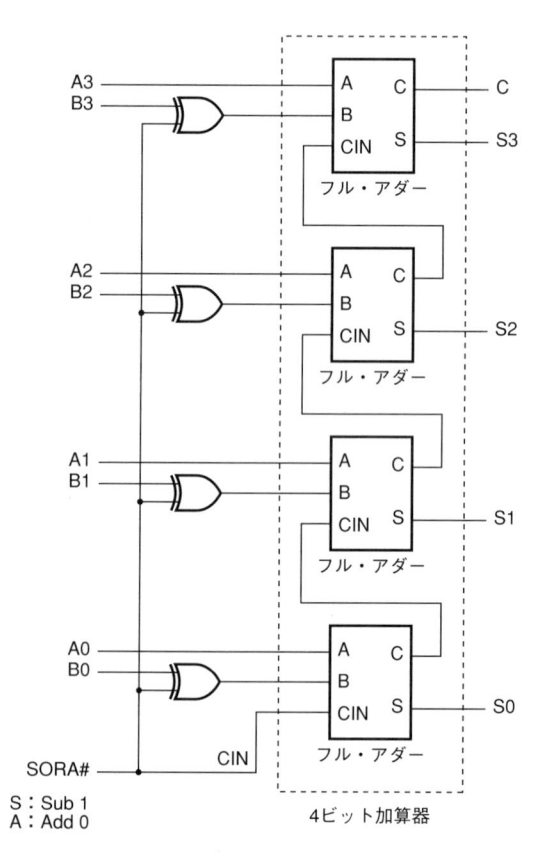

S：Sub 1
A：Add 0

4ビット加算器

〔図2.24〕加減算器＋補数変換回路のブロック図

補数を使って負の値を得る回路を追加したブロック図．追加した加算器は入力にインバータが付加されており，補数生成専用になっている．最終段でCの値と減算(Sub)の実行かどうかをもとに出力を選択する．

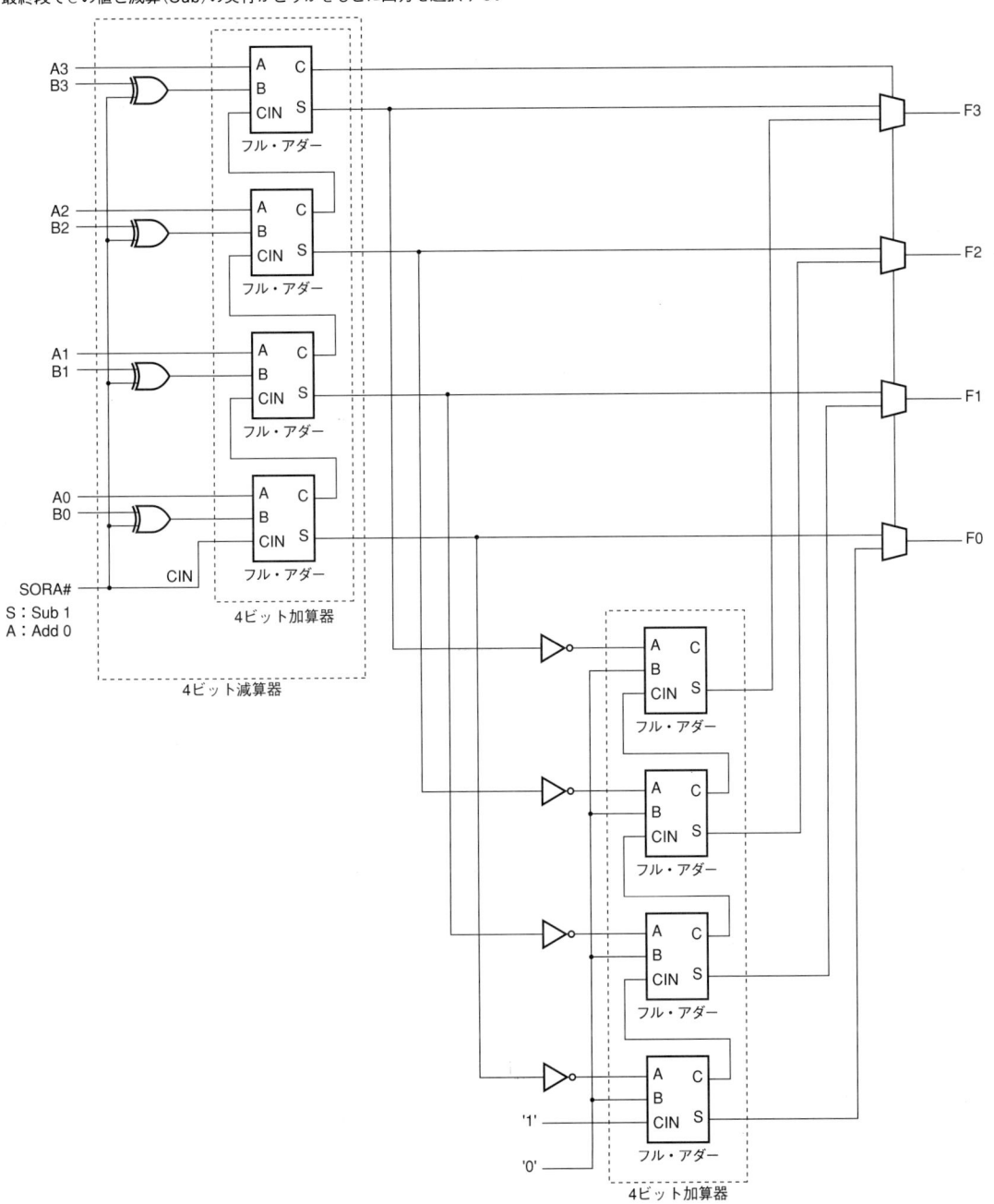

13 乗算器

- 作成者名：田原迫仁治
- サンプル記述：リスト2.33（mltp.vhd，hadder.vhd），リスト2.34（mltp.v，hadder.v）
- モデルの種類：RTLモデル
- 検証に使用したシミュレータ：Actel Desktop VeriBest（VHDL），ModelSim（Verilog HDL）
- 端子表
  入力：A0, A1, B0, B1
  出力：M

　加算器などと同様に，乗算器もなにげなく演算子＊を使って記述している場合が多いと思います．ここではゲート回路で設計して動作原理を理解することにします．演算回路による2進数の乗算は，基本的には人間が紙の上で行う10進数の計算方法と同じです．2ビット入力同士の乗算例を図2.25に示します．各ビ

〔リスト2.33〕乗算器のVHDL記述（mltp.vhd，hadder.vhd）

```vhdl
-- ハーフ・アダー
library IEEE;
use     IEEE.std_logic_1164.all ;
use     IEEE.std_logic_unsigned.all ;

entity HADDER is
  port (
          A_IN : in          std_logic;
          B_IN : in          std_logic;
          S :    out         std_logic;
          C :    out         std_logic
       );
end HADDER;
architecture RTL of HADDER is
begin
    -- 出力アサインメント

    -- 出力アサインメント記述の終了
    S <= A_IN XOR B_IN;
    C <= A_IN AND B_IN;
end RTL;
configuration CFG_HADDER of HADDER is
  for RTL
  end for;
end CFG_HADDER;
--
library IEEE;
use     IEEE.std_logic_1164.all ;
use     IEEE.std_logic_unsigned.all ;
```

```vhdl
entity MLTP is
  port (
          A0, A1, B0, B1 :  in std_logic;
          M :               out std_logic_vector
                                 (3 downto 0)
       );
end MLTP;

architecture RTL of MLTP is
component HADDER
  port(A_IN,B_IN :      in    std_logic;
       S, C      :      out   std_logic);
end component;
signal AB :     std_logic_vector(3 downto 1);
signal C2 :     std_logic;
begin
  AB(3) <= A1 and B1;
  AB(2) <= A1 and B0;
  AB(1) <= A0 and B1;
  M(0)  <= A0 and B0;
  HA1 : HADDER port map (A_IN => AB(1), B_IN =>
                         AB(2), S => M(1), C => C2);
  HA2 : HADDER port map (A_IN => AB(3), B_IN =>
                         C2,    S => M(2), C => M(3));
end RTL;
configuration CFG_MLTP of MLTP is
  for RTL
  end for;
end CFG_MLTP;
```

2.13 乗算器

〔リスト2.34〕乗算器のVerilog HDL記述（mltp.v, hadder.v）

```
-- ハーフ・アダー
*/
module HADDER (A_IN, B_IN, S, C);
input A_IN, B_IN ;
output S, C ;

assign S = A_IN ^ B_IN;
assign C = A_IN & B_IN;

endmodule

module MLTP(A0, A1, B0, B1, M);

input A0, A1, B0, B1;
output [3:0] M;

wire [3:0] AB;
wire C2;

assign AB[3] = A1 & B1;
assign AB[2] = A1 & B0;
assign AB[1] = A0 & B1;
assign AB[0] = A0 & B0;

assign M[0]  = AB[0];
HADDER HA1(.A_IN(AB[1]), .B_IN(AB[2]), .S(M[1]),
                                              .C(C2));
HADDER HA2(.A_IN(AB[3]), .B_IN(C2), .S(M[2]),
                                              .C(M[3]));
endmodule
```

〔図2.25〕2進数2けたの乗算

2進数の乗算は、人間が紙の上で計算する方法と同じである。
加算が始まる2けた目以降でけた上がりが発生する。

```
           A1    A0
      ×)   B1    B0
          A1*B0 A0*B0
    A1*B1 A0*B1
     M3    M2    M1    M0

     M0＝A0*B0
     M1＝A1*B0＋A0*B1
     M2＝A1*B1＋C2
     M3＝C3

     C3, C2は下位からのけた上がり
```

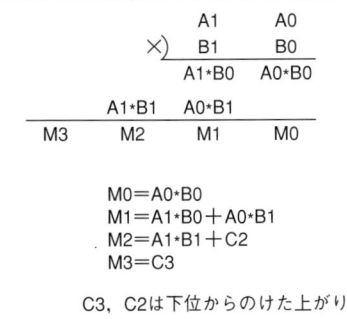

〔図2.26〕乗算器のブロック図

図2.25の計算処理をハーフ・アダーとANDゲートで実現した。

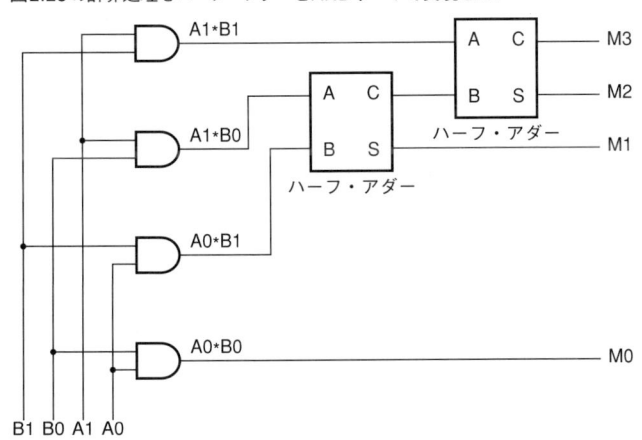

〔図2.27〕4ビット加算器のクリティカル・パス

加算も乗算もキャリが最大の遅延パスとなる。図2.26の場合、A0→ANDゲート→ハーフ・アダー→ハーフ・アダー→M3のパス遅延が最大になる。

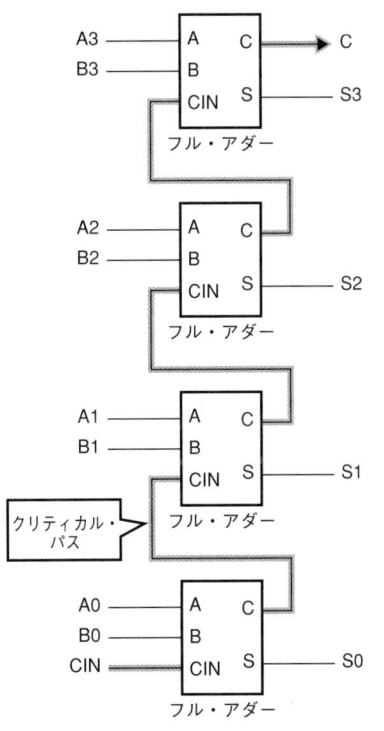

けた上げ（キャリ）は下から順番に積み上がっていく

ットごとにANDをとった後，それらの同じけたの値を足していきます．つまり，ANDゲートと加算器を使って乗算器を構成できることがおわかりいただけると思います（図2.26）．

リプル・キャリではキャリ信号がクリティカル・パスに

ところで，加算器や乗算器では，図2.27の例のようにキャリ・ビットが最下位のけたから順番に伝わっていきます．このような回路をリプル・キャリと呼びます．ここで「リプル・キャリ」とは，波のように下位から上位へ伝搬するという意味です．このような回路の論理合成では，このキャリ・パスの遅延が最大（クリティカル・パス）になります．図2.27の例を見てもわかるように，他のパスが2ゲート分の遅延であるのに対して，キャリ・パスの信号は8ゲートを通過しています．

パス遅延を抑えるキャリ・ルックアヘッド

このため，下位のけたからのキャリ信号を入力データから直接計算して，下位のキャリ入力を先に確定させる回路をキャリ・ルックアヘッド（けた上げ先見）と呼びます．これは，各けたで下位からのキャリを専用に計算する回路になります．けたが大きくなるほど回路が大規模で複雑になっていきます．

一般的には，ゲート規模を抑えたいときはリプル・キャリを使い，動作速度を上げたい（遅延を抑えたい）ときはキャリ・ルックアヘッドを使うことになります．

14 ALU（数値演算ユニット）

- 作成者名：田原迫仁治
- サンプル記述：alu.vhd（リスト2.35），alu.v（リスト2.36）
- モデルの種類：RTLモデル
- 検証に使用したシミュレータ：Actel Desktop VeriBest（VHDL），ModelSim（Verilog HDL）
- 端子表
  入力：A_IN，B_IN，C_IN，S
  出力：D_OUT，C_OUT

ALU（数値演算ユニット）は，CPUの中で演算処理をつかさどる回路です．一言でALUといっても，CPUのアーキテクチャによってさまざまな算術演算と論理演算の機能があり，すべてを解説することはできません．ここでは，基本的な算術演算と論理演算を使ってALUの基本動作を説明します．前項までで解説した演算回路はALUの内部で使用されます．

演算回路をセレクタで切り替える

ALUとは，さまざまな演算回路とセレクタの集まりということができます．すなわち，数ある算術演算，および論理演算の中から選択信号によって一つを選び出し，入力データを演算し，結果を出力する回路です（図2.28）．しかし，前項でも説明したように，加算器と減算器，左右ビット・シフト（またはバレル・

〔図2.28〕ALUのブロック図
演算回路を選択していることを示している．これは機能面の特徴を理解してもらうための図である．実際には，演算回路の間に共有部分があるため，このような回路構成にはならない．

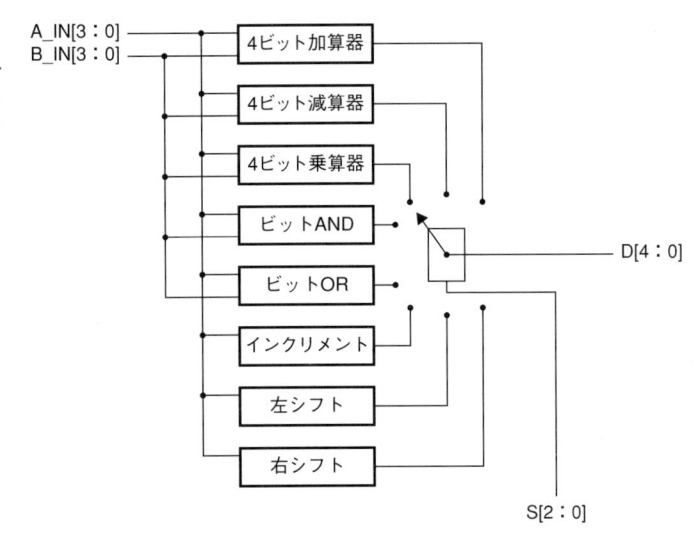

〔リスト2.35〕ALUのVHDL記述（alu.vhd）

```vhdl
library IEEE;
use     IEEE.std_logic_1164.all ;
use     IEEE.std_logic_unsigned.all ;

entity ALU is
  port (
         A_IN  : in    std_logic_vector(3 downto 0);
         B_IN  : in    std_logic_vector(3 downto 0);
         C_IN  : in    std_logic;
         S     : in    std_logic_vector(2 downto 0);
         D_OUT : out   std_logic_vector(3 downto 0);
         C_OUT : out   std_logic
       );
end ALU;

architecture RTL of ALU is
signal D_OUT_TMP : std_logic_vector(4 downto 0);
begin
  -- 出力アサインメント
  D_OUT <= D_OUT_TMP(3 downto 0);
  C_OUT <= D_OUT_TMP(4);                       --③
  -- 出力アサインメント記述の終了
  process(A_IN, B_IN, C_IN, S)
  begin
    case S is                                         --②
    when "000" => D_OUT_TMP <= ('0' & A_IN) + B_IN + C_IN   -- A+B+C ①
    when "001" => D_OUT_TMP <= ('0' & A_IN) - B_IN;         -- A-B
    when "010" => D_OUT_TMP <= ('0' & A_IN) and ('0' & B_IN);  -- A and B
    when "011" => D_OUT_TMP <= ('0' & A_IN) or ('0' & B_IN);   -- A or B
    when "100" => D_OUT_TMP <= ('0' & A_IN) + '1';          -- Inc A ①
    when "101" => D_OUT_TMP <= "00" & A_IN(3 downto 1);     -- シフト右
    when others => D_OUT_TMP <= A_IN(3 downto 0) & '0';     -- シフト左
```

[リスト2.35] ALUのVHDL記述（alu.vhd）（つづき）

```vhdl
      end case;
    end process;
 end RTL;
 configuration CFG_ALU of ALU is
    for RTL
    end for;
 end CFG_ALU;
```

[リスト2.36] ALUのVerilog HDL記述（alu.v）

```verilog
module ALU (A_IN, B_IN, C_IN, S, D_OUT, C_OUT);
input  [3:0] A_IN, B_IN;
input  C_IN;
input  [2:0] S;
output [3:0] D_OUT;
output C_OUT;
reg    [4:0] D_OUT_TMP;

    // 出力アサインメント
assign D_OUT = D_OUT_TMP[3:0];
assign C_OUT = D_OUT_TMP[4];
    // 出力アサインメント記述の終了
always @(A_IN or B_IN or C_IN or S)
    begin
      case (S)
        3'b000 : D_OUT_TMP <= A_IN + B_IN + C_IN;           // A+B+C
        3'b001 : D_OUT_TMP <= A_IN - B_IN;                  // A-B
        3'b010 : D_OUT_TMP <= {1'b0,A_IN} & {1'b0,B_IN};    // A and B
        3'b011 : D_OUT_TMP <= {1'b0,A_IN} | {1'b0,B_IN};    // A or B
        3'b100 : D_OUT_TMP <= A_IN + 1'b1;                  // Inc A
        3'b101 : D_OUT_TMP <= {2'b00,A_IN[3:1]};            // シフト右
        default: D_OUT_TMP <= {A_IN[3:0],1'b0};             // シフト左
//      default: D_OUT_TMP <= {1'b0,A_IN[2:0],1'b0};        // シフト左
      endcase
    end
endmodule
```

シフタ）など，それぞれ共用できる部分が少なくありません．

　ここで解説しているALUで端的な例を挙げてみましょう．加算器とインクリメントは，B_INの外部にセレクタがあれば，ほとんどの部分を共用できます（リスト2.35の①）．

　また，高速化のためにセレクタをワンホットで記述するなどの検討も必要です．したがって，このHDL記述は動作仕様をわかりやすく説明するためのもので，ハードウェアを最適化して記述したものではありません．

　では，リスト2.35のVHDL記述について説明していきます．ここでは4ビットの加算，減算，乗算，ビットAND，ビットOR，インクリメント，左シフト，右シフトの機能を備えるALUを作成しました．セレクタの部分に優先順位がないので，case文で記述しています．when文の左辺と右辺のビット幅を合わせるため，右辺をビット拡張しています（リスト2.35の②）．そして，最上位ビットをキャリとして出力しま

す(リスト2.35の③).

15 FIFO(同期バス)

- 作成者名:田原迫仁治
- サンプル記述:リスト2.37 (fifo_sync.vhd),2.38 (fifo_sync.v)
- モデルの種類:RTL モデル
- 検証に使用したシミュレータ:Actel Desktop VeriBest (VHDL),ModelSim (Verilog HDL)
- 端子表
 入力:RST,CLK,DIN,WEN,REN,OE
 出力:DOUT,EF,FF

　FIFO (first-in first-out) は,LSI 設計において使用頻度が非常に高い回路の一つです.LSI 設計者であれば,FIFO の HDL 記述テンプレートを持っていても損はないでしょう.FIFO は,書き込んだデータをその順番に読み出します.アドレス入力がない代わりに,内部に書き込み(ライト)ポインタと読み出し(リード)ポインタを持っています.ここでは,同期バスを持った FIFO の内部動作の記述を同期設計で作成してみます.ただし,書き込む側と読み出す側のクロック周波数が異なり,FIFO を使ってクロックの乗り換えを行うようなケースでは,非同期バスを使って単一クロックで動作させたほうが設計(論理合成)が容易です.

〔図2.29〕FIFO のブロック図
FIFO では,書き込んだデータをその順番に読み出す.アドレス入力がない代わりに,内部に書き込み(ライト)ポインタと読み出し(リード)ポインタを持っている.

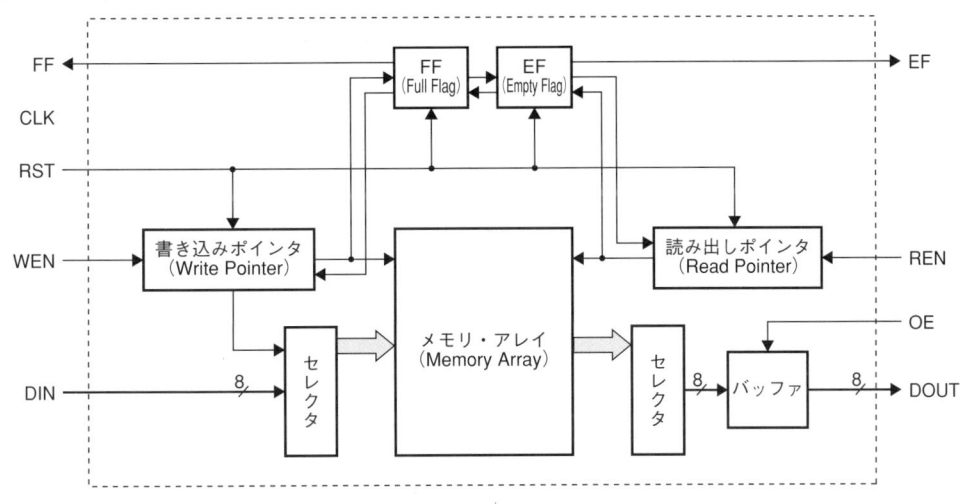

[リスト2.37] FIFOのVHDL記述（fifo_sync.vhd）

```vhdl
library IEEE;
use     IEEE.std_logic_1164.all ;
use     IEEE.std_logic_unsigned.all ;

entity FIFO_SYNC is
  port (
        RST   :  in     std_logic;
        CLK   :  in     std_logic;
        DIN   :  in     std_logic_vector(7
                                         downto 0);
        DOUT  :  out    std_logic_vector(7
                                         downto 0);
        WEN   :  in     std_logic;
        REN   :  in     std_logic;
        OE    :  in     std_logic;
        EF    :  out    std_logic;
        FF    :  out    std_logic
       );
end FIFO_SYNC;

architecture RTL of FIFO_SYNC is

subtype SFIFOWORD is std_logic_vector(7 downto 0);
type SFIFOARRAY is array (0 to 15) of SFIFOWORD;

signal SF_RAM :            SFIFOARRAY;
signal WPTR   :            integer range 0 to 15;
signal RPTR   :            integer range 0 to 15;
signal EF_TMP :            std_logic;
signal FF_REG, EF_REG :    std_logic;

begin
   -- 出力アサインメント
   DOUT <= SF_RAM(RPTR) when OE='1' else (others
                                         => 'Z');
  FF <= FF_REG;
  EF <= EF_REG;
  -- 出力アサインメント記述の終了
  -- FIFO
  process(CLK) begin
    if(CLK'event and CLK = '1') then
        if(WEN ='1' and FF_REG='0') then
            SF_RAM(WPTR) <= DIN;
        end if;
    end if;
  end process;
  -- 書き込みポインタ
  process(CLK, RST) begin
    if(RST='1') then
         WPTR <= 0;
    elsif(CLK'event and CLK = '1') then
        if(WEN = '1' and FF_REG='0') then  -- ②
           if(WPTR=15) then
                WPTR <= 0;
           else
                WPTR <= WPTR+1;
           end if;
        end if;
    end if;
  end process;
  -- 読み出しポインタ
  process(CLK, RST) begin
    if(RST='1') then
         RPTR <= 15;
    elsif(CLK'event and CLK = '1') then
        if(REN = '1' and EF_REG='0') then   --①
           if(RPTR=15) then
                RPTR <= 0;
           else
                RPTR <= RPTR+1;
           end if;
        end if;
    end if;
  end process;
  -- Full Flag
  process(CLK, RST) begin
    if(RST='1') then
         FF_REG <= '0';
    elsif(CLK'event and CLK = '1') then
        if(WPTR=RPTR and WEN='1' and REN='0')
                                          then
            FF_REG <= '1';
        elsif(FF_REG='1' and REN='1') then
            FF_REG <= '0';
        end if;
    end if;
  end process;
  -- Almost Empty 1
  EF_TMP <= '1' when (RPTR=WPTR-1 or (RPTR=15 and
     WPTR=1) or (RPTR=15-1 and WPTR=0)) else '0';
  -- Empty Flag
  process(CLK, RST) begin
    if(RST='1') then
         EF_REG <= '1';
    elsif(CLK'event and CLK = '1') then
        if(EF_TMP='1' and REN='1'and WEN='0')
                                           then
            EF_REG <= '1';
        elsif(EF_REG='1' and WEN='1') then
            EF_REG <= '0';
        end if;
    end if;
  end process;
end RTL;
configuration CFG_FIFO_SYNC of FIFO_SYNC is
  for RTL
  end for;
end CFG_FIFO_SYNC;
```

〔リスト2.38〕FIFOのVerilog HDL記述（fifo_sync.v）

```verilog
module FIFO_SYNC(RST, CLK, DIN, DOUT, WEN, REN,
                            OE, EF, FF);
parameter DATA_WIDTH = 8;
parameter FIFO_DEPTH = 4;
`define D_WIDTH 8
`define F_DEPTH 4

input RST, CLK, WEN, REN, OE;
input [DATA_WIDTH-1:0] DIN;
inout [DATA_WIDTH-1:0] DOUT;
output EF, FF;

reg [DATA_WIDTH-1:0] SF_RAM [0:(1<<FIFO_DEPTH)-1];
                            // (1<<FIFO_DEPTH)-1 = 15
reg [0:(1<<FIFO_DEPTH)-1] WPTR;
reg [0:(1<<FIFO_DEPTH)-1] RPTR;
reg FF_REG, EF_REG;
wire EF_TMP;

// 出力アサインメント
assign DOUT = (OE==1'b1)? SF_RAM[RPTR]:
                            `D_WIDTH'bz;
assign FF = FF_REG;
assign EF = EF_REG;
// 出力アサインメント記述の終了

// FIFO
always @(posedge CLK)
  begin
    if(WEN==1'b1 & FF_REG==1'b0)
            SF_RAM[WPTR] <= DIN;
  end
//書き込みポインタ
always @(posedge CLK or posedge RST)
begin
  if(RST==1'b1)
        WPTR <= `F_DEPTH'b0;
  else
    begin
      if(WEN == 1'b1 & FF_REG == 1'b0)
        if(WPTR == `F_DEPTH'b1111)
                WPTR <= `F_DEPTH'b0;
        else
                WPTR <= WPTR + 1'b1;
    end
end
//読み出しポインタ
always @(posedge CLK or posedge RST)
begin
  if(RST==1'b1)
        RPTR <= `F_DEPTH'b1111;
  else
    begin
      if(REN == 1'b1 & EF_REG == 1'b0)
        if(RPTR == `F_DEPTH'b1111)
                RPTR <= `F_DEPTH'b0;
        else
                RPTR <= RPTR + 1'b1;
    end
end
//Full Flag
always @(posedge CLK or posedge RST)
begin
  if(RST==1'b1)
        FF_REG <= 1'b0;
  else
    begin
      if(WPTR == RPTR & WEN == 1'b1 & REN ==
                                        1'b0)
            FF_REG <= 1'b1;
      else if(FF_REG == 1'b1 & REN == 1'b1)
            FF_REG <= 1'b0;
    end
end
//Almost Empty
assign EF_TMP = ((RPTR == WPTR-1'b1)|
                (RPTR == `F_DEPTH'd15 & WPTR ==
                                        `F_DEPTH'd1)|
                (RPTR == `F_DEPTH'd14 & WPTR ==
                    `F_DEPTH'd0))? 1'b1 : 1'b0;
//Empty Flag
always @(posedge CLK or posedge RST)
begin
  if(RST==1'b1)
        EF_REG <= 1'b1;
  else
    begin
      if(EF_TMP == 1'b1 & WEN == 1'b0 & REN == 1'b1)
            EF_REG <= 1'b1;
      else if(EF_REG == 1'b1 & WEN == 1'b1)
            EF_REG <= 1'b0;
    end
end
endmodule
```

二つのフラグを見ながら制御

　さて，同期バスとはすなわち，クロックに同期して動作するバスです．非同期バスのように書き込み信号の立ち上がりエッジや読み出し信号の立ち下がりエッジに合わせて状態が決まるのではなく，クロック信号

の立ち上がり時のバス制御信号の状態によって動作が決まります．

図2.29にFIFOのブロック図を示します．入力信号OEは，不必要な場合には取り除いてください．では，FIFOの動作を図2.30を使って説明します．図2.30(a)はリセット直後の状態です．そして，図2.30(b)は，データが一つ書き込まれた状態です．書き込みポインタ（WP：Write Pointer）は一つ進みますが，読み出しポインタ（RP：Read Pointer）はそのままです．また，通常は，書き込み側の外部制御回路が

〔図2.30〕FIFOの動作

(a)は，リセット直後のFIFOのデータとフラグのようす．読み出しポインタ（Read Pointer）が"15"，書き込みポインタ（Write Pointer）が"0"の状態でEmpty Flagが立っている．(b)は，データが一つ書き込まれたときのデータとフラグのようす．Empty Flagは消える．読み出し側は，通常，このEmpty Flagを見て読み出しを開始する．(c)は，データが読み出されず，書きためられていく場合のデータとフラグのようす．なんらかの理由で読み出し側がFIFOからの読み出しを行えない場合，FIFOにデータがたまっていく．次のWENが来た瞬間にFull Flagが成立する．(d)は，(b)からデータが読み出された直後のデータとフラグのようす．読み出し側から読み出された場合，ポインタはリセット直後と同じくRP＝WP－1の関係を保ってEmpty Flagを立てる．ポインタの絶対位置以外は，まったくリセット直後と同じ状態になる．(e)は，データがFullになったときのデータとフラグのようす．ポインタの位置関係は(a)のリセット直後と同じだが，フラグの状態が異なることに注意する．この場合，書き込み側は書き込みを中断し，Full Flagが消えるのを待つ．

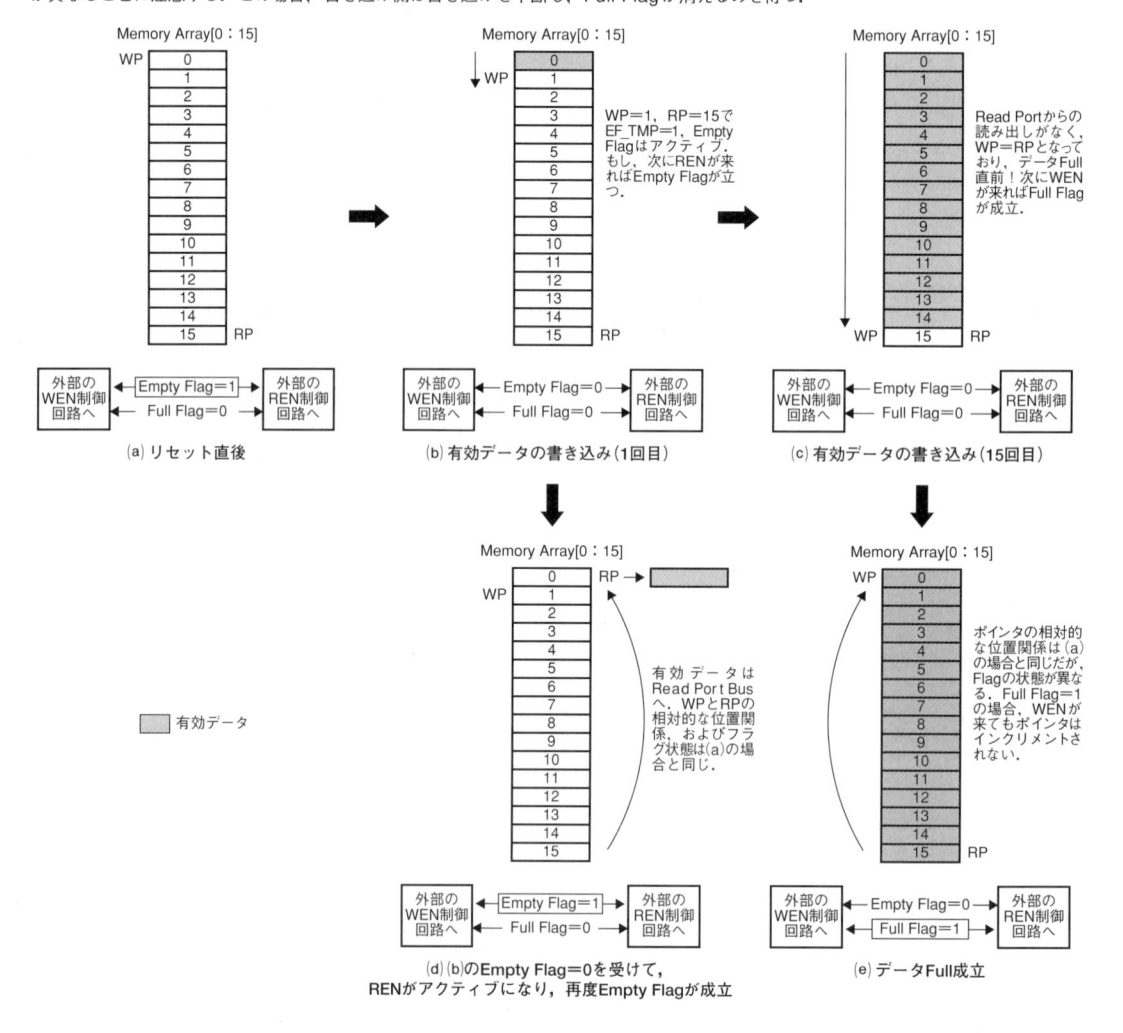

Empty Flag(EF)を見て書き込み開始，Full Flag(FF)を見て書き込み中断となるはずです．図2.30(d)の状態になるとデータは読み取られて，図2.30(a)と同じ状態に戻ります．この状態で読み出しを行っても，EFでマスクされているため，読み出しポインタは進みません（リスト2.37の①）．

また，図2.30(b)の状態から図2.30(c)のようにデータがたまっていくと，最後にはFull Flagが成立し，図2.30(e)の状態となります．この状態で次のデータを書き込んでもFFでマスクされているため書き込みポインタは進みませんし，データも書き込まれません（リスト2.37の②）．

図2.30(e)のポインタの相対的な位置関係は，図2.30(a)や図2.30(d)と同じですが，フラグの状態は異なります．そのため，どちらかのポインタのインクリメントがマスクされます（Empty Flagのときは読み出しポインタ，Full Flagのときは書き込みポインタがマスクされる）．これにより，読み出しポインタが書き込みポインタを追い越すことはなく，読み込みポインタが追い越されて周回遅れになるようなこともありません．

Almost FullやAlmost Emptyのフラグが有効

また，もっと早い段階でEmptyやFullの情報を知りたい場合があります．これは，フラグ情報を早めに知ることで，効率よくFIFOを制御できるからです．

たとえばEmpty Flagは，書き込み側がFullになってからEmptyになるまでなにも書き込まないという制御を行ってしまうと，読み出し側はEmptyまで読んだ後，次のEmpty Flagがクリアされるまで休ませてしまうことになり，読み出し側の性能が下がります．Empty Flagをなるべく成立させないように書き込み側で制御すれば，読み出し側はEmptyによるペナルティなしに読み続けます．

そのようすを図2.31に示します．右側がEmpty FlagしかもたないFIFO，左側がAlmost Empty Flag（Empty + 1）をもつFIFOです．この例では，書き込み側の速度が読み出し側より速くなっています．Almost Empty Flagで書き込みを再開している左側のほうが，転送が速くなることがわかります．この

〔図2.31〕**Almost Empty Flagによる性能向上**
左側はAlmost Empty Flag（Emptyの一つ前の情報）がある場合の，右側はEmpty Flagしかない場合のデータ転送のようすである．ここでは書き込み速度が読み出し速度に比べて速いものとしている（データ転送中のボックスの縦方向の長さが短いほど，転送が速い）．右のようにEmpty Flagしかない場合，Empty Flagが立つまで次の転送を待っていると，読み出し側にもなにも転送しない時間が発生する．一方，Almost Empty Flagを使った場合，読み出し側にむだな時間がない．つねにFIFOにデータが存在する状態を保つことで，読み出し側の性能を最大にしている．

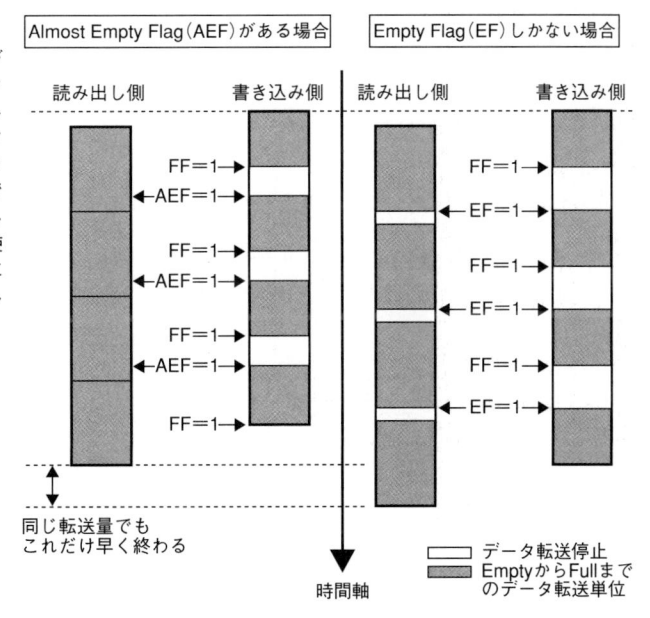

ように，Emptyの前段階の情報があると書き込み側は便利です．ポインタを先読みしてAlmost FullやAlmost Emptyなどの信号を追加してみてください．

16 デュアル・ポートSRAM（非同期バス）

- ●作成者名：田原迫仁治
- ●サンプル記述：リスト2.39（dpram_async.vhd），リスト2.40（dpram_async.v）
- ●モデルの種類：ビヘイビア・モデル
- ●検証に使用したシミュレータ：Actel Desktop VeriBest（VHDL），ModelSim（Verilog HDL）
- ●端子表
  入力：AL，AR，CEL_L，CER_L，OEL_L，OER_L，RHWLL，RHWLR
  入出力：IOL，IOR
  出力：BUSYL_L，BUSYR_L

　デュアル・ポートSRAMは，2方向から読み出し/書き込み可能なSRAMです．細部の仕様はメーカごとに異なりますが，共通している点は，同一アドレスに対する同時書き込みと書き込み中の読み出し，読み出し中の書き込みを監視していることです．これは，入力されてくる2ポート双方からのアドレスとCEL_LまたはCER_L（Chip Enable）がマッチした際，後からアドレスを出力してきたほうのポート側にBUSY信号を出力し，「いま，このアドレスには書き込み/読み出しできない」ということを伝えます．

〔図2.32〕デュアル・ポートSRAMのブロック図
同一アドレスの読み出し/書き込みを監視・調停するアービトレーション・ブロックがある．両サイドの制御回路は，それぞれのブロックのBUSY信号にだけ注意を払えば，不ぐあいなく読み出し/書き込みを行える．

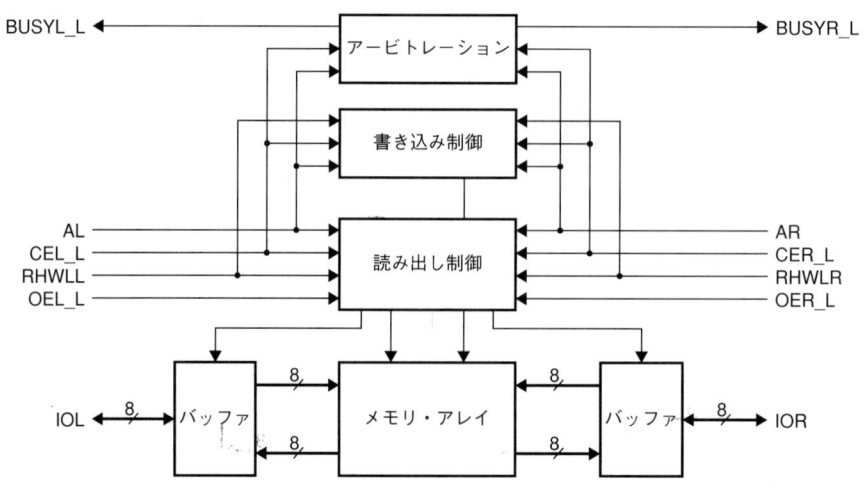

[リスト2.39] デュアル・ポートSRAMのVHDL記述(dpram_async.vhd)

```vhdl
library IEEE;
use     IEEE.std_logic_1164.all ;
use     IEEE.std_logic_unsigned.all ;

entity DPRAM_ASYNC is
  port (
    AL :        in      std_logic_vector(3
                                downto 0);
    AR :        in      std_logic_vector(3
                                downto 0);
    IOL :       inout   std_logic_vector(7
                                downto 0);
    IOR :       inout   std_logic_vector(7
                                downto 0);
    CEL_L :     in      std_logic;
    CER_L :     in      std_logic;
    OEL_L :     in      std_logic;
    OER_L :     in      std_logic;
    RHWLL :     in      std_logic;
    RHWLR :     in      std_logic;
    BUSYL_L :   out     std_logic;
    BUSYR_L :   out     std_logic
        );
end DPRAM_ASYNC;

architecture RTL of DPRAM_ASYNC is

subtype DPRAMWORD is std_logic_vector(7 downto 0);
type DPRAMARRAY is array (0 to 2**3-1) of DPRAMWORD;

signal DPRAM_D : DPRAMARRAY;
signal AL_IN :   integer range 0 to 2**3-1;
signal AR_IN :   integer range 0 to 2**3-1;
signal ALHLD:    std_logic_vector(3 downto 0);
signal ARHLD:    std_logic_vector(3 downto 0);
signal RHWL :    std_logic;
signal CEL_L_D : std_logic;
signal CER_L_D : std_logic;
signal CEDIR :   std_logic;

begin
  -- 出力アサインメント

  -- 出力アサインメント記述の終了
  AL_IN <= CONV_INTEGER(AL);        -- ①
  AR_IN <= CONV_INTEGER(AR);
  -- 書き込みフェーズ
  CEL_L_D <= CEL_L after 1ns;       -- ③
  CER_L_D <= CER_L after 1ns;
  RHWL <= '0' when ((RHWLL='0'and CEL_L='0') or
                    (RHWLR='0' and CER_L='0')) else '1';
  process(RHWL) begin
    if(RHWL'event and RHWL = '1') then
        if(CEL_L_D ='0') then
            DPRAM_D(AL_IN) <= IOL;  -- ②
        elsif(CER_L_D='0') then
            DPRAM_D(AR_IN) <= IOR;
        end if;
    end if;
  end process;
  -- 読み出しフェーズ ④
  IOL <= DPRAM_D(AL_IN) when (CEL_L='0' and
         OEL_L='0' and RHWLL='1') else (others=>'Z');
  IOR <= DPRAM_D(AR_IN) when (CER_L='0' and
         OER_L='0' and RHWLR='1') else (others=>'Z');
  -- ⑤
  -- BUSY
  process(CEL_L) begin
    if(CEL_L'event and CEL_L = '0') then
        ALHLD <= AL;
    end if;
  end process;
  process(CER_L) begin
    if(CER_L'event and CER_L = '0') then
        ARHLD <= AR;
    end if;
  end process;
  process(CER_L, CEL_L) begin
    if(CER_L'event and CER_L = '0') then
        CEDIR <= '1';
      elsif(CEL_L'event and CEL_L = '0') then
        CEDIR <= '0';
    end if;
  end process;
  BUSYL_L <= '0' when (CEL_L='0' and CER_L='0'
         and ARHLD=AL and CEDIR='0') else '1';
  BUSYR_L <= '0' when (CER_L='0' and CEL_L='0'
         and ALHLD=AR and CEDIR='1') else '1';
end RTL;
configuration CFG_DPRAM_ASYNC of DPRAM_ASYNC is
  for RTL
  end for;
end CFG_DPRAM_ASYNC;
```

[リスト2.40] デュアル・ポートSRAMのVerilog HDL記述（dpram_async.v）

```verilog
module DPRAM_ASYNC(AL, AR, IOL, IOR,
                CEL_L, CER_L, OEL_L, OER_L,
                RHWLL, RHWLR, BUSYL_L, BUSYR_L);
parameter ADDRESS = 4;
parameter DATA_WIDTH = 8;
parameter DELAY = 1 ;
`define WIDTH 8
input  [ADDRESS-1:0] AL, AR;
inout  [DATA_WIDTH-1:0] IOL, IOR;
input  CEL_L, CER_L, OEL_L, OER_L, RHWLL, RHWLR;
output BUSYL_L, BUSYR_L;

//reg [DATA_WIDTH-1:0] DPRAM_D [0:7];
reg [DATA_WIDTH-1:0] DPRAM_D [0:(1<<(ADDRESS-1))-1];
//wire [(2**(ADDRESS-1))-1:0] AL_IN, AR_IN;
reg [ADDRESS-1:0] ALHLD, ARHLD;
wire RHWL, CEL_L_D, CER_L_D;

// 出力アサインメント
assign RHWL = ((RHWLL== 1'b0 & CEL_L==1'b0) |
               (RHWLR==1'b0 & CER_L==1'b0))?
                                  1'b0: 1'b1;
// 出力アサインメント記述の終了

// 書き込みフェーズ
assign #DELAY CEL_L_D = CEL_L;
assign #DELAY CER_L_D = CER_L;

always @(posedge RHWL)
  begin
    if(CEL_L_D==1'b0)
        DPRAM_D[AL] <= IOL;
    else if(CER_L_D==1'b0)
        DPRAM_D[AR] <= IOR;
  end
// 読み出しフェーズ
assign IOL = (CEL_L==1'b0 & OEL_L==1'b0 &
                                   RHWLL==1'b1)?
                  DPRAM_D[AL] : `WIDTH'bz;
assign IOR = (CER_L==1'b0 & OER_L==1'b0 &
                                   RHWLR==1'b1)?
                  DPRAM_D[AR] : `WIDTH'bz;
// BUSY

always @(negedge CEL_L)
begin
    ALHLD <= AL;
end

always @(negedge CER_L)
begin
    ARHLD <= AR;
end

assign BUSYL_L = (CEL_L==1'b0 & CER_L==1'b0 &
                    (ARHLD == AL))? 1'b0 : 1'b1;
assign BUSYR_L = (CER_L==1'b0 & CEL_L==1'b0 &
                    (ALHLD == AR))? 1'b0 : 1'b1;
endmodule
```

ラッチを使ってビヘイビア・モデルを記述

　ここではシミュレーション・モデルとして，内部を同期設計せずに，ラッチを使った短い記述で書いてみましょう（この記述から回路を合成することはできない）．図2.32にブロック図を示します．リスト2.39の①でアドレス入力AL, ARは，INTEGERへの型変換を行います．また，AL_IN, AR_INは②でRAMのアドレスを直接記述できるようにします．③では，RAMへの書き込みイネーブル信号RHWLの立ち上がりに対するホールドを確保するため，1ns遅らせます．これにより，②において選択されたアドレスにデータが書き込まれます．

　④は，読み出し側でRHWLL＝'1'，CEL_L＝'0'のときに，該当アドレスのデータを出力する回路です．ここでは，ビヘイビア記述であることもあって，OEL_L＝'0'またはOEL_R＝'0'でない場合，この階層で直接ハイ・インピーダンスになるように記述しています．⑤以下ではBUSY信号のアービトレーションを行います．CEL_LまたはCER_Lの立ち下がりごとのデータを保持し，バス上のデータと比較します．

　そして，両ポートのCEL_L, CER_Lがアクティブの状態で，こちらのポートと他方のアドレスを比較し，かつこちらのポートのBUSYがアクティブでなければ，こちらのポートに使用権を与え，他方のポートのBUSYをアクティブにします．

17 ISAバス・インターフェース・コントローラ＋スクラッチパッド・レジスタ

- 作成者名：田原迫仁治
- サンプル記述：リスト2.41（isa.vhd），リスト2.42（isa.v）
- モデルの種類：RTLモデル
- 検証に使用したシミュレータ：Actel Desktop VeriBest（VHDL），ModelSim（Verilog HDL）
- 端子表
  入力：RST_N，SYS_CLK，SA，IOR_N，IOW_N，AEN
  入出力：SD

図2.33にISAバスのタイミング・チャートを示します．細かい数字が並んでいますが，要は読み出しデータをt_4以内に出力し，`IOW#`の立ち上がりでデータを取り込むということです．

〔図2.33〕ISAバス（8ビットI/O）の読み出し/書き込みサイクル
細かいタイミングの数字が示されているが，`IOR#`の立ち下がりでt_4区間以内にデータを出力し，`IOW#`の立ち上がりでデータを取り込めばよい．

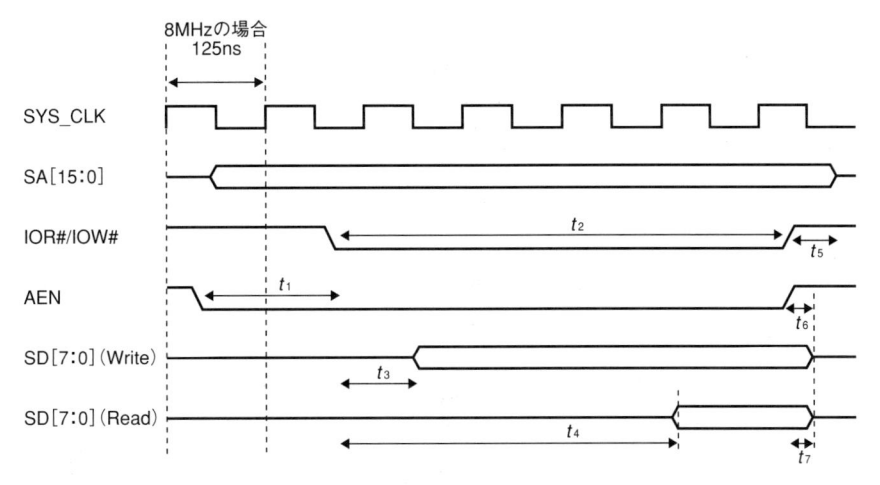

t_1：AEN解放から読み出し/書き込みアクティブまで	最小	150ns
t_2：読み出し/書き込み信号幅	最小	415ns
t_3：書き込み信号からデータ確定まで	最大	55ns
t_4：読み出し信号からデータ確定まで	最大	372ns
t_5：SAホールド時間	最小	20ns
t_6：書き込みデータのホールド時間	最小	15ns
t_7：読み出しデータのホールド時間	最小	0ns

[リスト2.41] ISAバス・インターフェース・コントローラのVHDL記述（isa.vhd）

```vhdl
library IEEE;
use     IEEE.std_logic_1164.all ;
use     IEEE.std_logic_misc.all ;
use     IEEE.std_logic_unsigned.all ;
use     IEEE.std_logic_arith.all ;

entity ISA is
  generic( IOADDR_B  : bit_vector := X"300"); --300h
  port (
          RST_N :   in         std_logic;
          SYS_CLK : in         std_logic;
          SD :      inout      std_logic_vector(7
                                         downto 0);
          SA :      in         std_logic_vector(15
                                         downto 0);
          IOR_N :   in         std_logic;
          IOW_N :   in         std_logic;
          AEN :     in         std_logic
        );
end ISA;

architecture RTL of ISA is
signal IOCS,IOCS1,IOCS2 : std_logic;
signal IOW1,IOW2,IOW_F : std_logic;
signal IOADDR : std_logic_vector(11 downto 0);
signal SD1, SD2, SREG : std_logic_vector(7 downto 0);
begin
  -- 出力アサインメント
  SD <= SREG when (IOCS='1' and IOR_N='0' and
                   AEN='0') else "ZZZZZZZZ";
  -- 出力アサインメント記述の終了
  IOADDR <= TO_STDLOGICVECTOR(IOADDR_B);
  IOCS <= '1' when (SA = "0000" & IOADDR) and
                   (AEN='0') else '0'; --300h ①
  process(SYS_CLK) begin
      if(SYS_CLK'event and SYS_CLK='1') then
        IOCS1 <= IOCS;
        IOCS2 <= IOCS1;
      end if;
  end process;

  process(SYS_CLK) begin
      if(SYS_CLK'event and SYS_CLK='1') then
        IOW1 <= not IOW_N;
        IOW2 <= IOW1;
      end if;
  end process;

  IOW_F <= '1' when IOW2='1' and IOW1='0' and
                    IOW_N ='1' else '0'; -- ②
  process(SYS_CLK) begin
      if(SYS_CLK'event and SYS_CLK='1') then
        SD1 <= SD;
        SD2 <= SD1;
      end if;
  end process;

  process(SYS_CLK, RST_N) begin
    if(RST_N='0') then
        SREG <= "00000000";
    elsif(SYS_CLK'event and SYS_CLK='1') then
        if(IOW_F ='1' and IOCS2='1') then -- ③
          SREG <= SD2;
        end if;
    end if;
  end process;

end RTL;
configuration CFG_ISA of ISA is
  for RTL
  end for;
end CFG_ISA;
```

[リスト2.42] ISAバス・インターフェース・コントローラのVerilog HDL記述（isa.v）

```verilog
module ISA(RST_N, SYS_CLK, SD, SA, IOR_N, IOW_N,
                                                AEN);
parameter IOADDR = 16'h0300;
input RST_N, SYS_CLK, IOR_N, IOW_N, AEN;
inout [7:0] SD;
input [15:0] SA;

wire IOCS;
reg IOCS1,IOCS2;
reg IOW1,IOW2;
wire IOW_F;

reg [7:0] SD1, SD2, SREG;

// 出力アサインメント
assign SD = (IOCS==1'b1 & IOR_N==1'b0 &
                        AEN==1'b0)? SREG : 8'bz;
// 出力アサインメント記述の終了

assign IOCS = ((SA==IOADDR) & (AEN==1'b0))? 1'b1
                                   : 1'b0; //300h

always @(posedge SYS_CLK)
   begin
        IOCS1 <= IOCS;
        IOCS2 <= IOCS1;
   end
```

[リスト2.42] ISAバス・インターフェース・コントローラのVerilog HDL記述（isa.v）（つづき）

```verilog
always @(posedge SYS_CLK)
begin
        IOW1 <= ~IOW_N;
        IOW2 <= IOW1;
end

assign IOW_F = (IOW2==1'b1 & IOW1==1'b0 &
                IOW_N==1'b1)? 1'b1 : 1'b0;

always @(posedge SYS_CLK)
begin
        SD1 <= SD;
        SD2 <= SD1;
end

always @(posedge SYS_CLK or negedge RST_N)
begin
   if(RST_N==1'b0)
        SREG <= 8'b00000000;
   else
      begin
         if(IOW_F==1'b1)
              SREG <= SD2;
      end
end
endmodule
```

I/Oアドレスにはbit_vector指定を利用

　リスト2.41の①でI/Oチップ・セレクトを生成しています．ISAのI/Oアドレス空間は16ビット（64Kバイト）あり，フル・デコードします．

　ここでは，仮に300hをI/Oアドレスと仮定します．IOADDR_Bというgenericポート名により300hをbit_vector指定しています．std_logic_vectorでは2進数の指定のみで，_で区切ることもできませんが，bit_vectorは8進，16進，_の挿入などが可能です．次に，AENはDMAコントローラがISAバスを占有している間，"H"となる信号で，チップ・セレクトを生成する際はこの信号が"L"であることを確認する必要があります．

　②ではIOW_N信号の立ち上がりを判定するため，IOW，IOCS，SDをそれぞれ2クロック分保持し，IOWより2クロック遅延した各データを用いて，立ち上がりの動きがあったかどうかを判定します．この回路によりIOW#のグリッジによる誤動作も防止しています．③では，この②のIOW_FとIOCSの条件がそろったときに，SD2に保持されていたデータが，スクラッチ・パッド・レジスタに書き込まれます．

　読み出しのほうは，ここではたんなるレジスタなので，IOCS='1'，IOR_N='0'，AEN='0'を条件にSREGの値をバス上に出力します．これが，内部のアプリケーションから書き換えられる可能性のあるレジスタ（たとえばステータス・レジスタ）だった場合，読み出し期間中にアプリケーション側から値が書き換えられないようにする必要があります．

18 パリティ・ジェネレータ，パリティ・チェッカ

- ●作成者名：横溝憲治
- ●サンプル記述：リスト2.43（user_func_pkg.vhd），リスト2.44（ptygen.vhd，ptychk.vhd），
  リスト2.45（ptygen.v，ptychk.v）
- ●モデルの種類：RTLモデル
- ●検証に使用したシミュレータ：PeakVHDL（VHDL），VeriLogger Pro（Verilog HDL）
- ●端子表
  ［パリティ・ジェネレータ］
  　パラメータ：DATA（入力データ），PTY_MODE（奇偶パリティ指定，'0'は偶パリティ）
  　戻り値　　：パリティ
  ［パリティ・チェッカ］
  　パラメータ：DATA（入力データ），PTYIN（パリティ・ビット），PTY_MODE（奇偶パリティ指定）
  　戻り値　　：チェック結果（'1'はエラー）

　パリティ・ジェネレータとパリティ・チェッカは，データを伝送した場合やメモリに記憶した場合のデータの誤りを検出する回路です．パリティ・ジェネレータは，パリティ・ビットを生成しています．パリテ

〔リスト2.43〕パリティ・ジェネレータ，パリティ・チェッカのVHDL記述①（user_func_pkg.vhd）

```vhdl
-- ***** パッケージ  パリティ演算用ファンクション ****
library IEEE;
    use IEEE.std_logic_1164.all;
package USER_FUNC is
    function PTYGEN_FUN (DATA:std_logic_vector;
                         PTY_MODE:std_logic)
    -- パリティ・モード 0:偶パリティ 1:奇パリティ
                         return std_logic ;

    function PTYCHK_FUN (DATA:std_logic_vector;
                         PTYIN:std_logic;
                         PTY_MODE:std_logic)
    -- パリティ・モード 0:偶パリティ 1:奇パリティ
                         return std_logic ;
end USER_FUNC ;

package body USER_FUNC is
    function PTYGEN_FUN (DATA:std_logic_vector;
                                -- ① サイズ指定なし
                         PTY_MODE:std_logic)
                         return std_logic is
        variable PTY :std_logic;
    begin
        PTY := PTY_MODE;
        for i IN DATA'range loop
            -- ② アトリビュートでループ回数を求める
            PTY := pty xor DATA(i);
        end loop;
        return PTY;
    end PTYGEN_FUN;
-- *****
    function PTYCHK_FUN (DATA:std_logic_vector;
                         PTYIN:std_logic;
                         PTY_MODE:std_logic)
                         return std_logic is
    begin
        if PTYIN = PTYGEN_FUN(DATA,PTY_MODE) then
            return '0';
        else
            return '1';
        end if;
    end PTYCHK_FUN;
end USER_FUNC;
```

〔リスト2.44〕パリティ・ジェネレータ，パリティ・チェッカのVHDL記述②（ptygen.vhd，ptychk.vhd）

```vhdl
--
-- 回路名：パリティ・ジェネレータ(ptygen.vhd)
--
library IEEE;                            -- ① ライブラリ:IEEEを参照可能
    use IEEE.std_logic_1164.all;         -- ② ライブラリ:IEEEのパッケージ:std_logic_1164を使用
    use work.user_func.all;              -- ③ ライブラリ:IEEEのパッケージ:USER_FUNCを使用
entity PTYGEN is
generic (PTY_MODE: in std_logic:='0');   -- パリティ・モード 0:偶パリティ 1:奇パリティ
port(
        DATAIN    : in std_logic_vector(7 downto 0); -- 入力データ
        PTY_M     : out std_logic;                   -- 出力パリティ DATA(7 downto 4)
        PTY_L     : out std_logic                    -- 出力パリティ DATA(3 downto 0)
        );
end ptygen;

Architecture RTL of PTYGEN is
begin
    PTY_M <= PTYGEN_FUN(DATAIN(7 downto 4),PTY_MODE); -- 4ビットのパリティ生成
    PTY_L <= PTYGEN_FUN(DATAIN(3 downto 0),PTY_MODE); -- 8ビットのパリティ生成
end RTL;
--
-- 回路名：パリティ・チェッカ(ptychk.vhd)
--
library IEEE;
    use IEEE.std_logic_1164.all;
    use work.user_func.all;
entity PTYCHK is
generic (PTY_MODE: in std_logic:='0'); -- パリティ・モード 0:偶パリティ 1:奇パリティ
port(
        DATAIN    : in std_logic_vector(7 downto 0); -- 入力データ
        PTY_M     : in std_logic;                    -- 入力パリティ DATA(7 downto 4)
        PTY_L     : in std_logic;                    -- 入力パリティ DATA(3 downto 0)
        ERR_M     : out std_logic;                   -- エラー DATA(7 downto 4)
        ERR_L     : out std_logic                    -- エラー DATA(3 downto 0)
        );
end PTYCHK;

Architecture RTL of PTYCHK is
begin
    ERR_M <= PTYCHK_FUN(DATAIN(7 downto 4),PTY_M,PTY_MODE); -- 4ビットのパリティ・チェック
    ERR_L <= PTYCHK_FUN(DATAIN(3 downto 0),PTY_L,PTY_MODE); -- 8ビットのパリティ・チェック
end RTL ;
```

ィ・ビットは，データとパリティ・ビットの中で'1'の信号数がつねに奇数（奇パリティ），またはつねに偶数（偶パリティ）になるように生成されます．一方，パリティ・チェッカは，データとパリティ・ビットの中で'1'になる信号数が奇数か偶数かによってデータをチェックしています．

パリティ・ジェネレータとパリティ・チェッカは使用される機会が多くあります．サンプルのVHDLモデルでは，汎用的に使えるようにfunctionとして作成し，パッケージに宣言しました（**リスト2.43**）．また，Verilog HDLモデルではリダクション演算で書いてあります（**リスト2.45**）．

〔リスト2.45〕パリティ・ジェネレータ，パリティ・チェッカのVerilog HDL記述（ptygen.v, ptychk.v）

```verilog
//
// 回路名：パリティ・ジェネレータ(ptygen.v)
//
module PTYGEN (DATAIN,PTY_M,PTY_L);
parameter PTY_MODE =1'b0;   // パリティ・モード 0:偶パリティ 1:奇パリティ
input  [7:0]  DATAIN;       // 入力データ
output        PTY_M;        // 出力パリティ DATA(7 downto 4)
output        PTY_L;        // 出力パリティ DATA(3 downto 0)

assign   PTY_M = (^DATAIN[7:4])^PTY_MODE;
assign   PTY_L = (^DATAIN[3:0])^PTY_MODE;

endmodule

//
// 回路名：パリティ・チェッカ(ptychk.v)
//
module PTYCHK (DATAIN,PTY_M,PTY_L,ERR_M,ERR_L);
parameter PTY_MODE =1'b0;   // パリティ・モード 0:偶パリティ 1:奇パリティ
input  [7:0]  DATAIN;       // 入力データ
input         PTY_M;        // 出力パリティ DATA(7 downto 4)
input         PTY_L;        // 出力パリティ DATA(3 downto 0)
output        ERR_M;        // エラー DATA(7 downto 4)
output        ERR_L;        // エラー DATA(3 downto 0)

assign   ERR_M = (^DATAIN[7:4])^PTY_M^PTY_MODE;
assign   ERR_L = (^DATAIN[3:0])^PTY_L^PTY_MODE;

endmodule
```

パリティ演算はEXORの論理式で実現

　ゲート（論理ゲート）を組み合わせて設計したパリティ演算回路は，データの全信号のEXORをとって偶パリティ・ビットを求めています．サンプル記述においてもEXOR演算子（Verilog HDLでは ^ , VHDLでは xor）を使用した論理式でパリティ演算を行っています．

　一般にHDLで回路を記述する場合，if文などの条件判定以外のところで論理式を使うことはお勧めできません．論理式を多用するとHDL記述から回路動作を読み取りにくくなるためです．ただし，パリティ演算の場合は，HDLでもEXOR演算子を用いた論理式で書きます．'1' の信号数を数えて偶数か奇数かを判定する動作を記述した場合よりも，EXOR演算子を用いた場合のほうが，論理合成後の回路が小さくなるからです．また，EXORによる回路は使用実績があるので，安心して使えるという面もあります．パリティ演算にかぎらずゲートを組み合わせて設計する場合，EXORが使用される回路（たとえば，PNパターン発生，CRC演算など）では，HDL記述においてもEXOR演算子を用いて記述しましょう．

入力データ用パラメータはサイズ非制約の配列タイプ

　VHDLのfunctionの入力データ用パラメータは，**リスト2.43**の①のところで配列の大きさが決まっていないサイズ非制約のstd_logic_vectorとして宣言してあります．このようなパラメータの配列サイズ

〔図2.34〕RTL記述の回路イメージ
RTL記述では，forループでデータを順番にパリティ演算している．回路イメージは，シリアルに接続されたEXORゲートになる．このままの回路では，データの遅延が大きくなる．

（遅延が大きくなる）

〔図2.35〕論理合成後の回路イメージ
論理合成ツールはEXORの回路を最適化する．合成結果はツリー構造になる．最終的には多入力EXORのセルに置き換えられる．

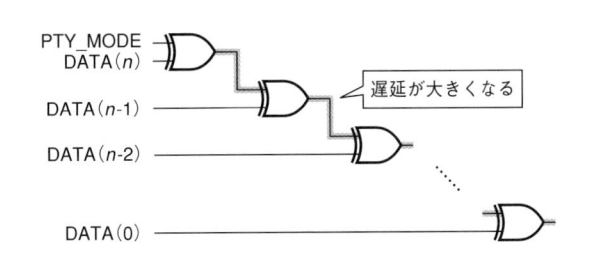

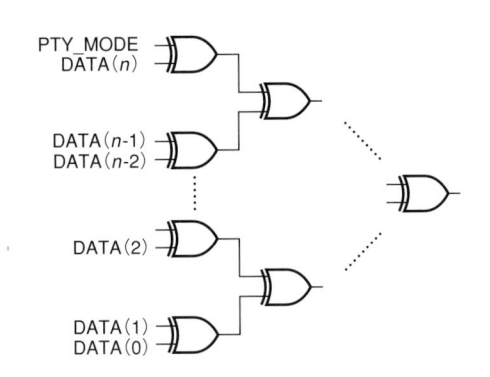

は，function call（関数呼び出し）で接続された信号の配列サイズになります．接続される信号によって生成される回路のサイズが自動的に変わるので，汎用性が高くなります．

　ほとんどの場合，処理内容を書くためには，信号のサイズを知る必要があります．VHDLではアトリビュートを使用してサイズを求めることができます．このfunctionではforループを使って各ビットのパリティを順番に演算しています．リスト2.43の②では，rangeアトリビュートを使用して，入力信号のサイズをループ回数として指定しています．サイズに関するアトリビュートはrange以外にも多数あります．興味のある方は文法の解説書などを調べてみてください．論理合成ツールによっては使えるアトリビュートに制限があります．アトリビュートを使用する場合は，論理合成ツールで使用可能かどうかを確認してください．

シリアル接続のEXORはツリー構造に最適化される

　VHDLモデルの処理手順を回路に反映させると図2.34のようにEXORゲートがシリアル接続された構造になります．この回路でははじめに入力されたデータ信号の遅延値が大きくなり，よい回路とは言えません．しかしこの場合，VHDL記述を変更する必要はありません．論理合成ツールはEXORゲートによる回路を最適化します．合成結果は図2.35のようなツリー構造の回路になるので，特定の信号の遅延が大きくなる心配はありません．

パッケージに宣言されたfunctionを使用する

　VHDLモデルでは，汎用的に使用することを前提にfunctionをパッケージに宣言しました．functionはarchitectureの宣言部にも宣言できますが，この場合はarchitectureごとにfunctionが存在することになり，汎用的に使用するfunctionのバージョン管理が困難になります．汎用的に使用する

functionをパッケージに宣言すれば，バージョン管理が行いやすくなります．

サンプル記述では，ライブラリ（workに登録されたパッケージ）であるUSER_FUNCにfunctionが宣言されています．パッケージに宣言したfunctionを使用するためには，library節とuse節が記述のはじめに必要です．リスト2.44の①のlibrary節でworkを指定していないのは，文法上の取り決めでSTDとworkのライブラリはlibrary節で指定しなくても参照可能なためです．次に②，③のuse節で，使用するパッケージを指定します．最後のallはパッケージの内容すべてを使用可能にします．

Verilog HDLモデルではリダクション演算で表現

サンプルのVerilog HDLモデル（リスト2.45）は，全ビットの論理演算を実行するリダクション演算子を使って記述してあります．偶パリティ・ビットはデータの全ビットのEXORをとれば求まるので，パリティ・ジェネレータの例ではデータ信号（DATAIN[3:0]）の前にEXORのリダクション演算子^を付けてリダクション演算を行っています．偶パリティと奇パリティを切り替えるため，リダクション演算結果とPTY_MODEのEXORをとっています．パリティ・チェッカの例では，さらにPTY_L（パリティ・ビット）のEXORをとって，エラーの有無を確認しています．

```
●パリティ・ジェネレータの例
assign PTY_L = (^DATAIN[3:0])^PTY_MODE;
●リダクション演算を展開した例
assign PTY_L = (DATA[3]^ DATA[2]^ DATA[1]^ DATA[0])^ PTY_MODE;
●パリティ・チェッカの例
assign ERR_L = (^DATAIN[3:0])^PTY_L^PTY_MODE;
```

19 水平パリティ・ジェネレータ，水平パリティ・チェッカ

- ●作成者名：横溝憲治
- ●サンプル記述：リスト2.46（ptygen_h.vhd），リスト2.47（ptychk_h.vhd），リスト2.48（ptygen_h.v），リスト2.49（ptychk_h.v）
- ●モデルの種類：RTLモデル
- ●検証に使用したシミュレータ：PeakVHDL（VHDL），VeriLogger Pro（Verilog HDL）
- ●端子表

  ［水平パリティ・ジェネレータ］
  入力：CLK，RESET，FPI，DATAI
  出力：PTYOUT（パリティ）
  パラメータ：WIDTH，PTY_MODE

  ［水平パリティ・チェッカ］
  入力：CLK，RESET，FPI，DATAI，PTY
  出力：ERR
  パラメータ：WIDTH，PTY_MODE

水平パリティ・ジェネレータと水平パリティ・チェッカは時間方向でパリティ演算を行う回路です（図2.36～図2.38）．

〔リスト2.46〕水平パリティ・ジェネレータのVHDL記述（ptygen_h.vhd）

```vhdl
library IEEE;
    use IEEE.std_logic_1164.all;

entity PTYGEN_H is
generic (
        WIDTH:integer := 1;
        PTY_MODE: std_logic :='0');              -- パリティ・モード 0:偶パリティ 1:奇パリティ

port(
        CLK     : in std_logic;
        RESET   : in std_logic;
        FPI     : in std_logic;
        DATAI   : in std_logic_vector(WIDTH-1 downto 0); -- 入力データ
        PTYOUT  : out std_logic_vector(WIDTH-1 downto 0) -- 出力パリティ
             );
end PTYGEN_H;

Architecture RTL of PTYGEN_H is
    signal PTY_REG : std_logic_vector(WIDTH-1 downto 0);
    signal PTYOUT_REG : std_logic_vector(WIDTH-1 downto 0);
```

〔リスト2.46〕水平パリティ・ジェネレータのVHDL記述（ptygen_h.vhd）（つづき）

```vhdl
begin
PTYOUT   <= PTYOUT_REG;
--
-- パリティ・ジェネレータ
--
process(CLK,RESET)
variable PTY_TMP_V:std_logic_vector(WIDTH-1 downto 0);
    begin
        if(RESET = '1') then                      -- リセット
            PTY_REG <= (others=>'0');
            PTYOUT_REG <=(others=>'0');
        elsif(CLK'event and CLK = '1')  then      -- クロック立ち上がり
            if (FPI='1') then                     -- フレームの先頭
                PTY_TMP_V := (others=> PTY_MODE );   -- 初期値代入
                PTYOUT_REG <= PTY_REG;            -- フレームの演算結果の通知
            else
                PTY_TMP_V := PTY_REG;             -- 前データまで演算結果
                PTYOUT_REG <= PTYOUT_REG;         -- 通知レジスタは保持
            end if;
            PTY_REG <= DATAI xor PTY_TMP_V;       -- パリティ演算
        end if;
end process;

end RTL ;
```

〔リスト2.47〕水平パリティ・チェッカのVHDL記述（ptychk_h.vhd）

```vhdl
library IEEE;
    use IEEE.std_logic_1164.all;

entity PTYCHK_H is
generic (
        WIDTH:integer := 1;
        PTY_MODE: std_logic :='0');             -- パリティ・モード 0:偶パリティ 1:奇パリティ
port
        (
        CLK    : in std_logic;
        RESET  : in std_logic;
        FPI    : in std_logic;
        DATAI  : in std_logic_vector(WIDTH-1 downto 0); -- 入力データ
        PTY    : in std_logic_vector(WIDTH-1 downto 0); -- 入力パリティ
        ERR    : out std_logic                          -- エラー
            );
end PTYCHK_H;

Architecture RTL of PTYCHK_H is
    signal   PTY_REG : std_logic_vector(WIDTH-1 downto 0);
    signal   ERR_REG : std_logic;
begin

ERR   <= ERR_REG;

process(CLK,RESET)
```

〔リスト2.47〕水平パリティ・チェッカのVHDL記述（ptychk_h.vhd）（つづき）

```vhdl
    variable PTY_TMP_V:std_logic_vector(WIDTH-1 downto 0);
    begin
        if(RESET = '1') then
            PTY_REG <= (others =>'0') ;
            ERR_REG <= '0' ;
        elsif(CLK'event and CLK = '1')  then
            if (FPI='1') then
                PTY_TMP_V := (others => PTY_MODE ) ;
                if (PTY = PTY_REG) then
                    ERR_REG <= '0';
                else
                    ERR_REG <= '1';
                end if;
            else
                PTY_TMP_V := PTY_REG ;
                ERR_REG <= ERR_REG ;
            end if;
            PTY_REG <= DATAI xor PTY_TMP_V;
        end if;
end process;

end RTL ;
```

〔リスト2.48〕水平パリティ・ジェネレータのVerilog HDL記述（ptygen_h.v）

```verilog
module PTYGEN_H(CLK, RESET, FPI, DATAI, PTYOUT);
parameter WIDTH = 4;
parameter PTY_MODE = 0; -- パリティ・モード 0:偶パリティ 1:奇パリティ
`define D_WIDTH 4

input CLK, RESET, FPI;
input [WIDTH-1:0] DATAI;   // 入力データ
output [WIDTH-1:0] PTYOUT;// 出力パリティ

reg [WIDTH-1:0] PTY_REG;
reg [WIDTH-1:0] PTYOUT;

wire [WIDTH-1:0] pty_tmp_const = (PTY_MODE)? ~(`D_WIDTH'b0) : `D_WIDTH'b0 ;
wire [WIDTH-1:0] pty_tmp_v = (FPI)? pty_tmp_const : PTY_REG ;

// パリティ・ジェネレータ

always @(posedge CLK or posedge RESET)
    begin
        if(RESET == 1'b1)
            begin
                PTY_REG <= `D_WIDTH'b0;
                PTYOUT <= `D_WIDTH'b0;
            end
        else
            begin
```

〔リスト2.48〕水平パリティ・ジェネレータのVerilog HDL記述（ptygen_h.v）（つづき）

```verilog
            if (FPI == 1'b1)
                PTYOUT <= PTY_REG;
            PTY_REG <= DATAI ^ pty_tmp_v;
        end
    end

endmodule
```

〔リスト2.49〕水平パリティ・チェッカのVerilog HDL記述（ptychk_h.v）

```verilog
module PTYCHK_H(CLK, RESET, FPI, DATAI, PTY, ERR);
parameter WIDTH = 4;
parameter PTY_MODE = 0; -- パリティ・モード 0:偶パリティ 1:奇パリティ
`define D_WIDTH 4
input CLK, RESET, FPI;
input [WIDTH-1:0] DATAI, PTY;
output ERR;

reg [WIDTH-1:0] PTY_REG;
reg ERR;

wire [WIDTH-1:0] pty_tmp_const = (PTY_MODE)? ~(`D_WIDTH'b0) : `D_WIDTH'b0 ;
wire [WIDTH-1:0] pty_tmp_v = (FPI)? pty_tmp_const : PTY_REG ;

always @(posedge CLK or posedge RESET)
    begin
        if(RESET == 1'b1)
            begin
                PTY_REG <= `D_WIDTH'b0 ;
                ERR <= 1'b0 ;
            end
        else
            begin
                if (FPI == 1'b1)
                    begin
                        if (PTY == PTY_REG)
                            ERR <= 1'b0;
                        else
                            ERR <= 1'b1;
                    end
                PTY_REG <= DATAI ^ pty_tmp_v;
            end
    end

endmodule
```

〔図2.36〕
水平パリティ・ジェネレータのブロック図
FPI='1'はフレームの先頭を意味する．PTY_REGの手前のマルチプレクサではフレームの先頭処理を，PTY_REGの後方のマルチプレクサではフレームの終了処理を行っている．PTY_REGにはフレームの先頭からの演算結果が入っている．

〔図2.37〕
水平パリティ・チェッカのブロック図
水平パリティ・ジェネレータと処理はほぼ同じ．フレームの終了で入力パリティとの比較結果を出力用レジスタに取り込んでいる．

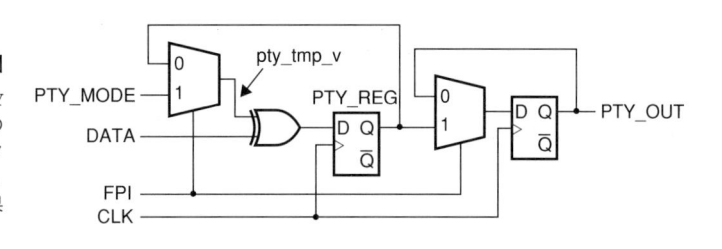

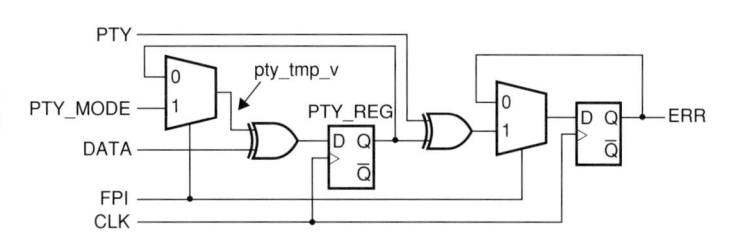

〔図2.38〕水平パリティ・ジェネレータ，水平パリティ・チェッカのタイム・チャート
フレーム1では，DATAの'1'が1個なので，パリティ演算結果(PTY)は'1'になっている．フレーム2では，DATAの'1'が2個なので，パリティ演算結果(PTY)は'0'になっている．フレーム3では，演算結果にエラーを挿入(ERRIN=1)してチェッカからエラーが検出できることを確認している．

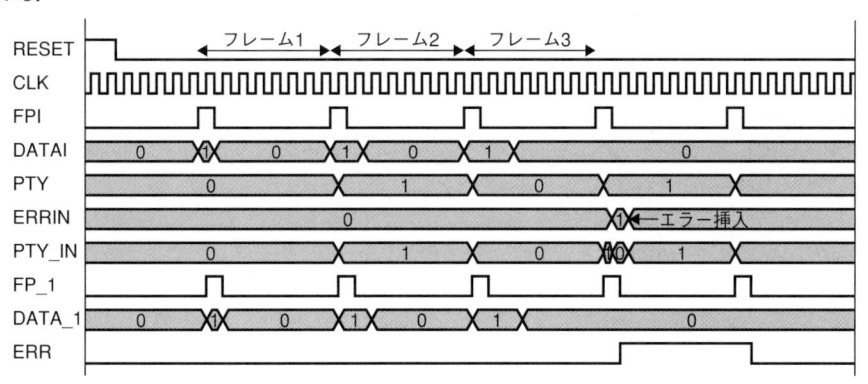

入出力信号の制約に配慮して機能を決める

　回路を設計する場合，入出力信号のもつ役割や制約が明確である必要があります．ここでも，フレーム・パルス(FPI)は，フレームの先頭で1クロック分の'1'が入力されることを想定しています．このため，サンプル記述ではFPIを直接条件判定に使用しています．FPIの'1'の期間が1クロックより長い可能性がある場合，FPIの立ち上がりのタイミングで条件判定する必要があります（立ち上がり検出の回路は，「24．フレーム同期検出」のところで例を示す）．このように，設計する回路にどこまでの機能をもたせるかは，入力信号の制約によっても影響を受けます．

　水平パリティ・ジェネレータのVHDLモデル（リスト2.46）は，組み合わせ回路とDフリップフロップを順序回路スタイルのprocess文で書きました．一方，水平パリティ・チェッカの処理内容は，パリティ・ジェネレータとほぼ同じです．違いは，フレームの終わりの処理において，入力パリティと演算結果を比較した結果をレジスタ(ERR_REG)に代入していることです（リスト2.47）．

20 パルス・ジェネレータ

- ●作成者名：横溝憲治
- ●サンプル記述：リスト2.50（pg.vhd），リスト2.51（pgi.vhd），リスト2.52（pg.v）
- ●モデルの種類：RTLモデル
- ●検証に使用したシミュレータ：PeakVHDL（VHDL），VeriLogger Pro（Verilog HDL）
- ●端子表
  入力：CLK，RESET，LOAD，EN
  出力：PULSE1，PULSE2
  パラメータ：MAX_COUNT（最大カウント数），PULSE1_ON，PULSE1_OFF，PULSE2_ON，
  　　　　　　PULSE_2_OFF（デコード値）

サンプルのパルス・ジェネレータは，カウンタから周期的なパルスを出力する回路です．カウントの最大値とパルスの変化のタイミングをパラメータで設定できます（図2.39，図2.40）．

〔リスト2.50〕パルス・ジェネレータのVHDL記述①（pg.vhd）

```vhdl
library IEEE;
    use IEEE.std_logic_1164.all;
    use IEEE.std_logic_unsigned.all;
entity PG is
generic ( MAX_COUNT:std_logic_vector;                -- ① サイズ非制約，デフォルト値なし
          PULSE1_ON:std_logic_vector;
          PULSE1_OFF:std_logic_vector;
          PULSE2_ON:std_logic_vector;
          PULSE2_OFF:std_logic_vector);
port(
        CLK    : in std_logic;
        RESET  : in std_logic;
        LOAD   : in std_logic;
        EN     : in std_logic;
        PULSE1 : out std_logic;
        PULSE2 : out std_logic
              );
end PG;

Architecture RTL of PG is
    signal  COUNT : std_logic_vector( MAX_COUNT'range );  -- ② サイズはMAX_COUNTと同じ
begin

process(CLK,RESET)
begin
   if(RESET = '1') then                                    -- リセット
      COUNT <= (others =>'0');
   elsif(CLK'event and CLK = '1')   then
```

〔リスト2.50〕パルス・ジェネレータのVHDL記述①(pg.vhd)(つづき)

```vhdl
         if LOAD='1' then
            COUNT <= (others =>'0');
         elsif EN='1' then
            if COUNT=MAX_COUNT then
               COUNT <=(others =>'0');
            else
               COUNT <= COUNT + 1;
            end if;
         else
            COUNT <= COUNT ;
         end if;
      end if;
end process;

process(CLK,RESET)
begin
   if(RESET = '1') then                              -- リセット
      PULSE1 <= '0';
      PULSE2 <= '0';
   elsif(CLK'event and CLK = '1')  then
      if ( COUNT = PULSE1_ON ) then
         PULSE1 <= '1';
      elsif ( COUNT = PULSE1_OFF ) then
         PULSE1 <= '0';
      end if;
      if ( COUNT = PULSE2_ON ) then
         PULSE2 <= '1';
      elsif ( COUNT = PULSE2_OFF ) then
         PULSE2 <= '0';
      end if;
   end if;
end process;
end RTL ;
```

カウンタの記述

パルス生成の記述

〔リスト2.51〕パルス・ジェネレータのVHDL記述②(pgi.vhd)

```vhdl
library IEEE;
   use IEEE.std_logic_1164.all;
   use IEEE.std_logic_unsigned.all;
entity PGI is
generic ( MAX_COUNT :integer:=7;                 -- ① integerで指定
          PULSE1_ON :integer:=0;
          PULSE1_OFF:integer:=1;
          PULSE2_ON :integer:=3;
          PULSE2_OFF:integer );
port(
         CLK    : in std_logic;
         RESET  : in std_logic;
         LOAD   : in std_logic;
         EN     : in std_logic;
         PULSE1 : out std_logic;
         PULSE2 : out std_logic
```

〔リスト2.51〕 パルス・ジェネレータのVHDL記述②(pgi.vhd)(つづき)

```vhdl
            );
end PGI;

Architecture RTL of PGI is
    signal  COUNT : integer range 0 to MAX_COUNT ; -- ② レンジの指定
begin

process(CLK,RESET)
begin
   if(RESET = '1') then                             -- リセット
      COUNT <= 0;
   elsif(CLK'event and CLK = '1')  then
      if LOAD='1' then
         COUNT <= 0;
      elsif EN='1' then
         if COUNT=MAX_COUNT then
            COUNT <=0;
         else
            COUNT <= COUNT + 1;
         end if;
      else
         COUNT <= COUNT ;
      end if;
   end if;
end process;

process(CLK,RESET)
begin
   if(RESET = '1') then                             -- リセット
      PULSE1 <= '0';
      PULSE2 <= '0';
   elsif(CLK'event and CLK = '1')  then
      if ( COUNT = PULSE1_ON ) then
         PULSE1 <= '1';
      elsif ( COUNT = PULSE1_OFF ) then
         PULSE1 <= '0';
      end if;
      if ( COUNT = PULSE2_ON ) then
         PULSE2 <= '1';
      elsif ( COUNT = PULSE2_OFF ) then
         PULSE2 <= '0';
      end if;
   end if;
end process;
end RTL ;
```

〔リスト2.52〕 パルス・ジェネレータのVerilog HDL記述(pg.v)

```verilog
module PG (CLK,RESET,LOAD,EN,PULSE1,PULSE2);
parameter COUNT_WIDTH=4;
parameter MAX_COUNT=8;
parameter PULSE1_ON=0;
```

[リスト2.52] パルス・ジェネレータのVerilog HDL記述(pg.v)(つづき)

```verilog
parameter PULSE1_OFF=1;
parameter PULSE2_ON=2;
parameter PULSE2_OFF=4;

input   CLK,RESET,LOAD,EN;
output  PULSE1,PULSE2;

reg [COUNT_WIDTH-1:0] COUNT;
reg PULSE1,PULSE2;
integer i;

always@(posedge CLK or posedge RESET)
begin
   if(RESET ==1'b1)
      for(i=0;i<=COUNT_WIDTH-1;i=i+1)
         COUNT[i] <=1'b0;
   else
      if (LOAD==1'b1)
         for(i=0;i<=COUNT_WIDTH-1;i=i+1)
            COUNT[i] <=1'b0;
      else
         if (EN==1'b1)
            if (COUNT==MAX_COUNT)
               for(i=0;i<=COUNT_WIDTH-1;i=i+1)
                  COUNT[i] <=1'b0;
            else
               COUNT <= COUNT + 1'b1;
         else
            COUNT <= COUNT ;
end

always@(posedge CLK or posedge RESET)
begin
   if(RESET == 1'b1)
      begin
         PULSE1 <= 1'b0;
         PULSE2 <= 1'b0;
      end
   else
      begin
         if ( COUNT == PULSE1_ON )
            PULSE1 <= 1'b1;
         else if ( COUNT == PULSE1_OFF )
            PULSE1 <= 1'b0;
         if ( COUNT == PULSE2_ON )
            PULSE2 <= 1'b1;
         else if ( COUNT == PULSE2_OFF )
            PULSE2 <= 1'b0;
      end
end
```

〔図2.39〕
パルス・ジェネレータのブロック図
カウンタからの制御でパルス生成プロセスが出力波形を作る．ジェネリック（パラメータ）を変更することにより，出力信号の変化の周期とタイミングを変更できる．

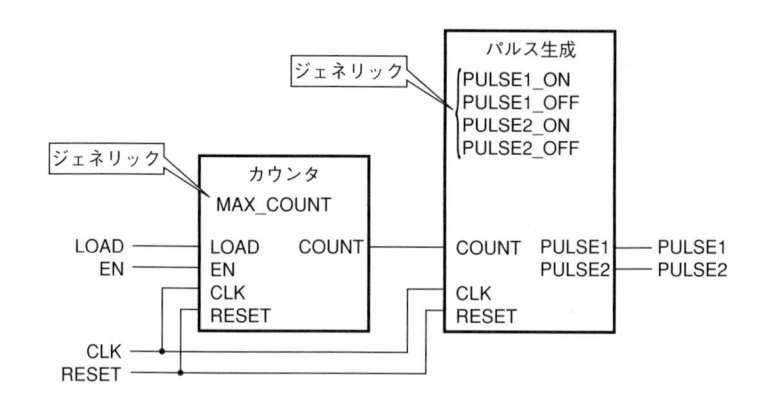

〔図2.40〕パルス・ジェネレータのタイム・チャート
LOAD＝'1'でカウンタが初期化されて0になっている．カウンタの最大値，PULSE1A，2A，1B，2Bの変化のタイミングはジェネリックで指定する．EN＝'0'とするとカウンタは停止する．これにともなって，出力信号の変化も停止する．

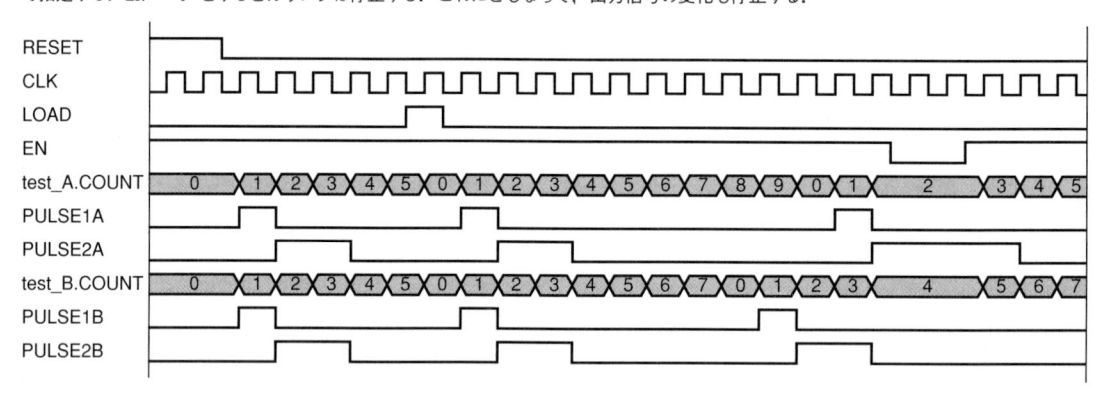

VHDLモデルについては2種類のカウンタを用意

　VHDLモデルでは，カウンタのタイプがstd_logic_vectorの記述（**リスト2.50**）とintegerの記述（**リスト2.51**）を用意しています．integerの記述では，**リスト2.51**の②のカウンタ用信号（COUNT）の宣言で，レンジを0からgenericのMAX_COUNT（①でintegerとして宣言）までとしています．レンジを指定することにより，論理合成ツールはレンジを表現するのに必要最小限のレジスタを生成します．

　std_logic_vectorの記述では，カウンタ用信号（COUNT）は，**リスト2.50**の②でアトリビュートを使ってMAX_COUNT（①でstd_logic_vectorとして宣言）のサイズに宣言してあります．また，MAX_COUNTは，①でサイズ非制約のstd_logic_vectorとして宣言してあるので，上位の階層またはコンフィグレーションで指定されたgenericの配列サイズがMAX_COUNTの配列サイズになります．このgenericはサイズ非制約に宣言したのでデフォルト値の指定がありません．このため，サンプル記述は単体での論理合成でエラーになります．上位の階層でgeneric値を指定してあれば，上位の階層といっしょに合成できます．

2.20 パルス・ジェネレータ

〔リスト2.53〕上位階層からのパラメータ（ジェネリック）指定

```
● VHDLモデルのジェネリック指定例
PGA: PG generic map(
            MAX_COUNT   =>"1001",              ---- 4ビット・カウント0000～1001
            PULSE1_ON   =>"0000",
            PULSE1_OFF  =>"0001",
            PULSE2_ON   =>"0001",
            PULSE2_OFF  =>"0011")
        port map(CLK,RESET,LOAD,EN,PULSE1A,PULSE2A);
PGB: PG generic map(
            MAX_COUNT   =>"111",               ---- 3ビット・カウント000～111
            PULSE1_ON   =>"000",
            PULSE1_OFF  =>"001",
            PULSE2_ON   =>"001",
            PULSE2_OFF  =>"011")
        port map(CLK,RESET,LOAD,EN,PULSE1B,PULSE2B);

● Verilog-HDLモデルのパラメータ指定例
defparam PG_A.COUNT_WIDTH=4;       // ビット幅4
defparam PG_A.MAX_COUNT=9;         // カウント0～9
defparam PG_A.PULSE1_ON=0;
defparam PG_A.PULSE1_OFF=1;
defparam PG_A.PULSE2_ON=1;
defparam PG_A.PULSE2_OFF=3;
PG PG_A (
        .CLK(CLK)
       ,.RESET(RESET)
       ,.LOAD(LOAD)
       ,.EN(EN)
       ,.PULSE1(PULSE1A)
       ,.PULSE2(PULSE2A));

defparam PG_B.COUNT_WIDTH=3;       // ビット幅3
defparam PG_B.MAX_COUNT=7;         // カウント0～7
defparam PG_B.PULSE1_ON=0;
defparam PG_B.PULSE1_OFF=1;
defparam PG_B.PULSE2_ON=2;
defparam PG_B.PULSE2_OFF=4;
PG PG_B (
        .CLK(CLK)
       ,.RESET(RESET)
       ,.LOAD(LOAD)
       ,.EN(EN)
       ,.PULSE1(PULSE1B)
       ,.PULSE2(PULSE2B));
```

最大カウント数，パルスのデコード値を指定

Verilog HDLモデルではparameter，VHDLモデルではgenericを使用しています（**リスト2.53**）．カウンタの最大値はMAX_COUNTに指定します．PULSE1_ONにはPULSE1が'1'になるカウンタ値を設定します．PULSE1_OFFにはPULSE1が'0'になるカウンタ値を設定します．PULSE2についても同じように，PULSE2_ONとPULSE_2_OFFを設定します．

〔図2.41〕
カウンタのフロー

COUNTの値を決めるフローである．ひし形のシンボルは条件判定．記述ではif文になる．LOADはENより優先して処理するため，最初に条件判定を行っている．

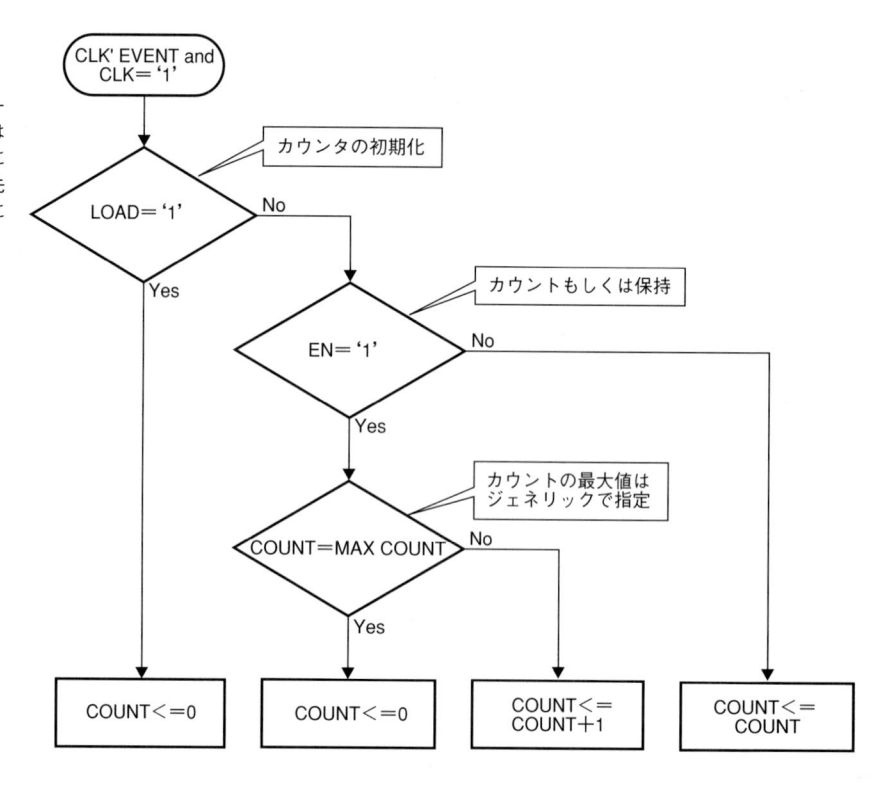

```
        CLK' EVENT and
           CLK='1'
              │
              ▼
         ◇ LOAD='1' ◇ ── No ──┐          カウンタの初期化
              │                │
             Yes               ▼
              │          ◇ EN='1' ◇ ── No ──┐     カウントもしくは保持
              │                │              │
              │               Yes             │
              │                ▼              │
              │       ◇ COUNT=MAX COUNT ◇ ─ No ┤    カウントの最大値は
              │                │              │   ジェネリックで指定
              │               Yes             │
              ▼                ▼              ▼              ▼
        [COUNT<=0]       [COUNT<=0]    [COUNT<=COUNT+1]  [COUNT<=COUNT]
```

〔図2.42〕パルス生成部のフロー

出力信号PULSE1の値を決めるフローである．COUNTとPULSE1_ONが一致するとPULSE1は'1'になる．COUNTとPULSE1_OFFが一致するとPULSE1は'0'になる．どちらとも一致しない場合はPULSE1は前の値を保持する．

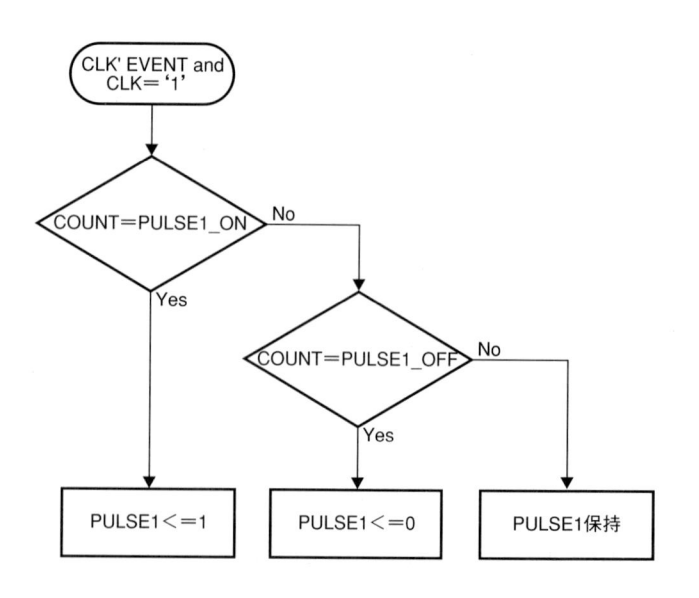

```
        CLK' EVENT and
           CLK='1'
              │
              ▼
    ◇ COUNT=PULSE1_ON ◇ ── No ──┐
              │                   │
             Yes                  ▼
              │         ◇ COUNT=PULSE1_OFF ◇ ── No ──┐
              │                   │                    │
              │                  Yes                   │
              ▼                   ▼                    ▼
        [PULSE1<=1]         [PULSE1<=0]          [PULSE1保持]
```

　ここでは，上位階層からの指定により，PGAのカウンタは4ビットで0000〜1001をカウントします．また，PGBのカウンタは3ビットで000〜111をカウントします．

カウンタとパルス生成部に分けて記述

　VHDLモデルには，カウンタ用のprocess文とパルス生成用のprocess文があります．二つのprocess文を一つにまとめて書くことも可能ですが，ここでは役割ごとにprocess文を分けました（リスト2.50）．

　カウンタのprocess文では，LOADが'1'のときにカウント値を0にします（図2.41）．ENが'1'のときはカウント・アップします．ENが'0'のときはカウント値を保持します．LOADとENではLOADを優先します．このため，LOADを判定するif文のelse節にEN判定のif文を書いてあります．パルス生成用のprocess文は，カウント値とgenericのデコード値を比較して出力信号値を決めています（図2.42）．

　Verilog HDLモデルでは，同様の処理をalways文で書いてあります．

入力信号によるパラメータの指定も可能

　VHDLモデルでは，genericで入力されている値をportから入力するように記述することも可能です．この場合は，他のモジュールまたは外部信号から最大カウント数などを変更可能な回路になります．ただし，カウンタのビット数をMAX_COUNTに自動的に合わせることはできないので，想定される最大ビット数でカウンタを宣言する必要があります．Verilog HDLモデルもparameterで入力されている値（カウンタのビット幅以外）を信号として入力するように変更できます．

テストベンチとしても利用可能

　サンプル記述はパラメータの設定で周期的なパルスを生成するので，テストベンチの一部としても利用できます．たとえば，テストベンチに分周クロックが必要な場合にこの記述を使います．4分周したクロックを発生する場合には，MAX_COUNT='11'と設定します．PULSE1_ON，PULSE1_OFFなどのパラメータの設定によって，クロックの位相とデューティ比（'1'と'0'の時間の割合）も変更できます．

　さらに，通信用回路のテストベンチにおいても，フレームの基準となるフレーム・パルスの発生やデータの挿入タイミングなどの生成に使用できます．入力信号ENに'0'を入力することで内部のカウンタを停止できるので，フレーム長異常などの疑似障害を発生させることができます．

21　パラレル-シリアル・コンバータ

- ●作成者名：横溝憲治
- ●サンプル記述：リスト2.54（ps.vhd），リスト2.55（ps.v）
- ●モデルの種類：RTLモデル
- ●検証に使用したシミュレータ：PeakVHDL（VHDL），VeriLogger Pro（Verilog HDL）
- ●端子表
  入力：CLK，RESET，FPI，P_DATA
  出力：FPO，S_DATA
  パラメータ：PARA_WIDTH（シリアル信号1本に対するパラレル信号の数），LINES（回路数）

〔リスト2.54〕パラレル-シリアル・コンバータのVHDL記述（ps.vhd）

```vhdl
library IEEE;
    use IEEE.std_logic_1164.all;
    use IEEE.std_logic_unsigned.all;
entity PS is
generic ( PARA_WIDTH:integer:=4;
          LINES:integer:=1);
port(
        CLK     : in std_logic;
        RESET   : in std_logic;
        FPI     : in std_logic;
        P_DATA  : in std_logic_vector((LINES*PARA_WIDTH)-1 downto 0);   -- genericでサイズ指定
        FPO     : out std_logic;
        S_DATA  : out std_logic_vector(LINES-1 downto 0)
        );
end ps;

Architecture RTL of PS is
    signal COUNT : integer range 0 to PARA_WIDTH-1;
    signal S_REG : std_logic_vector( (LINES*PARA_WIDTH)-1 downto 0);
    signal FP_REG:std_logic;
begin
--
-- 制御回路
--
-- FP_PS <= '1' when ((FPI='1') and (P_START='1')) else '0';
process(CLK,RESET)
variable FP_SP:std_logic_vector(1 downto 0);
begin
   if(RESET = '1') then                                    -- リセット
      FP_REG <='0';
      COUNT <= 0 ;
   elsif(CLK'event and CLK = '1') then                     -- クロック・イベント
      FP_REG <= FPI ;
      if ((FPI='1')and(FP_REG='0')) then
         COUNT <= 0;
      elsif COUNT=PARA_WIDTH-1 then
         COUNT <= 0;                                       -- カウント最大 -> 0
      else
         COUNT <= COUNT + 1;                               -- カウント・アップ
      end if;
   end if;
end process;
--
-- Data path & output FP
--
process(CLK,RESET)
begin
   if(RESET = '1') then                                    -- リセット
      S_REG <= (others =>'0');
      FPO <= '0';
   elsif(CLK'event and CLK = '1') then
      if (COUNT = 0 ) then                                 -- ロード
         FPO <= FPI;
      else
```

〔リスト2.54〕パラレル-シリアル・コンバータのVHDL記述(ps.vhd)(つづき)

```vhdl
            FPO <= '0';
        end if;
        for i1 in 0 to LINES-1 loop
            if (COUNT = 0 ) then                                      --ロード
                S_REG((PARA_WIDTH*(i1+1))-1 downto (PARA_WIDTH*i1))
                  <= P_DATA((PARA_WIDTH*(i1+1))-1 downto (PARA_WIDTH*i1)) ;
            else
                S_REG((PARA_WIDTH*(i1+1))-1 downto (PARA_WIDTH*i1))
                  <= '0' & S_REG((PARA_WIDTH*(i1+1))-1 downto (PARA_WIDTH*i1)+1);
                                                                      -- シフト
            end if;
-- S_DATA(i1)<=S_REG(i1 * PARA_WIDTH);                                --データ出力
        end loop ;
      end if;
end process;

L2:for i2 in 0 to LINES-1 generate
    S_DATA(i2)<=S_REG(i2 * PARA_WIDTH);                               --データ出力
end generate ;
end RTL;
```

〔リスト2.55〕パラレル-シリアル・コンバータのVerilog HDL記述(ps.v)

```verilog
module PS(CLK, RESET, FPI, P_DATA, FPO, S_DATA);
parameter PARA_WIDTH = 3;
parameter LINES = 2;
parameter IN_WIDTH = LINES*PARA_WIDTH;
`define PWIDTH 1

input CLK, RESET, FPI;
input [(IN_WIDTH)-1:0] P_DATA;                  //paramaterでサイズ指定
output FPO;
output [LINES-1:0] S_DATA;
reg [`PWIDTH:0] COUNT;
reg [(IN_WIDTH)-1:0]  S_REG;
reg FP_REG, FPO;
reg [LINES-1:0] S_DATA;

integer I, J, K, L;

//制御回路

always @(posedge CLK or posedge RESET)
   begin
      if(RESET == 1'b1)                         // リセット
         begin
            FP_REG <=1'b0;
            COUNT <= 0 ;
         end
      else                                      // クロック・イベント
         begin
            FP_REG <= FPI ;
```

ポート宣言

[リスト2.55] パラレル-シリアル・コンバータのVerilog HDL記述（ps.v）（つづき）

```verilog
                if ((FPI==1'b1) && (FP_REG==1'b0))
                    COUNT <= 0;                       // ①
                else if(COUNT==PARA_WIDTH-1)
                    COUNT <= 0;                       // ② カウント最大 -> 0
                else
                    COUNT <= COUNT + 1'b1;            // ③ カウント・アップ
            end
    end

// データパスと出力FP

always @(posedge CLK or posedge RESET)
begin
    if(RESET == 1'b1)                             // リセット
        begin
            for(I=0;I<=(LINES*PARA_WIDTH)-1;I=I+1)
                S_REG[I] <= 1'b0;
            FPO <= 1'b0;
        end
    else if (COUNT == 0 )                         // ロード
        FPO <= FPI;
    else
        FPO <= 1'b0;
    if (COUNT == 0 )                              // ⑤ ロード
         S_REG <= P_DATA;
    else
        for(J=0;J<=LINES-1;J=J+1)                 // ④
            for(L=0;L<=PARA_WIDTH-1;L=L+1)        // ⑥
                if (L==PARA_WIDTH-1)
                    S_REG[J*PARA_WIDTH+L] <= 1'b0;
                else
                    S_REG[J*PARA_WIDTH+L] <= S_REG[J*PARA_WIDTH+L+1];
end

always @(S_REG)
    for(K=0;K<=LINES-1;K=K+1)
        S_DATA[K]<=S_REG[K * PARA_WIDTH];         // データ出力

endmodule
```

パラレル-シリアル・コンバータは，パラレル・データをシリアル・データに変換する回路です（図2.43，図2.44）．制御回路ではフレーム・パルスからパラレル-シリアル変換のタイミングを生成しています．パラメータ（Verilog HDLではparameter，VHDLではgeneric）の指定で変換の種類と回路数を変更できます．

二つのパラメータで信号の数を変更

VHDLの宣言部では，変換の種類PARA_WIDTHに指定します（リスト2.54）．PARA_WIDTH：1のパラレル-シリアル・コンバータとして機能します．パラレル-シリアル・コンバータの個数はLINESに指定します．PARA_WIDTH=4，LINES=1の設定では，4：1のパラレル-シリアル・コンバータが一つ生成されます．

2.21 パラレル-シリアル・コンバータ

〔図2.43〕パラレル-シリアル・コンバータのブロック図

複数のデータパスが一つの制御回路で制御されている．データパスの回路は，ジェネリック（パラメータ）の`LINES`で指定した数だけ存在する．データパスのマルチプレクサは，`COUNT=0`の条件で1側を選択してパラレル・データを取り込む．

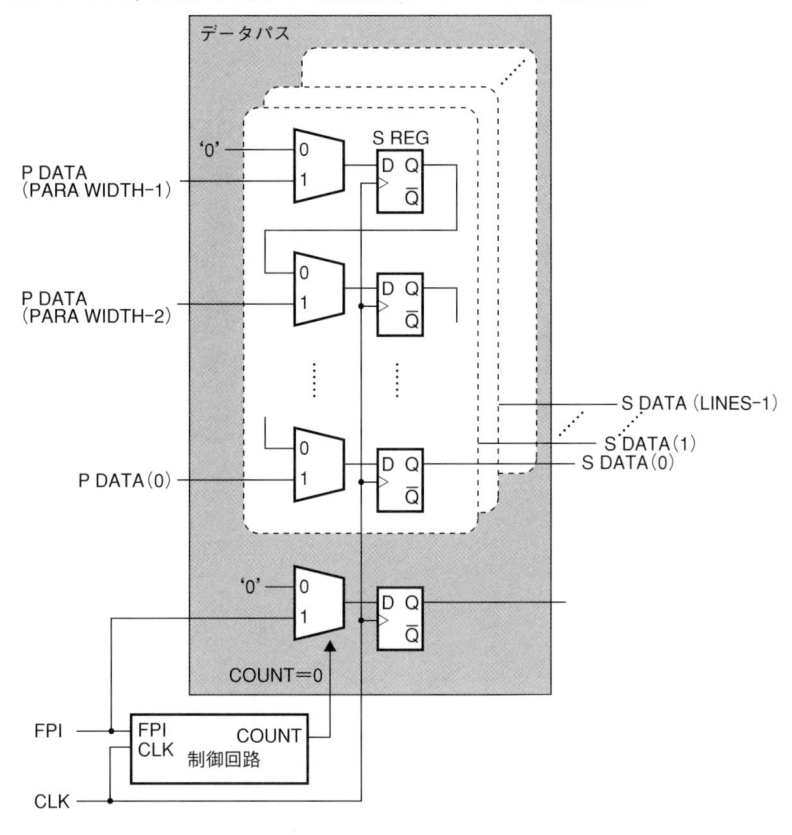

〔図2.44〕パラレル-シリアル・コンバータのタイム・チャート

`PARA_WIDTH=4`と設定して，4：1のパラレル-シリアル・コンバータとして使用した場合のタイム・チャートである．4ビットのパラレル・データをシリアル・データに変換して出力する．`FPI='1'`のときは，シリアル・データの先頭で`FPO='1'`を出力する．

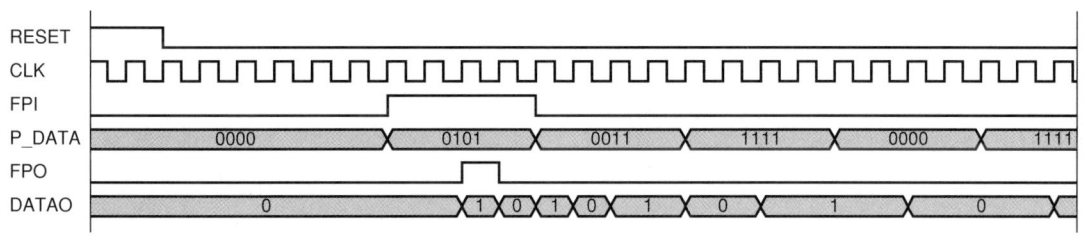

入出力信号の本数もパラメータの指定で変化します．入力データ信号の本数は`PARA_WIDTH`×`LINES`になります．出力データの本数は`LINES`になります．パラメータを利用すると信号のサイズを変更できます．ただし，シミュレーション中はサイズを変更できないので注意してください．

制御回路とデータパスを分離

サンプル記述は二つのプロセス（VHDLではprocess文，Verilog HDLではalways文）で書いてあります．一つは制御回路，もう一つはデータパスとして機能します．

制御回路のプロセスでは，FPIを基にカウンタを動作させてパラレル・データのロード・タイミングを作っています（図2.45）．リスト2.55の①では，FPIが'0'→'1'と変化するとカウンタを初期化します．FPIが変化しない場合は，②でカウント値がPARA_WIDTH-1（カウンタの最大値）のときにカウント値を0に戻します．カウンタの最大値でない場合は，③でカウント・アップしています．

データパスのプロセスでは，リスト2.55の④のforループを使用してLINEの数だけ処理を行っています（図2.46）．処理内容は制御回路からくるカウント値によって決めています．カウント値が0の場合は，新しいパラレル・データが到着しているので，⑤でデータを内部レジスタに取り込みます．カウント値が0以外の場合は，⑥で内部レジスタの値をシフトしてシリアル・データとして出力します．

〔図2.45〕制御回路のフロー

FP_REGはFPIの1クロック遅れのレジスタである．条件1（FP='1' and FP_REG='0'）は，FPIが'0'→'1'と変化したことを判定している．FPIが'0'→'1'と変化した場合，フレームの先頭なのでカウンタ値を0に戻す．条件1が成立しない場合は，条件2でシリアル・データの周期に合わせてカウンタを動作させている．

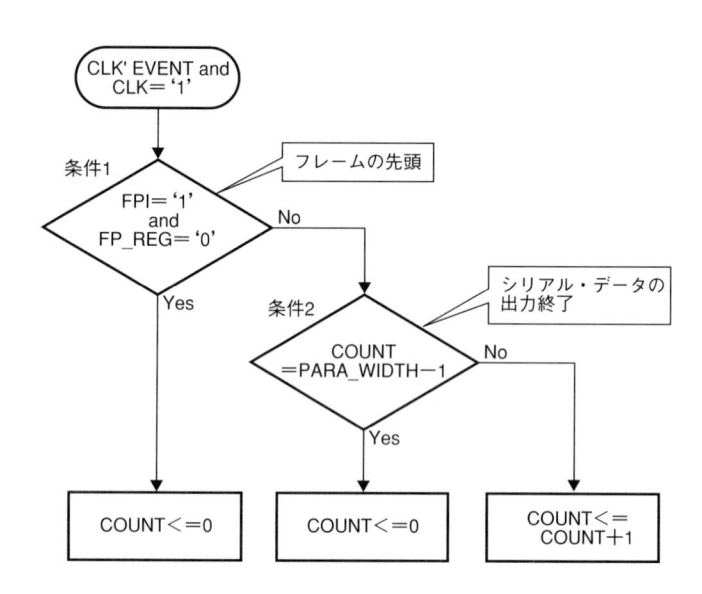

〔図2.46〕データパスのフロー

COUNT=0の場合，シリアル・データの出力が終了しているので，新しいパラレル・データをS_REGへ取り込む．COUNT=0以外の場合は，S_REGをシフトさせてシリアル・データを出力する．

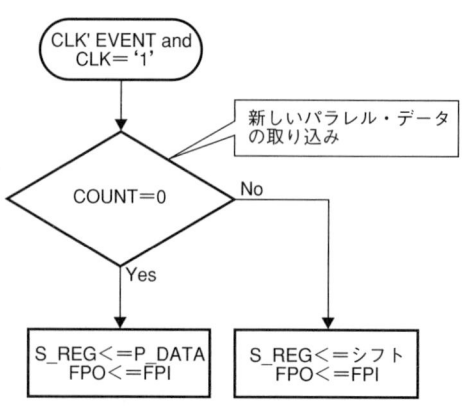

22 シリアル-パラレル・コンバータ

- 作成者名：横溝憲治
- サンプル記述：リスト2.56（sp.vhd），リスト2.57（sp.v）
- モデルの種類：RTLモデル
- 検証に使用したシミュレータ：PeakVHDL（VHDL），VeriLogger Pro（Verilog HDL）
- 端子表
  入力：CLK，RESET，FPI，S_DATA
  出力：FPO，P_DATA
  パラメータ：PARA_WIDTH（シリアル信号1本に対するパラレル信号の数），LINES（回路数）

シリアル-パラレル・コンバータは，シリアル・データをパラレル・データに変換する回路です（図2.47）．制御回路ではフレーム・パルスからシリアル-パラレル変換のタイミングを生成しています．パラレル-シリ

〔リスト2.56〕シリアル-パラレル・コンバータのVHDL記述（sp.vhd）

```
library IEEE;
    use IEEE.std_logic_1164.all;
    use IEEE.std_logic_unsigned.all;

entity sp is

generic ( PARA_WIDTH:integer:=4;
          LINES:integer:=1);
port(
        CLK    : in  std_logic;
        RESET  : in  std_logic;
        FPI    : in  std_logic;
        S_DATA : in  std_logic_vector(LINES-1 downto 0);
        FPO    : out std_logic;
        P_START: out std_logic;
        P_DATA : out std_logic_vector((LINES*PARA_WIDTH)-1 downto 0)
            );
end sp;

Architecture RTL of sp is
    signal   COUNT : integer range 0 to PARA_WIDTH-1;
    signal   S_REG: std_logic_vector( (LINES*PARA_WIDTH)-1 downto 0);
    signal   FP_TMP_REG:std_logic;
    signal   FPO_REG: std_logic;

begin

process(CLK,RESET)
begin
```

[リスト2.56] シリアル-パラレル・コンバータのVHDL記述（sp.vhd）（つづき）

```vhdl
       if(RESET = '1') then                   -- リセット
          COUNT <= 0 ;
       elsif(CLK'event and CLK = '1')  then   -- クロック・イベント
          if FPI='1' then
             COUNT <= 0;                      -- ①
          elsif COUNT=PARA_WIDTH-1  then      -- ②
             COUNT <= 0;                      -- カウント最大 -> 0
          else
             COUNT <= COUNT + 1;              -- カウント・アップ
          end if;
       end if;
    end process;
    FPO <= FPO_REG;
    --
    -- データパス
    --
    process(CLK,RESET)
    begin
       if(RESET = '1') then                   -- リセット
          S_REG <= (others =>'0');
          P_DATA <= (others =>'0');
       elsif(CLK'event and CLK = '1')  then
          for i in 0 to LINES-1 loop
             S_REG((PARA_WIDTH*(i+1))-1 downto (PARA_WIDTH*i))
              <=S_DATA(i) & S_REG((PARA_WIDTH*(i+1))-1 downto (PARA_WIDTH*i)+1 ); -- ③シフト
             if (COUNT =  PARA_WIDTH-1) then
              P_DATA((PARA_WIDTH*(i+1))-1 downto (PARA_WIDTH*i))
                <=S_REG ((PARA_WIDTH*(i+1))-1 downto (PARA_WIDTH*i));             -- ④ロード
             end if;
          end loop;
       end if;
    end process;
    --   出力 FP
    process(CLK,RESET)
    begin
       if(RESET = '1') then                   -- リセット
          FP_TMP_REG <= '0';
          FPO_REG <= '0';
          P_START <= '0' ;
       elsif(CLK'event and CLK = '1')  then
    -- FP_TMP_REG
          if (FPI='1') then                   -- 入力fp
             FP_TMP_REG <= '1';
          elsif (COUNT =  PARA_WIDTH-1) then  -- clar
             FP_TMP_REG <= '0';
          else
             FP_TMP_REG <= FP_TMP_REG ;       -- hold
          end if;
    -- FPO_REG:
          if (COUNT =  PARA_WIDTH-1) then
             FPO_REG <= FP_TMP_REG ;          -- change
          else
             FPO_REG <= FPO_REG;              -- hold
          end if;
```

制御回路の記述

データパスの記述

〔リスト2.56〕シリアル-パラレル・コンバータのVHDL記述(sp.vhd)(つづき)

```vhdl
    -- P_START
        if (COUNT =  PARA_WIDTH-1) then
            P_START <= '1' ;                -- change
        else
            P_START <= '0' ;
        end if;
    end if;
end process;

end RTL;
```

〔リスト2.57〕シリアル-パラレル・コンバータのVerilog HDL記述(sp.v)

```verilog
module SP(CLK, RESET, FPI, S_DATA, FPO, P_START, P_DATA);
parameter PARA_WIDTH = 3;
parameter LINES = 2;
parameter OUT_WIDTH = LINES*PARA_WIDTH;
`define PWIDTH 1

input CLK, RESET, FPI;
input [LINES-1:0] S_DATA;
output FPO, P_START;
output [OUT_WIDTH-1:0] P_DATA;
reg [OUT_WIDTH-1:0] P_DATA;
reg P_START;
reg [`PWIDTH:0] COUNT;
reg [OUT_WIDTH-1:0] S_REG;
reg FP_TMP_REG, FPO_REG;

integer I,J,L;

always @(posedge CLK or posedge RESET)
    begin
        if(RESET == 1'b1)                       // リセット
            COUNT <= 0;
        else if (FPI==1'b1)
            COUNT <= 0;
        else if (COUNT==PARA_WIDTH-1)
            COUNT <= 0;                         // カウント最大 -> 0
        else
            COUNT <= COUNT + 1'b1;              // カウント・アップ
    end

assign FPO = FPO_REG;

// データパス

always @(posedge CLK or posedge RESET)
    begin
        if(RESET == 1'b1)                       // リセット
            for(I=0;I<=(LINES*PARA_WIDTH)-1;I=I+1)
                begin
                    S_REG[I] <= 1'b0;
```

[リスト2.57] シリアル-パラレル・コンバータのVerilog HDL記述（sp.v）（つづき）

```verilog
                    P_DATA[I] <= 1'b0;
                end
        else
          begin
             for(J=0;J<=LINES-1;J=J+1)
                for(L=0;L<=PARA_WIDTH-1;L=L+1)
                   if (L==PARA_WIDTH-1)
                       S_REG[J*PARA_WIDTH+L] <= S_DATA[J];
                   else
                       S_REG[J*PARA_WIDTH+L] <= S_REG[J*PARA_WIDTH+L+1];
             if (COUNT == PARA_WIDTH-1)
                P_DATA <= S_REG;
          end

   end
// 出力FP

always @(posedge CLK or posedge RESET)
   begin
      if(RESET == 1'b1)                         // リセット
         begin
            FP_TMP_REG <= 1'b0;
            FPO_REG <= 1'b0;
            P_START <= 1'b0;
         end
      else
         begin
// FP_TMP_REG
            begin
               if (FPI==1'b1)                   // 入力fp
                   FP_TMP_REG <= 1'b1;
               else if (COUNT ==  PARA_WIDTH-1) // clar
                   FP_TMP_REG <= 1'b0;
               else
                   FP_TMP_REG <= FP_TMP_REG;    // hold
            end
// FPO_REG
            begin
               if (COUNT ==  PARA_WIDTH-1)
                   FPO_REG <= FP_TMP_REG ;      // change
               else
                   FPO_REG <= FPO_REG;          // hold
            end
// P_START
            begin
              if (COUNT ==  PARA_WIDTH-1)
                   P_START <= 1'b1;             // change
               else
                   P_START <= 1'b0;
            end
         end
   end

endmodule
```

〔図2.47〕シリアル-パラレル・コンバータのタイム・チャート
PARA_WIDTH=4と設定して，1：4のシリアル-パラレル・コンバータとして使用した場合のタイム・チャートである．FPI='1'のときの入力データを出力するタイミングで，FPO='1'となる．

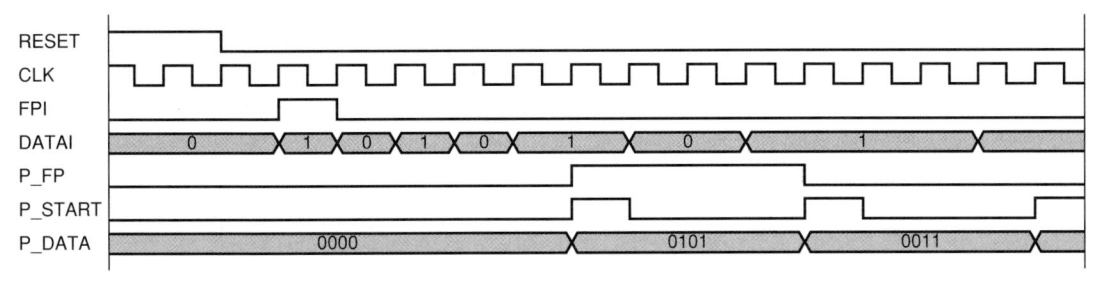

```
RESET  ___|‾‾‾|_____
CLK    _|‾|_|‾|_|‾|_|‾|_|‾|_|‾|_|‾|_|‾|_|‾|_|‾|_|‾|_
FPI    _____|‾‾‾|_____
DATAI  ==0==X=1=X=0=X=1=X=0=X=1=X=0=X=1=X======
P_FP   _____|‾‾‾|_____
P_START _____|‾|____|‾|____|‾|____
P_DATA ======0000==========X===0101===X===0011===X==
```

アル・コンバータの場合と同じように，パラメータ(Verilog HDLではparameter，VHDLではgeneric)の指定によって変換の種類と回路数を変更できます．

前項と同じように二つのパラメータで信号を変更可能

　変換の種類はPARA_WIDTHに指定します．1：PARA_WIDTHのシリアル-パラレル・コンバータとして機能します．シリアル・パラレル・コンバータの個数はLINESに指定します．PARA_WIDTH=4，LINES=1の設定では，1：4のシリアル-パラレル・コンバータが一つ生成されます．入出力信号の本数もパラメータの指定で変化します．入力データ信号の本数はLINESになります．出力データの本数はPARA_WIDTH×LINESになります．

出力タイミング生成は独立プロセス

　サンプル記述は，制御回路，データパス，出力タイミング生成の三つのプロセス(VHDLではprocess文，Verilog HDLではalways文)で書いてあります(**リスト2.56**，**リスト2.57**)．
　制御回路のプロセスでは，カウンタでデータ周期を表しています(**図2.48**)．FPIが'1'になると，カウント値は**リスト2.56**の①で初期化されます．FPIが'0'のときは②でカウント・アップします．カウント値がPARA_WIDTH-1の場合は，カウント値を0に戻します．
　データパスのプロセスでは，入力されたシリアル・データを，**リスト2.56**の③でシフト・レジスタに入力します(**図2.49**)．制御回路からくるカウント値がPARA_WIDTH-1の場合は，シリアル・データがすべて到着しているので，④でシフト・レジスタの値をパラレル・データとして出力します．
　出力タイミング信号の生成は，制御回路のプロセスに含めて書くことも可能ですが，ここでは制御回路の記述をシンプルにするため，独立したプロセスとして書いてあります．FPOはフレームの先頭パラレル・データと同じタイミングでパラレル・データの1個分の時間だけ'1'になります．P_STARTは，パラレル・データが更新されると1クロックの間だけ'1'になります．

マルチプレクサ，デマルチプレクサとして使用できる

　データ信号の接続方法を工夫すると，パラレル-シリアル・コンバータ(前節を参照)をマルチプレクサ(MUX)として，シリアル-パラレル・コンバータをデマルチプレクサ(DMUX)として使用できます．同じ

〔図2.48〕
シリアル-パラレル・コンバータの制御回路のフロー

FPI='1'の場合は，フレームの先頭なのでカウンタ値を0に戻す．カウンタ値がPARA_WIDTH-1になると1回分のパラレル・データがそろうので，カウンタを0に戻す．カウンタ値がPARA_WIDTH以外の場合はカウント・アップする．

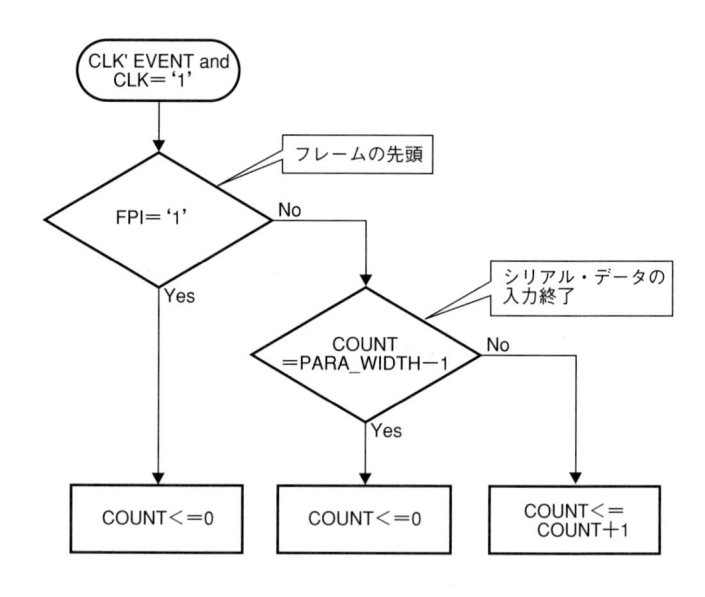

〔図2.49〕
シリアル-パラレル・コンバータのデータパスのフロー

COUNT=PARA_WIDTH-1の場合は，パラレル・データがS_REGにそろっているので，P_DATAへ代入して出力する．COUNT=PARA_WIDTH-1でない場合は，P_DATAは変更しない．S_REGはシフト・レジスタで条件判定はなく，つねにシフトしている．

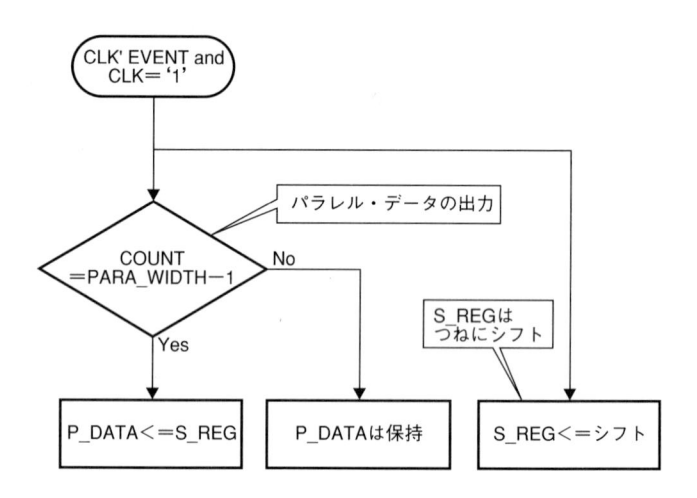

処理のデータパスが複数存在するときにMUX，DMUXを使用してデータを多重化すると，処理用回路の数を少なくできます．

たとえば，**図2.50**のようにR_DATA，G_DATA，B_DATAの三つのデータに同じ処理を施す場合，MUXでデータを多重化し，多重データを1個の処理用回路で処理します．次にDMUXで処理用回路の出力から処理済みデータとしてOR_DATA，OG_DATA，OB_DATAを取り出します．MUX-DMUXすることにより処理用回路は一つで済みます．ただし，処理用回路はMUX前のデータ・レートの3倍の速度で動作しています．データを多重化して処理する場合は回路の動作速度に注意してください．また，MUX-DMUXの回路が追加されるので，処理用回路が小さい場合には全体の回路規模が大きくなることもあるので注意が必要です．

〔図2.50〕
MUX-DMUXの例

MUXでR_DATA，G_DATA，B_DATAを多重化し，1個の処理用回路で多重データを処理する．さらに，DMUXで処理回路の出力を分離する．

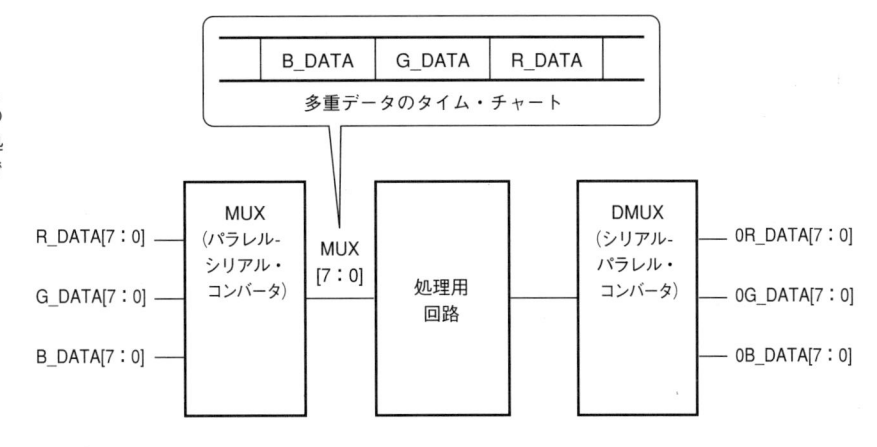

23 アラーム保護

- 作成者名：横溝憲治
- サンプル記述：リスト2.58（hogo.vhd），リスト2.59（hogo.v）
- モデルの種類：RTLモデル
- 検証に使用したシミュレータ：PeakVHDL（VHDL），VeriLogger Pro（Verilog HDL）
- 端子表
  入力：CLK，RESET，ERRIN，FP，ZENPOU，KOUHOU
  出力：ALMOUT

　アラーム保護回路は，通信回線の品質の監視に使われる回路です（図2.51）．エラーのあるフレームを連続して受信した場合，回線に障害が起きた可能性があるのでアラームを発生します．アラームの解除は，エラーのないフレームを連続して受信した場合に行われます．連続回数（保護段数）は，入力信号で指定します．サンプル記述には二つのプロセスがあります．一つはフレーム内のアラーム保持，もう一つは連続回数をカウントするステート・マシンです．

1 フレーム内のエラーを保持

　はじめのプロセスでは，フレーム内のエラー発生を確認しています．1フレームは，FPが'1'になったときから次にFPIが'1'になる直前までです．フレーム内でERRINが'1'になると，エラー発生フレームとします（図2.52，図2.53）．

　処理方法は，リスト2.58の①でERRINが'1'であれば，エラー保持レジスタ（ERRHOJI）に'1'を代入します．ERRINが'1'以外でFPIが'1'のときは，フレームの先頭で，なおかつエラーが発生していないので，②でERRHOJIに'0'を代入します．FPIが'1'以外のときは，③でERRHOJIにERRHOJIを代入して値を

[リスト2.58] アラーム保護のVHDL記述（hogo.vhd）

```vhdl
library IEEE;
    use IEEE.std_logic_1164.all;
    use IEEE.std_logic_unsigned.all;
entity HOGO is
port(
        CLK    : in std_logic;
        RESET  : in std_logic;
        ERRIN  : in std_logic;
        FP     : in std_logic;
        ZENPOU : in std_logic_vector(3 downto 0);
        KOUHOU : in std_logic_vector(3 downto 0);
        ALMOUT : out std_logic
            );
end hogo;

Architecture RTL of hogo is
    signal STAT_REG :std_logic; -- 0:NOMAL 1:ALM
    signal ERRHOJI : std_logic;
    signal ZENPOU_CNT : std_logic_vector(3 downto 0);
    signal KOUHOU_CNT : std_logic_vector(3 downto 0);
begin
--  ERRHOJI
process(CLK,RESET)
begin
   if (RESET='1') then
      ERRHOJI<='0';
   elsif(CLK'event and CLK='1') then
      if ERRIN='1' then
          ERRHOJI <='1';                    -- ①
      else
        if FP ='1' then
           ERRHOJI <= '0';                  -- ②
        else
           ERRHOJI <=ERRHOJI;               -- ③
        end if;
      end if;
   end if;
end process;
--  hogo
process(CLK,RESET)
begin
   if (RESET='1') then
      STAT_REG <= '0';
      ZENPOU_CNT<="0000";
      KOUHOU_CNT<="0000";
   elsif(CLK'event and CLK='1') then
      if STAT_REG='0' then                  -- 状態:アラームなし
         KOUHOU_CNT <= "0000";
         if ZENPOU_CNT = ZENPOU-1 then      -- 保護段数-1
            if (FP ='1') then
               if (ERRHOJI='1') then        -- エラー発生
                  ZENPOU_CNT <= "0000";
                  STAT_REG<='1' ;           -- アラームありへ遷移
               else                         -- エラーなし
```

〔リスト2.58〕アラーム保護のVHDL記述（hogo.vhd）（つづき）

```vhdl
                        ZENPOU_CNT <= "0000";          -- 連続回数は0に戻す
                        STAT_REG<='0';
                    end if;
                end if;
            else                                        -- 保護段数は-1未満
                if (FP ='1') then
                    if (ERRHOJI='1') then               -- エラー発生
                        ZENPOU_CNT <= ZENPOU_CNT + 1;   -- 連続回数+1
                    else                                -- エラーなし
                        ZENPOU_CNT <= "0000";           -- 連続回数は0に戻す
                    end if;
                    STAT_REG<='0';
                end if;
            end if;
        else                                            -- 状態:アラームあり
            ZENPOU_CNT <= "0000";
            if KOUHOU_CNT =KOUHOU-1 then
                if FP ='1' then
                    if ERRHOJI='0' then
                        KOUHOU_CNT <= "0000";
                        STAT_REG<='0';
                    else
                        KOUHOU_CNT <= "0000";
                        STAT_REG<='1';
                    end if;
                end if;
            else
                if FP ='1' then
                    if ERRHOJI='0' then
                        KOUHOU_CNT <= KOUHOU_CNT + 1;
                    else
                        KOUHOU_CNT <= "0000";
                    end if;
                    STAT_REG<='1';
                end if;
            end if;
        end if;
    end if;
end process;
--   ALM output
ALMOUT <= STAT_REG;
end RTL;
```

[リスト2.59] アラーム保護のVerilog HDL記述 (hogo.v)

```verilog
module HOGO (CLK ,RESET,ERRIN,FP,ZENPOU,
                           KOUHOU,ALMOUT);
input CLK,RESET,ERRIN,FP;
input [3:0] ZENPOU,KOUHOU;
output      ALMOUT;

reg  STAT_REG ; // 0:NOMAL 1:ALM
reg  ERRHOJI ;
reg  [3:0]ZENPOU_CNT;
reg  [3:0]KOUHOU_CNT;

always@(posedge CLK or posedge RESET)
begin
   if (RESET==1'b1)
      ERRHOJI<=1'b0;
   else
      if (ERRIN==1'b1)
         ERRHOJI <=1'b1;
      else
         if (FP ==1'b1)
            ERRHOJI <= 1'b0;
         else
            ERRHOJI <=ERRHOJI;
end

always@(posedge CLK or posedge RESET)      //
begin
   if (RESET==1'b1)
      begin
         STAT_REG <= 1'b0;
         ZENPOU_CNT<=4'b0000;
         KOUHOU_CNT<=4'b0000;
      end
   else
      if (STAT_REG==1'b0)
         begin
            KOUHOU_CNT <= 4'b0000;
            if (ZENPOU_CNT >= ZENPOU-1)
               begin
                  if (FP ==1'b1)
                     if (ERRHOJI==1'b1)
                        begin
                           ZENPOU_CNT <= 4'b0000;
                           STAT_REG<=1'b1 ;
                        end
                     else
                        begin
                           ZENPOU_CNT <= 4'b0000;
                           STAT_REG<=1'b0;
                        end
               end
            else
               begin
                  if (FP ==1'b1)
                     if (ERRHOJI==1'b1)
                        ZENPOU_CNT <=
                                    ZENPOU_CNT + 1'b1;
                     else
                        ZENPOU_CNT <= 4'b0000;
                  STAT_REG<=1'b0;
               end
         end
      else
         begin
            ZENPOU_CNT <= 4'b0000;
            if (KOUHOU_CNT >=KOUHOU-1)
               if (FP ==1'b1)
                  if (ERRHOJI==1'b0)
                     begin
                        KOUHOU_CNT <= 4'b0000;
                        STAT_REG<=1'b0;
                     end
                  else
                     begin
                        KOUHOU_CNT <= 4'b0000;
                        STAT_REG<=1'b1;
                     end
               else
                  begin
                     KOUHOU_CNT <= KOUHOU_CNT;
                     STAT_REG<= STAT_REG;
                  end
            else
               begin
                  if (FP==1'b1)
                     if (ERRHOJI==1'b0)
                        KOUHOU_CNT <=
                                    KOUHOU_CNT + 1;
                     else
                        KOUHOU_CNT <= 4'b0000;
                  STAT_REG<=1'b1;
               end
         end
end
//    ALM output
assign ALMOUT = STAT_REG;
endmodule
```

〔図2.51〕アラーム保護回路のタイム・チャート

ZENPOU="0010"，KOUHOU="0010"とした場合のタイム・チャート．2フレーム連続エラーの場合にALMOUT='1'となる．その後，ALMOUT='0'になるためには，2フレーム連続で正常になる必要がある．

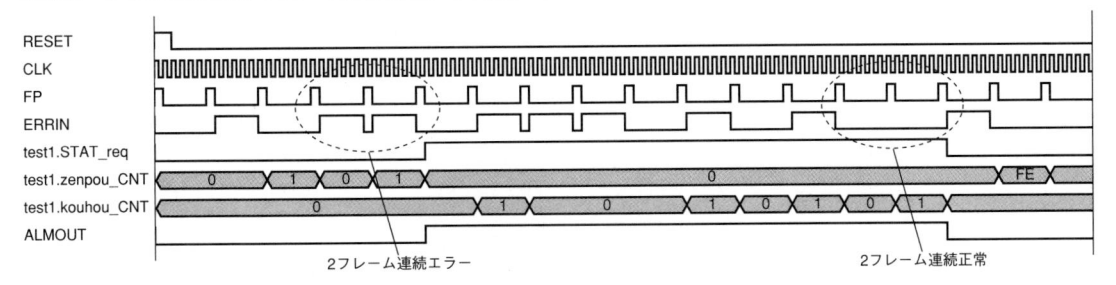

〔図2.52〕フレーム内のエラー保持回路

Dフリップフロップの出力がマルチプレクサを介してループしている．ERRIN='1'となると次のフレームまでDフリップフロップは'1'に固定される．

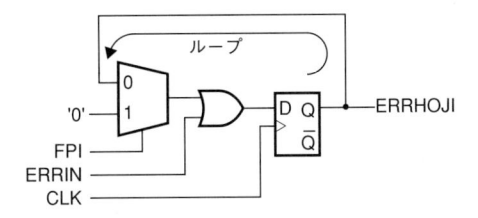

〔図2.53〕エラー保持回路のタイム・チャート

FPI='1'のタイミングがフレームの先頭になる．また，フレームの終わりは，次にFPI='1'となる直前のタイミングである．エラーの有無はFPI='1'のタイミングにおけるERRHOJIの値．

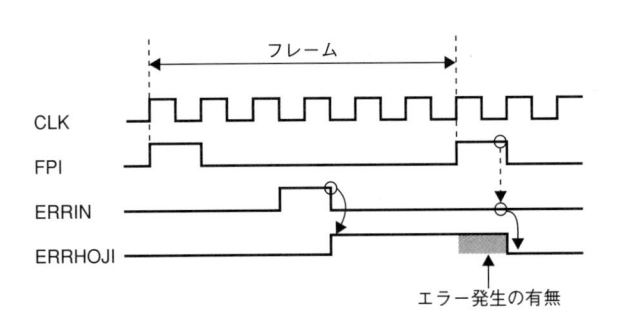

保持します．フレームの先頭以外では，ERRHOJIへの代入は，'1'とERRHOJIしかありません．ERRHOJIは，フレームの途中で1回でも'1'が代入されると次のフレームまで'1'以外の値にはなりません．フレーム内のエラー発生の有無は，FPが'1'の時のERRHOJIで決まります．

次のプロセスはアラーム通知用のステート・マシンです（**リスト2.58，図2.54**）．アラームの通知と解除をエラー・フレームおよび正常フレームの連続回数で制御しています．状態は2種類に分かれています．STAT_REGが'0'のときはアラームなし，'1'のときはアラームありです．それぞれの状態は連続回数をカウントするサブステートをもっています．

アラームなしのサブステートは，エラー・フレームの連続回数（ZENPOU_CNT）です．前方保護段数（ZENPOU）とエラー・フレームの連続回数が一致するとアラームありの状態に遷移します．アラームありのサブステートは，正常フレーム連続回数（KOUHOU_CNT）に対応しています．後方の保護段数（KOUHOU）と正常フレームの連続回数が一致するとアラームなしの状態に遷移します．

〔図2.54〕連続回数をカウントするステート・マシン
入力信号ZENPOU，KOUHOUの値によって保護段数を変更できる．エラー・フレームの連続回数がZENPOU-1の状態で，次のフレームがエラーの場合に"アラームあり"に遷移する．途中で1回でも正常フレームがあった場合は連続回数が0に戻る．

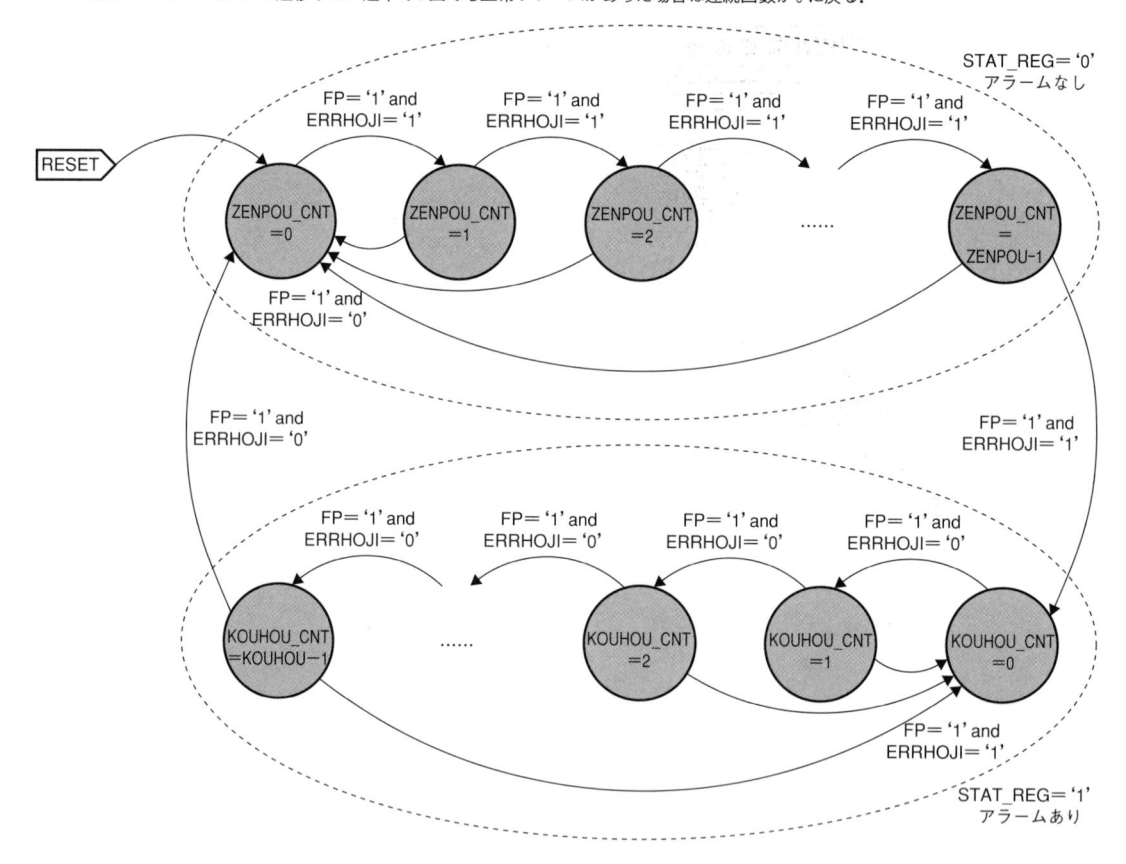

24 フレーム同期検出

- 作成者名：横溝憲治
- サンプル記述：リスト2.60（sync.vhd），リスト2.61（sync.v）
- モデルの種類：RTLモデル
- 検証に使用したシミュレータ：PeakVHDL（VHDL），VeriLogger Pro（Verilog HDL）
- 端子表
  入力：CLK，RESET，DATAI
  出力：FP，DATAO，SYNC_FLG
  パラメータ：SYNC_CODE（同期パターン），FRAME（フレーム長）

2.24 フレーム同期検出

フレーム同期検出回路は，入力データからフレーム同期パターンを検出し，フレーム・パルスを生成します（図2.55）．サンプル記述は，制御回路，同期パターン検出回路，フレーム長カウンタの三つの部分で構成されています．

同期パターンを検出する

ここでは，シリアル入力されるデータのフレームの先頭部分に一定のパターンがあると想定しています．同期パターンは，VHDLモデルではgenericで指定しています．サイズ非制約の配列として宣言してあるので，長さの違うパターンも指定できます．

処理内容は，入力データをシフト・レジスタに入れ，同期パターンと比較して，一致していれば，'1'を出力します（図2.56，リスト2.60）．このパターン検出の記述は，検出パターンを"10"と指定すれば，データの立ち上がりタイミングを求めることができます（図2.57）．また，入力データとしてフレーム・パル

〔リスト2.60〕フレーム同期検出のVHDL記述（sync.vhd）

```vhdl
library IEEE;
    use IEEE.std_logic_1164.all;
    use IEEE.std_logic_unsigned.all;

entity SYNC is
generic ( SYNC_CODE:std_logic_vector(2 downto 0):="101";
          FRAME     : integer:=15 );
port(    CLK      : in std_logic;
         RESET    : in std_logic;
         DATAI    : in std_logic;
         FP       : out std_logic;
         DATAO    : out std_logic;
         SYNC_FLG: out std_logic
             );
end sync;

Architecture RTL of SYNC is
    constant HUNT   :std_logic_vector(1 downto 0):="00";
    constant FOUND  :std_logic_vector(1 downto 0):="01";
    constant SYNC   :std_logic_vector(1 downto 0):="10";
    constant LOST   :std_logic_vector(1 downto 0):="11";
    signal   DATA_REG :std_logic_vector(SYNC_CODE'range);
    signal   STAT_REG :std_logic_vector(1 downto 0);
    signal   CODE_HIT :std_logic;
    signal   COUNT    :integer range 0 to FRAME;
begin
-- ステート・マシン
process(CLK,RESET)
begin
    if (RESET='1') then
        STAT_REG <= HUNT ;
    elsif(CLK'event and CLK='1') then
        case STAT_REG is                    -- 状態レジスタにより処理分岐
            when HUNT =>                    -- 状態HUNTの場合
                if (CODE_HIT ='1') then     -- 同期パターンの検出
                    STAT_REG <= FOUND;      -- FOUNDの遷移
```

[リスト2.60] フレーム同期検出のVHDL記述(sync.vhd)(つづき)

```vhdl
                else
                    STAT_REG <= HUNT;          -- 遷移なし
                end if;
            when FOUND =>                      -- 状態FOUNDの場合
                if (COUNT = FRAME ) then       -- カウンタ値がフレームの先頭
                    if (CODE_HIT ='1') then    -- 同期パターン検出
                        STAT_REG <= SYNC;      -- SYNCへ遷移
                    else                       -- 同期パターン未検出
                        STAT_REG <= HUNT;      -- HUNTへ遷移
                    end if;
                else
                    STAT_REG <= FOUND;         -- 状態保持
                end if;
            when SYNC =>                       -- 状態SYNCの場合
                if (COUNT = FRAME ) then
                    if (CODE_HIT ='1') then
                        STAT_REG <= SYNC;
                    else
                        STAT_REG <= LOST;
                    end if;
                else
                    STAT_REG <= SYNC;
                end if;
            when LOST =>
                if (COUNT = FRAME ) then
                    if (CODE_HIT ='1') then
                        STAT_REG <= SYNC;
                    else
                        STAT_REG <= HUNT;
                    end if;
                else
                    STAT_REG <= LOST;
                end if;
            when others =>                     -- どの状態でもない場合
                STAT_REG <= HUNT;              -- HUNTへ遷移
        end case;
    end if;
end process;
--
SYNC_FLG <= '1' when ((STAT_REG = SYNC) or (STAT_REG = LOST)) else '0';
-- データパスとコード
process(CLK,RESET)
begin
    if (RESET='1') then
        DATA_REG <= (others=>'0');
        DATAO <='0';
    elsif(CLK'event and CLK='1') then
        -- データパス
        DATA_REG <= datai & DATA_REG(SYNC_CODE'high downto SYNC_CODE'low+1);
        DATAO <= data_reg(0);
    end if;
end process;
CODE_HIT <= '1' when (DATA_REG = SYNC_CODE) else '0'; -- パターン比較組み合わせ回路
--
```

シフト・レジスタの記述

[リスト2.60] フレーム同期検出のVHDL記述（sync.vhd）（つづき）

```vhdl
process(CLK,RESET)
begin
   if (RESET='1') then
      FP <= '0';
      COUNT <=0;
   elsif(CLK'event and CLK='1') then
      -- カウンタ
      if ((STAT_REG=HUNT) and (CODE_HIT='1')) then
            COUNT <= 0;
      else
         if (COUNT = FRAME) then
            COUNT <=0;
         else
            COUNT <= COUNT +1;
         end if;
      end if;
      -- fp出力
      if (COUNT = FRAME) then
         FP <= '1';
      else
         FP <= '0';
      end if;
   end if;
end process;
end RTL;
```

[リスト2.61] フレーム同期検出のVerilog HDL記述（sync.v）

```verilog
`define HUNT  2'b00
`define FOUND 2'b01
`define SYNC  2'b10
`define LOST  2'b11

module SYNC (CLK,RESET,DATAI,FP,DATAO,SYNC_FLG);
parameter       COUNT_WIDTH=4;
parameter       CODE_WIDTH=3;
parameter       SYNC_CODE=5;
parameter       FRAME=15;
input  CLK,RESET,DATAI;
output FP,DATAO,SYNC_FLG;
reg FP,DATAO;
reg [CODE_WIDTH-1:0]  DATA_REG ;
reg [COUNT_WIDTH-1:0] COUNT;
reg [1:0] STAT_REG;

wire CODE_HIT;
integer i;

// ステート・マシン
always@(posedge CLK or posedge RESET)
begin
   if (RESET==1'b1)
      STAT_REG <= `HUNT ;
   else
      case (STAT_REG)
         `HUNT :if (CODE_HIT ==1'b1)
                   STAT_REG <= `FOUND;
                else
                   STAT_REG <= `HUNT;
         `FOUND:if (COUNT == FRAME )
                   if (CODE_HIT==1'b1)
                      STAT_REG <= `SYNC;
                   else
                      STAT_REG <= `HUNT;
                else
                   STAT_REG <= `FOUND;
         `SYNC :if (COUNT==FRAME )
                   if (CODE_HIT==1'b1)
                      STAT_REG <= `SYNC;
                   else
                      STAT_REG <= `LOST;
                else
                   STAT_REG <= `SYNC;
         `LOST :if (COUNT ==FRAME )
                   if (CODE_HIT==1'b1)
                      STAT_REG <= `SYNC;
                   else
                      STAT_REG <= `HUNT;
```

[リスト2.61] フレーム同期検出のVerilog HDL記述(sync.v)(つづき)

```verilog
                   else
                        STAT_REG <= `LOST;
                default:STAT_REG <= `HUNT;
            endcase
        end
//
assign SYNC_FLG = ((STAT_REG == `SYNC) ||
                            (STAT_REG == `LOST));
// データパスとコード
always@(posedge CLK or posedge RESET)
    begin
        if (RESET==1'b1)
            begin
                for(i=0;i<=CODE_WIDTH-1;i=i+1)
                    DATA_REG[i] <=1'b0;
                DATAO <=1'b0;
            end
        else
        // データパス
            begin
                DATA_REG <= {DATAI, DATA_REG
                                [CODE_WIDTH-1:1]};
                DATAO <= DATA_REG[0];
            end
    end

assign CODE_HIT = (DATA_REG == SYNC_CODE);
//

always@(posedge CLK or posedge RESET)
begin
    if (RESET==1'b1)
        begin
            FP <= 1'b0;
            COUNT <=0;
        end
    else
        begin
            // カウンタ
            if ((STAT_REG==`HUNT) &&
                            (CODE_HIT==1'b1))
                COUNT <= 0;
            else
                if (COUNT == FRAME)
                    COUNT <=0;
                else
                    COUNT <= COUNT +1;
            // fp出力
            if (COUNT == FRAME)
                FP <= 1'b1;
            else
                FP <= 1'b0;
        end
end

endmodule
```

[図2.55] フレーム同期検出回路のタイム・チャート

SYNC_CODE＝"101"，FRAME＝15に設定した場合のタイム・チャート．同期パターンを2回検出するとSYNC_FLG＝'1'となる．その後，1回の未検出ではSYNC_FLGは変化しない．未検出が2回続くとSYNC_FLG＝'0'になる．

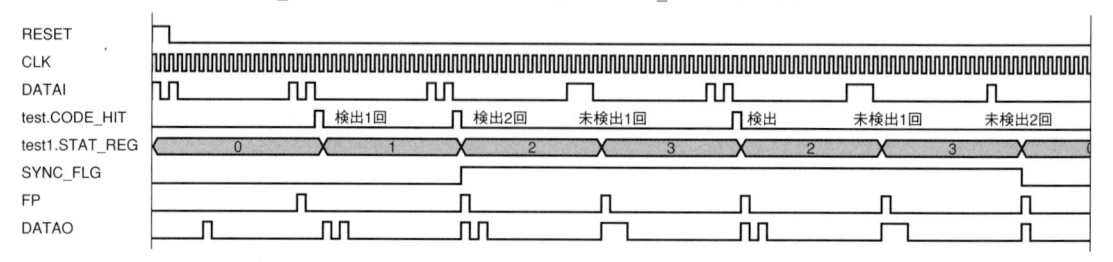

[図2.56] パターン検出のブロック図

DATAをシフト・レジスタに入力し，同期パターン(SYNC_CODE)とシフト・レジスタの内容を比較する．同期パターンが検出されると，CODE_HITが'1'になる．

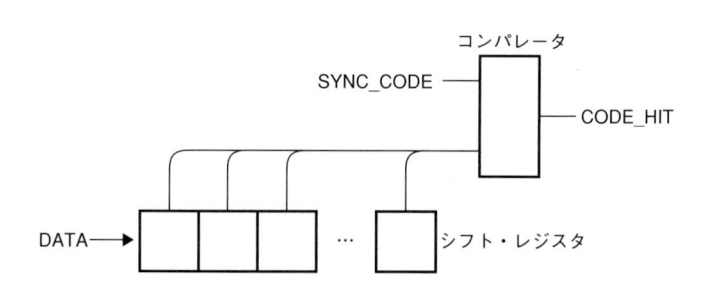

〔図2.57〕立ち上がり検出の場合
SYNC_CODEを"10"として設定すると，DATAが'0'→'1'と変化した場合に，CODE_HITが'1'になる．フレーム・パルスの立ち上がり検出回路としても利用できる．

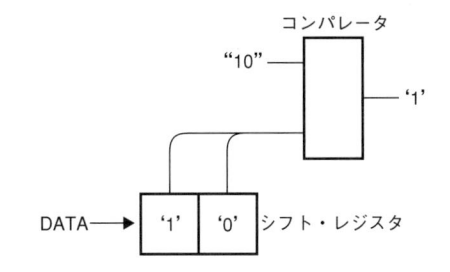

〔図2.58〕フレーム同期検出回路のステート・マシン
HUNT→FOUNDの遷移ではCOUNTを参照していない．これは，HUNTでは入力データのフレームとカウンタの値の同期が取れていないためである．LOSTは，1回の同期パターンの誤りで同期失敗としないために設けている．

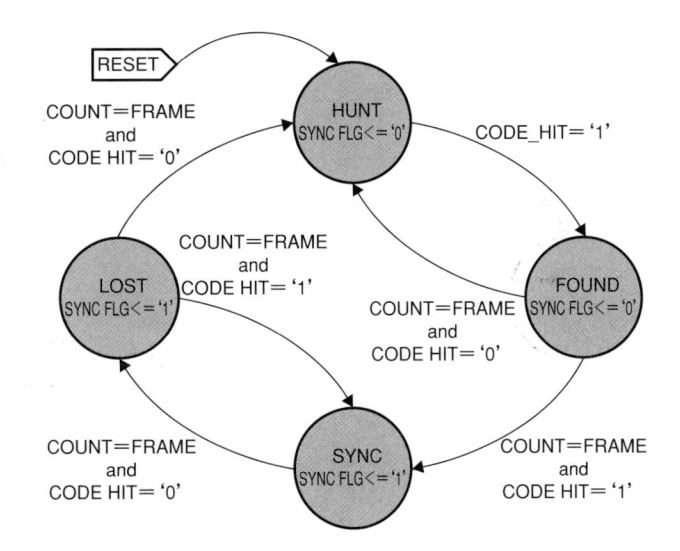

スも使用できます．実際の同期パターンは，扱うデータの規格として定められています．単純なコードではなく，CRC演算などを利用してパターンをチェックする場合もあります．

制御回路はステート・マシンで設計

　同期パターンを1回検出しただけではフレームの先頭ではなく，データの一部を検出した可能性があります．そこで1フレーム後に同期パターンを検出できた場合のみ，同期に成功したとみなします．同期確立後にフレームの先頭に2回連続で同期パターンがなかった場合は，同期に失敗したとみなします．
　このような動作をモデル化するにはステート・マシンが適しています（**図2.58**）．**リスト2.60**のステート・マシンでは，case文で状態レジスタの値を判定しています．各状態では，遷移を決める信号を確認し，状態レジスタに次の状態を代入しています．ステート・マシンに各状態の動作を書く場合もありますが，ここでは状態の遷移のみを書いています．状態レジスタに不定値が入った場合，RTLではwhen othersで処理され，状態はHUNTへ遷移します．しかし，論理合成後の回路ではどこへ遷移するか保証されないので注意が必要です．

〔図2.59〕フレーム同期検出回路のカウンタ動作のフロー

カウンタ動作は複雑ではない．状態がHUNTで，同期パターンが検出された場合に，COUNTを0にする．その他の場合はカウント・アップする．フレームの終わりまでカウントした場合はCOUNTを0に戻す．

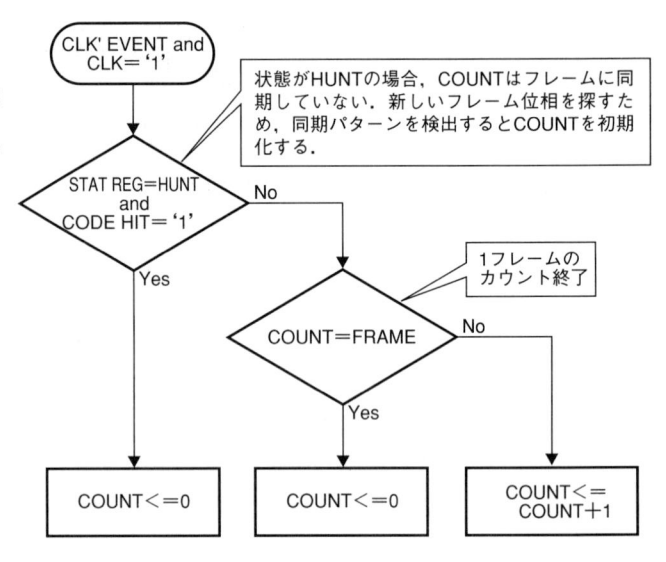

状態がHUNTの場合，COUNTはフレームに同期していない．新しいフレーム位相を探すため，同期パターンを検出するとCOUNTを初期化する．

1フレームのカウント終了

カウンタでフレームの先頭を求める

パラメータのFRAMEには，1フレームのクロック数−1を指定します．フレームの先頭を求めるカウンタの最大値は，FRAMEの値になります．カウンタの動作はステート・マシンの状態で変わります（**図2.59**）．状態がHUNTの場合，入力データのフレームとカウンタの動作の同期が取れていないので，同期パターンが検出されるとカウンタ値を0にします．状態がHUNT以外の場合は，カウント値が最大になった場合のみ0に戻します．

25 アドレス・デコーダ

- ●作成者名：横溝憲治
- ●サンプル記述：リスト2.62（adr_dec.vhd），リスト2.63（adr_dec.v）
- ●モデルの種類：RTLモデル
- ●検証に使用したシミュレータ：PeakVHDL（VHDL），VeriLogger Pro（Verilog HDL）
- ●端子表
  入力：ADR, BASE_ADR, ADR0_DEC, ADR1_DEC, ADR2_DEC, ADR3_DEC, DR0_RDATA,
  　　　ADR1_RDATA, ADR2_RDATA, ADR3_RDATA
  出力：BASE_HIT, ADR0_HIT, ADR0_HIT, ADR0_HIT, ADR0_HIT, NO_HIT, DATA_OUT
  パラメータ：ADR_WIDTH（アドレスのビット数），BASE_WIDTH（ベース・アドレスのビット数），
  　　　　　　DATA_WIDTH（データのビット数）

2.25 アドレス・デコーダ

バスとのインターフェースに使用するアドレス・デコーダとデータ・セレクタについて解説します．パラメータ（Verilog HDL では parameter，VHDL では generic）でアドレスのビット数やベース・アドレスのビット数，データのビット数を変更できます．

入出力信号のビット幅をパラメータで指定

アドレスやデータのビット数をパラメータで指定します（**リスト2.62**）．ADR_WIDTH には，アドレスのビット数を指定します．BASE_WIDTH にはベース・アドレスのビット数を指定します．ローカル・アドレスのビット数は ADR_WIDTH-BASE_WIDTH になります．DATA_WIDTH は，データ・セレクタで扱うデータのビット数です．

パラメータで指定した値によってポートのビット幅が変わるので，上位の階層で接続される信号のビット数は，パラメータ値に合わせる必要があります．**図2.60** は ADR_WIDTH = 8，BASE_WIDTH = 6 に設定した場合の例です．

〔リスト2.62〕アドレス・デコーダのVHDL記述（adr_dec.vhd）

```vhdl
library IEEE;
    use IEEE.std_logic_1164.all;
    use IEEE.std_logic_unsigned.all;
entity ADR_DEC is
generic(
        ADR_WIDTH:integer:=8;        -- アドレスは8ビット
        BASE_WIDTH:integer:=6;       -- ベース・アドレスは6ビット
        DATA_WIDTH:integer:=8        -- 扱うデータは8ビット
        );
port(
        ADR        :in  std_logic_vector(ADR_WIDTH-1 downto 0);
        BASE_ADR   :in  std_logic_vector(BASE_WIDTH-1 downto 0);
        BASE_HIT   :out std_logic;
        ADR0_DEC   :in  std_logic_vector(ADR_WIDTH-BASE_WIDTH-1 downto 0);
        ADR0_HIT   :out std_logic;
        ADR0_RDATA:in  std_logic_vector(DATA_WIDTH-1 downto 0);
        ADR1_DEC   :in  std_logic_vector(ADR_WIDTH-BASE_WIDTH-1 downto 0);
        ADR1_HIT   :out std_logic;
        ADR1_RDATA:in  std_logic_vector(DATA_WIDTH-1 downto 0);
        ADR2_DEC   :in  std_logic_vector(ADR_WIDTH-BASE_WIDTH-1 downto 0);
        ADR2_HIT   :out std_logic;
        ADR2_RDATA:in  std_logic_vector(DATA_WIDTH-1 downto 0);
        ADR3_DEC   :in  std_logic_vector(ADR_WIDTH-BASE_WIDTH-1 downto 0);
        ADR3_HIT   :out std_logic;
        ADR3_RDATA:in  std_logic_vector(DATA_WIDTH-1 downto 0);
        DATA_OUT   :out std_logic_vector(DATA_WIDTH-1 downto 0);
        NO_HIT     :out std_logic
            );
end ADR_DEC;

Architecture RTL of ADR_DEC is
signal BASE_HIT_S:std_logic;
signal ADR0_HIT_S:std_logic;
signal ADR1_HIT_S:std_logic;
```

← ビット数をパラメータで指定

[リスト2.62] アドレス・デコーダのVHDL記述（adr_dec.vhd）（つづき）

```vhdl
  signal ADR2_HIT_S:std_logic;
  signal ADR3_HIT_S:std_logic;
  signal LOCAL_ADR :std_logic_vector( ADR_WIDTH-BASE_WIDTH-1 downto 0);
  --gnal LOCAL_ADR :std_logic_vector( 1 downto 0);

begin
-- 出力信号
   BASE_HIT <= BASE_HIT_S ;
   ADR0_HIT <= ADR0_HIT_S;
   ADR1_HIT <= ADR1_HIT_S;
   ADR2_HIT <= ADR2_HIT_S;
   ADR3_HIT <= ADR3_HIT_S;
-- デコード
   LOCAL_ADR <= ADR(ADR_WIDTH-BASE_WIDTH-1 downto 0);
   BASE_HIT_S <= '1' when ADR(ADR_WIDTH-1
                          downto ADR_WIDTH-BASE_WIDTH) = BASE_ADR else '0';
   ADR0_HIT_S <='1' when ((BASE_HIT_S='1') and (LOCAL_ADR = ADR0_DEC)) else '0';
   ADR1_HIT_S <='1' when ((BASE_HIT_S='1') and (LOCAL_ADR = ADR1_DEC)) else '0';
   ADR2_HIT_S <='1' when ((BASE_HIT_S='1') and (LOCAL_ADR = ADR2_DEC)) else '0';
   ADR3_HIT_S <='1' when ((BASE_HIT_S='1') and (LOCAL_ADR = ADR3_DEC)) else '0';
   NO_HIT <= '1' when ((ADR0_HIT_S ='0')and(ADR1_HIT_S ='0')
                       and(ADR2_HIT_S ='0')and(ADR3_HIT_S ='0')) else '0';
-- データ選択
   process(LOCAL_ADR ,BASE_HIT_S           -- センシティビティ・リスト
          ,ADR0_HIT_S,ADR0_RDATA           -- 参照する信号はすべて記入
          ,ADR1_HIT_S,ADR1_RDATA
          ,ADR2_HIT_S,ADR2_RDATA
          ,ADR3_HIT_S,ADR3_RDATA)
-- 中間値はvariable
           variable DATA_V:std_logic_vector(DATA_WIDTH-1 downto 0);
      begin
        if BASE_HIT_S='1' then
           DATA_V := (others =>'0');       -- デフォルト値の代入
           if ADR0_HIT_S ='1' then         -- else節のないif文
              DATA_V :=ADR0_RDATA;
           end if;
           if ADR1_HIT_S ='1' then
              DATA_V :=ADR1_RDATA;
           end if;
           if ADR2_HIT_S ='1' then
              DATA_V :=ADR2_RDATA;
           end if;
           if ADR3_HIT_S ='1' then
              DATA_V :=ADR3_RDATA;
           end if;
        else
           DATA_V := (others =>'0');
        end if;
        DATA_OUT <= DATA_V;                -- variableをsignalに代入
   end process;
end RTL;
```

条件付き代入文で記述

データ・セレクタの記述

〔リスト2.63〕アドレス・デコーダのVerilog HDL記述（adr_dec.v）

```verilog
module ADR_DEC (ADR,BASE_ADR,BASE_HIT
               ,ADR0_DEC,ADR0_HIT,ADR0_RDATA
               ,ADR1_DEC,ADR1_HIT,ADR1_RDATA
               ,ADR2_DEC,ADR2_HIT,ADR2_RDATA
               ,ADR3_DEC,ADR3_HIT,ADR3_RDATA
               ,DATA_OUT,NO_HIT);
parameter   ADR_WIDTH=8;
parameter   BASE_WIDTH=6;
parameter   DATA_WIDTH=8;
input [ADR_WIDTH-1:0]    ADR;
input [BASE_WIDTH-1: 0]  BASE_ADR;
output                   BASE_HIT;
input [ADR_WIDTH-BASE_WIDTH-1:0] ADR0_DEC,ADR1_DEC,ADR2_DEC,ADR3_DEC;
output                   ADR0_HIT,ADR1_HIT,ADR2_HIT,ADR3_HIT;
input  [DATA_WIDTH-1:0]  ADR0_RDATA,ADR1_RDATA,ADR2_RDATA,ADR3_RDATA;
output [DATA_WIDTH-1:0]  DATA_OUT;
output                   NO_HIT;
reg [DATA_WIDTH-1:0] DATA_OUT;
reg [DATA_WIDTH-1:0] DATA_TMP;
wire [ADR_WIDTH-BASE_WIDTH-1:0]LOCAL_ADR;
integer i;
// デコード
assign   LOCAL_ADR = ADR[ADR_WIDTH-BASE_WIDTH-1 : 0];
assign   BASE_HIT  = (ADR[ADR_WIDTH-1 : ADR_WIDTH-BASE_WIDTH] == BASE_ADR) ;
assign   ADR0_HIT  = ((BASE_HIT==1'b1) && (LOCAL_ADR == ADR0_DEC));
assign   ADR1_HIT  = ((BASE_HIT==1'b1) && (LOCAL_ADR == ADR1_DEC));
assign   ADR2_HIT  = ((BASE_HIT==1'b1) && (LOCAL_ADR == ADR2_DEC));
assign   ADR3_HIT  = ((BASE_HIT==1'b1) && (LOCAL_ADR == ADR3_DEC));
assign   NO_HIT    = ((ADR0_HIT==1'b0) && (ADR1_HIT==1'b0) && (ADR2_HIT==1'b0) && (ADR3_HIT==1'b0));
// データ選択
always@(LOCAL_ADR or BASE_HIT
        or ADR0_HIT or ADR0_RDATA
        or ADR1_HIT or ADR1_RDATA
        or ADR2_HIT or ADR2_RDATA
        or ADR3_HIT or ADR3_RDATA)
  begin
     for(i=0;i<=DATA_WIDTH-1;i=i+1)
        DATA_TMP[i] =1'b0;              // デフォルト値の代入
     if (BASE_HIT==1'b1)
        begin
          if (ADR0_HIT ==1'b1)           // else節のないif文
             DATA_TMP =ADR0_RDATA;
          if (ADR1_HIT ==1'b1)
             DATA_TMP =ADR1_RDATA;
          if (ADR2_HIT ==1'b1)
             DATA_TMP =ADR2_RDATA;
          if (ADR3_HIT ==1'b1)
             DATA_TMP =ADR3_RDATA;
        end
     DATA_OUT <= DATA_TMP;
  end
endmodule
```

データ・セレクタの記述

〔図2.60〕アドレスとベース・アドレスのビット数
ADR_WIDTH＝8，BASE_WIDTH＝6と設定した場合のアドレス構成である．アドレス幅は8ビットになる．MSB側の6ビットがベース・アドレスになる．残りの2ビットは，このブロック内で識別するローカル・アドレスになる．

```
            ADR_WIDTH
 ┌─────────────────────────────────────┐
 │ADR7│ADR6│ADR5│ADR4│ADR3│ADR2│ADR1│ADR0│
 └─────────────────────────────────────┘
 └──────ベース・アドレス──────┘└ローカル・アドレス┘
  ビット数＝BASE_WIDTH      ビット数＝ADR_WIDTH-BASE_WIDTH
```

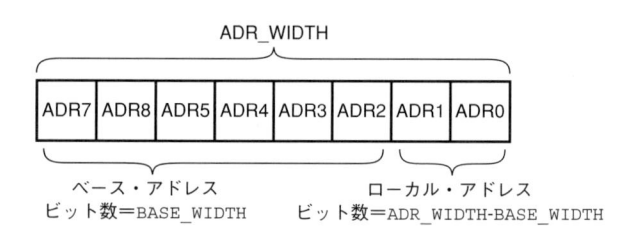

〔図2.61〕アドレス・デコーダのブロック図
アドレス・デコーダは，出力信号ごとに条件付き信号代入文で記述してある．データ・セレクタはprocess文で書いてある．

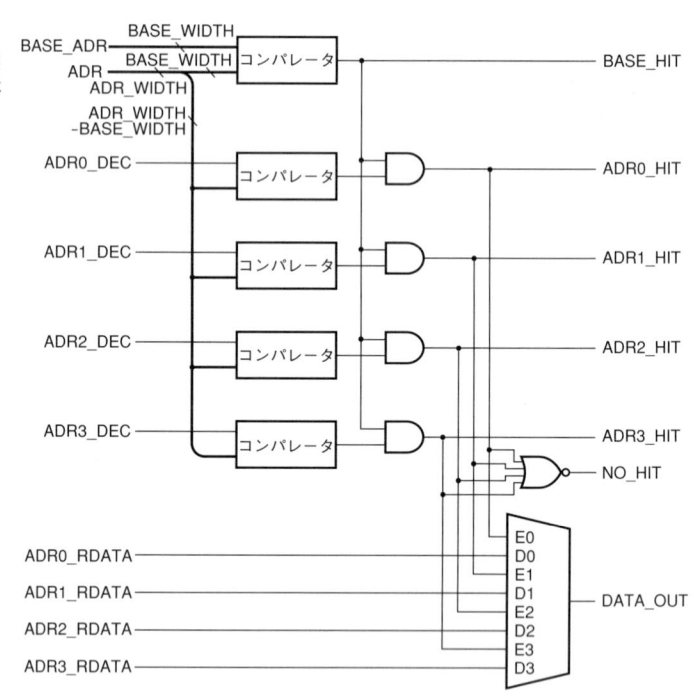

アドレス・デコーダは条件付き信号代入文で記述

　VHDLで組み合わせ回路を記述する場合，コンカレント信号代入文（条件付き信号代入文，選択信号代入文を含む）で表現する方法と，process文で表現する方法があります．コンカレント信号代入文は，右辺（代入式）に書かれた信号の変化にセンシティブに実行されるため，組み合わせ回路の記述に適します．組み合わせ回路をコンカレント信号代入文で記述する場合は，以下の点に注意が必要です．
(1) **一つの代入文で扱える出力信号（配列でもよい）は一つである．**
(2) **右辺（代入式）に左辺（被代入信号）が含まれる場合はループ構造になる．**

　(1)は文法からくる制約です．複雑な組み合わせ回路は作りにくいことになります．(2)は文法上の問題ではありませんが，回路の構造に関係します．通常は，組み合わせ回路での信号ループは禁止です．他の組み合わせ回路を経由してから参照される場合も同様です．

　ここでは，出力信号ごとに条件付き代入文で記述してあります（**図2.61**）．BASE_HIT_Sは，ベース・アドレスが一致した場合に'1'になります．ADR0_HIT_Sは，ベース・アドレスが一致して，なおかつローカ

ル・アドレスが一致した場合に '1' になります．

データ・セレクタはprocess文で記述

VHDLモデルのデータ・セレクタは，process文で書いてあります（リスト2.78）．複雑な組み合わせ回路を記述する場合はシーケンシャル構文が使えるprocess文が適しています．ただし，process文で組み合わせ回路を記述するためには，いくつかの注意点があります．

(1) センシティビティ・リストにprocess文の中で参照するすべての信号を書く．
(2) どのような条件でも必ず信号代入が実行される．
(3) process文で被代入信号になる信号（組み合わせ回路の出力）はそのprocess文の中では参照しない．

(1)はVHDLモデルの動作を組み合わせ回路と同じにするための制約です．組み合わせ回路は入力信号が変化すると動作するので，process文のセンシティビティ・リストに参照するすべての信号を記述します．(2)は組み合わせ回路の中にラッチが生成されることを防ぐための制約です．代入が実行されない条件があった場合，その条件では値が保存されるため，ラッチを含んだ回路が生成されます．(3)はコンカレント信号代入文の場合と同じように，ループ構造を作らないための制約です．

ここではデータ・セレクタの機能をprocess文で記述してあります．記述の中では，else節のないif文を使用しています．このif文は，条件が成立しない場合は代入を実行しません．そこでif文の手前の代入文でデフォルト値を代入しています．if文の条件が成立しない場合は，手前の代入文のデフォルト値が使われます．こうしてラッチの生成を防止しています．

Verilog HDLモデルのデータ・セレクタはalways文で書いてあります（リスト2.63）．always文で組み合わせ回路を書く場合の注意点はVHDLのprocess文で書く場合と同じです．

26 クロック同期アドレス/データ多重バス・インターフェース

- 作成者名：横溝憲治
- サンプル記述：リスト2.62（adr_dec.vhd），リスト2.63（adr_dec.v）リスト2.64（admux_busif.vhd），
  リスト2.65（bus_reg.vhd），リスト2.66（admux_busif.v），リスト2.67（bus_reg.v）
- モデルの種類：RTLモデル
- 検証に使用したシミュレータ：PeakVHDL（VHDL），VeriLogger Pro（Verilog HDL）
- 端子表
  入力：CLK，RSTN，ADR_ENB，DAT_ENB，WR，ERR_IN1，ERR_IN2，IO3_DATA_I
  出力：IO3_DATA_O，IO3_W
  双方向：AD（アドレス・データ・バス）

クロック同期アドレス/データ多重バスのインターフェース回路について解説します（図2.62，図2.63）．アドレス・デコーダとデータ・セレクタは，「25.アドレス・デコーダ」のADR_DEC（adr_dec.vhd，adr_dec.v）を利用しています．

〔リスト2.64〕クロック同期アドレス/データ多重バス・インターフェースのVHDL記述①（admux_busif.vhd）

```vhdl
library IEEE;
    use IEEE.std_logic_1164.all;
    use IEEE.std_logic_unsigned.all;
entity ADMUX_BUSIF is
generic(
        ADR_WIDTH:integer:=8;
        BASE_WIDTH:integer:=6;
        DATA_WIDTH:integer:=8
        );
port(
       CLK    : in std_logic;
       RSTN   : in std_logic;
       ADR_ENB: in std_logic;
       DAT_ENB: in std_logic;
       WR     : in std_logic;
       AD     : inout std_logic_vector(7 downto 0);
       ERR_IN1: in std_logic_vector(7 downto 0);
       ERR_IN2: in std_logic_vector(7 downto 0);
       IO3_W   : out std_logic;
       IO3_DATA_I:in  std_logic_vector(7 downto 0);
       IO3_DATA_O:out std_logic_vector(7 downto 0)
       );
end ADMUX_BUSIF;

Architecture RTL of ADMUX_BUSIF is
    signal RDATA : std_logic_vector( 7 downto 0);
    signal ADR_REG: std_logic_vector( 7 downto 0);
    signal REG0,REG1,REG2,REG3 : std_logic_vector( 7 downto 0);
    signal BASE_ADR_HIT :std_logic ;
    signal HIT0,HIT1,HIT2,HIT3 : std_logic ;              -- アドレス・ヒット
    signal AD_OE  : std_logic ;
    signal STAT_REG :std_logic_vector(1 downto 0);
    signal NEXT_STAT:std_logic_vector(1 downto 0);
    signal BASE_ADR:std_logic_vector(BASE_WIDTH-1 downto 0);
    signal ADR0_DEC :std_logic_vector(ADR_WIDTH-BASE_WIDTH-1 downto 0);
    signal ADR1_DEC :std_logic_vector(ADR_WIDTH-BASE_WIDTH-1 downto 0);
    signal ADR2_DEC :std_logic_vector(ADR_WIDTH-BASE_WIDTH-1 downto 0);
    signal ADR3_DEC :std_logic_vector(ADR_WIDTH-BASE_WIDTH-1 downto 0);
    signal IDLE    :std_logic_vector(1 downto 0);
    signal WRITE   :std_logic_vector(1 downto 0);
    signal READ    :std_logic_vector(1 downto 0);
    signal READ_END:std_logic_vector(1 downto 0);

    constant BASE_ADR_C:std_logic_vector(BASE_WIDTH-1 downto 0):="111111";
    constant ADR0_DEC_C :std_logic_vector(ADR_WIDTH-BASE_WIDTH-1 downto 0):="00";
    constant ADR1_DEC_C :std_logic_vector(ADR_WIDTH-BASE_WIDTH-1 downto 0):="01";
    constant ADR2_DEC_C :std_logic_vector(ADR_WIDTH-BASE_WIDTH-1 downto 0):="10";
    constant ADR3_DEC_C :std_logic_vector(ADR_WIDTH-BASE_WIDTH-1 downto 0):="11";
    constant IDLE_C    :std_logic_vector(1 downto 0):="00";
    constant WRITE_C   :std_logic_vector(1 downto 0):="01";
    constant READ_C    :std_logic_vector(1 downto 0):="10";
    constant READ_END_C:std_logic_vector(1 downto 0):="11";
    component ADR_DEC   -- 1
      generic(
```

[リスト2.64] クロック同期アドレス/データ多重バス・インターフェースのVHDL記述①(admux_busif.vhd)(つづき)

```vhdl
            ADR_WIDTH:integer;
            BASE_WIDTH:integer;
            DATA_WIDTH:integer
            );
        port(
            ADR       :in std_logic_vector(ADR_WIDTH-1 downto 0);
            BASE_ADR  :in std_logic_vector(BASE_WIDTH-1 downto 0);
            BASE_HIT  :out std_logic;
            ADR0_DEC  :in std_logic_vector(ADR_WIDTH-BASE_WIDTH-1 downto 0);
            ADR0_HIT  :out std_logic;
            ADR0_RDATA:in std_logic_vector(DATA_WIDTH-1 downto 0);
            ADR1_DEC  :in std_logic_vector(ADR_WIDTH-BASE_WIDTH-1 downto 0);
            ADR1_HIT  :out std_logic;
            ADR1_RDATA:in std_logic_vector(DATA_WIDTH-1 downto 0);
            ADR2_DEC  :in std_logic_vector(ADR_WIDTH-BASE_WIDTH-1 downto 0);
            ADR2_HIT  :out std_logic;
            ADR2_RDATA:in std_logic_vector(DATA_WIDTH-1 downto 0);
            ADR3_DEC  :in std_logic_vector(ADR_WIDTH-BASE_WIDTH-1 downto 0);
            ADR3_HIT  :out std_logic;
            ADR3_RDATA:in std_logic_vector(DATA_WIDTH-1 downto 0);
            DATA_OUT  :out std_logic_vector(DATA_WIDTH-1 downto 0);
            NO_HIT    :out std_logic
                );
    end  component;
    component BUS_REG  -- 1
        port(
            CLK    : in std_logic;
            RSTN   : in std_logic;
            DATA   : in std_logic_vector(7 downto 0);
            HIT0,HIT1,HIT2,HIT3 :in std_logic ;
            REG0,REG1,REG2:out std_logic_vector( 7 downto 0);
            STAT_REG :in std_logic_vector(1 downto 0);
            IDLE,WRITE,READ,READ_END:in std_logic_vector(1 downto 0);
            ERR_IN1: in std_logic_vector(7 downto 0);
            ERR_IN2: in std_logic_vector(7 downto 0);
            IO3_W   : out std_logic;
            IO3_DATA_O:out std_logic_vector(7 downto 0)
              );
    end  component;

    begin
BASE_ADR <= BASE_ADR_C;
ADR0_DEC <= ADR0_DEC_C;
ADR1_DEC <= ADR1_DEC_C;
ADR2_DEC <= ADR2_DEC_C;
ADR3_DEC <= ADR3_DEC_C;
IDLE <= IDLE_C;
WRITE <= WRITE_C;
READ <= READ_C;
READ_END <= READ_END_C;
-- バス制御
AD  <= RDATA when AD_OE ='1' else "ZZZZZZZZ";
-- ステート・マシン
process (STAT_REG,ADR_ENB,DAT_ENB,WR)           -- 制御回路
```

[リスト2.64] クロック同期アドレス/データ多重バス・インターフェースのVHDL記述①（admux_busif.vhd）（つづき）

```vhdl
begin
   case STAT_REG is           -- 2
      when IDLE =>
         if (ADR_ENB ='0') then
            if (WR='1') then
               NEXT_STAT  <= WRITE;
            else
               NEXT_STAT  <= READ;
            end if;
         else
            NEXT_STAT  <= IDLE;
         end if;
      when WRITE =>
         if (DAT_ENB ='0') then
            NEXT_STAT <= IDLE ;
         else
            NEXT_STAT <= WRITE;
         end if;
      when READ =>
         if (DAT_ENB ='0') then
            NEXT_STAT <= READ_END ;
         else
            NEXT_STAT <= READ;
         end if;
      when READ_END =>
         NEXT_STAT <= IDLE ;
      when others =>
         NEXT_STAT <= IDLE;
   end case;
end process;

process(CLK,RSTN)                        -- 制御回路の状態レジスタ
begin
   if (RSTN='0') then
      STAT_REG <= IDLE ;
   elsif(CLK'event and CLK='1') then
      STAT_REG <=NEXT_STAT;
   end if;
end process;

AD_OE <= '1' when ((BASE_ADR_HIT ='1') and (STAT_REG=READ)) else '0';
-- アドレス保持
process(CLK,RSTN)
begin
   if(RSTN = '0') then                   -- リセット
      ADR_REG <="00000000";
   elsif(CLK'event and CLK = '1')  then
      if ADR_ENB ='0' then
         ADR_REG <= AD;
      end if;
   end if;
end process;
```

制御回路の記述

〔リスト2.64〕クロック同期アドレス/データ多重バス・インターフェースのVHDL記述①(admux_busif.vhd)(つづき)

```
DECODER: ADR_DEC generic map(
                  ADR_WIDTH   => ADR_WIDTH
                 ,BASE_WIDTH => BASE_WIDTH
                 ,DATA_WIDTH => DATA_WIDTH
             )
                 port map (
                  ADR => ADR_REG
                 ,BASE_ADR =>BASE_ADR,   BASE_HIT=> BASE_ADR_HIT
                 ,ADR0_DEC =>ADR0_DEC,  ADR0_HIT=>HIT0  ,ADR0_RDATA => REG0
                 ,ADR1_DEC =>ADR1_DEC,  ADR1_HIT=>HIT1  ,ADR1_RDATA => REG1
                 ,ADR2_DEC =>ADR2_DEC,  ADR2_HIT=>HIT2  ,ADR2_RDATA => REG2
                 ,ADR3_DEC =>ADR3_DEC,  ADR3_HIT=>HIT3  ,ADR3_RDATA => IO3_DATA_I
                 ,DATA_OUT =>RDATA ,NO_HIT => open  );

REG: BUS_REG
                 port map (
                  CLK   => CLK
                 ,RSTN  => RSTN
                 ,DATA  => AD
                 ,HIT0  => HIT0
                 ,HIT1  => HIT1
                 ,HIT2  => HIT2
                 ,HIT3  => HIT3
                 ,REG0  => REG0
                 ,REG1  => REG1
                 ,REG2  => REG2
                 ,STAT_REG => STAT_REG
                 ,IDLE => IDLE
                 ,READ => READ
                 ,READ_END => READ_END
                 ,WRITE => WRITE
                 ,ERR_IN1  => ERR_IN1
                 ,ERR_IN2  => ERR_IN2
                 ,IO3_W    => IO3_W
                 ,IO3_DATA_O => IO3_DATA_O
             );
end RTL;
```

〔リスト2.65〕クロック同期アドレス/データ多重バス・インターフェースのVHDL記述②(bus_reg.vhd)

```
library IEEE;
    use IEEE.std_logic_1164.all;
    use IEEE.std_logic_unsigned.all;
entity BUS_REG is
port(
    CLK     : in std_logic;
    RSTN    : in std_logic;
    DATA    : in std_logic_vector(7 downto 0);
    HIT0,HIT1,HIT2,HIT3 :in std_logic ;
    STAT_REG :in std_logic_vector(1 downto 0);
    IDLE,WRITE,READ,READ_END:in std_logic_vector(1 downto 0);
    REG0,REG1,REG2 :out std_logic_vector(7 downto 0);
```

〔リスト2.65〕クロック同期アドレス/データ多重バス・インターフェースのVHDL記述②(bus_reg.vhd)(つづき)

```vhdl
        ERR_IN1: in std_logic_vector(7 downto 0);
        ERR_IN2: in std_logic_vector(7 downto 0);
        IO3_W   : out std_logic;
        IO3_DATA_O:out std_logic_vector(7 downto 0)
                );
end BUS_REG;

Architecture RTL of BUS_REG is
    signal   REG_0,REG_1,REG_2,REG_3 : std_logic_vector( 7 downto 0);
begin
REG0 <= REG_0;
REG1 <= REG_1;
REG2 <= REG_2;

process(CLK,RSTN)
begin
    if(RSTN = '0') then                    -- リセット
       REG_0    <= "00000000";
    elsif(CLK'event and CLK = '1') then
       if (HIT0 ='1') then
          if (STAT_REG=WRITE) then         -- 書き込みアクセス
             REG_0<= DATA;                 -- データの取り込み
          else
             REG_0<= REG_0 ;
          end if;
       else
          REG_0<= REG_0 ;
       end if;
    end if;
end process;

process(CLK,RSTN)
begin
    if(RSTN = '0') then                    -- リセット
       REG_1    <= "00000000";
    elsif(CLK'event and CLK = '1') then
       if (HIT1 ='1')   then
          if (STAT_REG=WRITE) then
             REG_1 <= ERR_IN1 or REG_1 ;
          elsif (STAT_REG=READ_END)then    -- 読み出し終了
             REG_1 <= ERR_IN1;             -- データ・クリア
          else
             REG_1 <= ERR_IN1 or REG_1 ;   -- エラー保持
          end if;
       else
         REG_1 <= ERR_IN1 or REG_1 ;       -- エラー保持
       end if;
    end if;
end process;

process(CLK,RSTN)
begin
   if(RSTN = '0') then                     -- リセット
      REG_2    <= "00000000";
```

リード/ライト・レジスタ (REG0)の記述

リード・クリア・レジスタ (REG1)の記述

〔リスト2.65〕クロック同期アドレス/データ多重バス・インターフェースのVHDL記述②(bus_reg.vhd)(つづき)

```vhdl
      elsif(CLK'event and CLK = '1')   then
         if (HIT2 ='1') then
            if(STAT_REG=WRITE) then
               REG_2<= REG_2 and DATA;
            elsif (STAT_REG=READ) then
               REG_2 <= ERR_IN2 or REG_2;
            else
               REG_2 <= ERR_IN2 or REG_2;
            end if;
         else
            REG_2 <= ERR_IN2 or REG_2 ;
         end if;
      end if;
end process;

process(CLK,RSTN)
begin
   if(RSTN = '0') then                    -- リセット
      REG_3       <= "00000000";
      IO3_W <='0';
   elsif(CLK'event and CLK = '1')   then
      if (HIT3 ='1') then
         if (STAT_REG=WRITE) then
            IO3_W <='1'; REG_3 <= DATA;
         else
            IO3_W <='0'; REG_3 <=REG_3;
         end if;
      else
         IO3_W <='0'; REG_3 <= REG_3 ;
      end if;
   end if;
end process;

IO3_DATA_O <= REG_3;

end RTL;
```

ライト・クリア・レジスタ(REG2)の記述

ライト，リード別機能レジスタ(REG3)の記述

〔リスト2.66〕クロック同期アドレス/データ多重バス・インターフェースのVerilog HDL記述①(admux_busif.v)

```verilog
module  ADMUX_BUSIF(CLK,RSTN,ADR_ENB,DAT_ENB,WR,AD
                   ,ERR_IN1,ERR_IN2,IO3_DATA_I,IO3_W,IO3_DATA_O);
input    CLK,RSTN,ADR_ENB,DAT_ENB,WR;
inout [7:0] AD;
input [7:0] ERR_IN1,ERR_IN2;
input [7:0] IO3_DATA_I;
output      IO3_W;
output[7:0] IO3_DATA_O;

wire [7:0] RDATA;
reg  [7:0] ADR_REG;
wire [7:0] REG0,REG1,REG2,REG3;
wire    BASE_ADR_HIT;
```

[リスト2.66] クロック同期アドレス/データ多重バス・インターフェースのVerilog HDL記述①(admux_busif.v)(つづき)

```verilog
   wire    HIT0,HIT1,HIT2,HIT3;
   wire    AD_OE ;
   reg     [1:0] STAT_REG;
   parameter [1:0] IDLE=2'b00;
   parameter [1:0] WRITE=2'b01;
   parameter [1:0] READ=2'b10;
   parameter [1:0] READ_END=2'b11;

// バス制御
   assign AD  = ( AD_OE ==1'b1)? RDATA : 8'bZZZZZZZZ;

// ステート・マシン
   function [1:0] NEXT_STAT;
      input [1:0] STAT_REG;
      input ADR_ENB,DAT_ENB,WR;
      begin
         case (STAT_REG)
            IDLE:
               if (ADR_ENB ==1'b0)
                  if (WR==1'b1)
                     NEXT_STAT  = WRITE;
                  else
                     NEXT_STAT  = READ;
               else
                  NEXT_STAT  = IDLE;
            WRITE:
               if (DAT_ENB ==1'b0)
                  NEXT_STAT = IDLE ;
               else
                  NEXT_STAT = WRITE;
            READ:
               if (DAT_ENB ==1'b0)
                  NEXT_STAT = READ_END ;
               else
                  NEXT_STAT = READ;
            READ_END:
               NEXT_STAT = IDLE ;
            default:
               NEXT_STAT = IDLE;
         endcase
      end
endfunction

always@(posedge CLK or negedge RSTN)
begin
   if (RSTN==1'b0)
      STAT_REG <= IDLE ;
   else
      STAT_REG <= NEXT_STAT(STAT_REG,ADR_ENB,DAT_ENB,WR);
end

assign AD_OE = ((BASE_ADR_HIT==1'b1) && (STAT_REG==READ));

// アドレス保持
```

〔リスト2.66〕クロック同期アドレス/データ多重バス・インターフェースのVerilog HDL記述①（admux_busif.v）（つづき）

```
always@(posedge CLK or posedge RSTN)
begin
    if(RSTN == 1'b0)
        ADR_REG <=8'b00000000;
    else
        if (ADR_ENB == 1'b0)
            ADR_REG <= AD;
end

ADR_DEC ADR_DEC(
            .ADR(ADR_REG)
           ,.BASE_ADR(6'b111111),.BASE_HIT(BASE_ADR_HIT)
           ,.ADR0_DEC(2'b00),.ADR0_HIT(HIT0)   ,.ADR0_RDATA(REG0)
           ,.ADR1_DEC(2'b01),.ADR1_HIT(HIT1)   ,.ADR1_RDATA(REG1)
           ,.ADR2_DEC(2'b10),.ADR2_HIT(HIT2)   ,.ADR2_RDATA(REG2)
           ,.ADR3_DEC(2'b11),.ADR3_HIT(HIT3)   ,.ADR3_RDATA(IO3_DATA_I)
           ,.DATA_OUT(RDATA),.NO_HIT());

BUS_REG BUS_REG(
                .CLK (CLK)
               ,.RSTN(RSTN)
               ,.DATA(AD)
               ,.HIT0(HIT0)
               ,.HIT1(HIT1)
               ,.HIT2(HIT2)
               ,.HIT3(HIT3)
               ,.REG0(REG0)
               ,.REG1(REG1)
               ,.REG2(REG2)
               ,.STAT_REG(STAT_REG)
               ,.IDLE(IDLE)
               ,.READ(READ)
               ,.READ_END(READ_END)
               ,.WRITE(WRITE)
               ,.ERR_IN1(ERR_IN1)
               ,.ERR_IN2(ERR_IN2)
               ,.IO3_W(IO3_W)
               ,.IO3_DATA_O(IO3_DATA_O));
endmodule
```

〔リスト2.67〕クロック同期アドレス/データ多重バス・インターフェースのVerilog HDL記述②（bus_reg.v）

```
module BUS_REG (CLK,RSTN,DATA,HIT0,HIT1,HIT2,HIT3
              ,STAT_REG,IDLE,WRITE,READ,READ_END
              ,REG0,REG1,REG2 ,ERR_IN1,ERR_IN2
              ,IO3_W,IO3_DATA_O);
input    CLK,RSTN;
input [7:0] DATA;
input HIT0,HIT1,HIT2,HIT3;
input [1:0] STAT_REG;
input [1:0] IDLE,WRITE,READ,READ_END;
output[7:0] REG0,REG1,REG2;
```

[リスト2.67] クロック同期アドレス/データ多重バス・インターフェースのVerilog HDL記述②(bus_reg.v)(つづき)

```verilog
input  [7:0] ERR_IN1,ERR_IN2;
output IO3_W;
output [7:0]IO3_DATA_O;

reg [7:0] REG0,REG1,REG2,REG3;
reg IO3_W;


always@(posedge CLK or negedge RSTN)
begin
   if(RSTN == 1'b0)                    // リセット
      REG0     <= 8'b00000000;
   else
      if (HIT0 ==1'b1)
         if (STAT_REG==WRITE)
            REG0<= DATA;
         else
            REG0<= REG0 ;
      else
         REG0<= REG0 ;
end

always@(posedge CLK or negedge RSTN)
begin
   if(RSTN == 1'b0)
      REG1     <= 8'b00000000;
   else
      if (HIT1 == 1'b1)
         if (STAT_REG==READ_END)
            REG1 <= ERR_IN1;
         else
            REG1 <= ERR_IN1 | REG1 ;
      else
        REG1 <= ERR_IN1 | REG1 ;
end

always@(posedge CLK or negedge RSTN)
begin
   if(RSTN == 1'b0)
      REG2     <= 8'b00000000;
   else
      if (HIT2 == 1'b1)
         if(STAT_REG==WRITE)
            REG2<= REG2 & DATA;
         else
            REG2 <= ERR_IN2 | REG2;
      else
         REG2 <= ERR_IN2 | REG2;
end

always@(posedge CLK or negedge RSTN)
begin
   if(RSTN == 1'b0)
      begin
```

[リスト2.67] クロック同期アドレス/データ多重バス・インターフェースのVerilog HDL記述②(bus_reg.v)(つづき)

```verilog
                REG3 <=8'b00000000;
                IO3_W <=1'b0;
            end
        else
            if (HIT3==1'b1)
                if (STAT_REG==WRITE)
                    begin
                        IO3_W <=1'b1;
                        REG3 <= DATA;
                    end
                else
                    begin
                        IO3_W <=1'b0;
                        REG3 <=REG3;
                    end
            else
                begin
                    IO3_W <=1'b0;
                    REG3 <= REG3 ;
                end
    end

assign IO3_DATA_O = REG3;

endmodule
```

[図2.62]
アドレス/データ多重バス・インターフェースのブロック図

制御回路,アドレス・デコーダ(ADR_DEC),レジスタ(BUS_REG)で構成されている.制御回路はバス・プロトコルの監視,および制御信号の生成を行っている.ADR_DECはアドレス・デコーダとデータ・セレクタである.BUS_REGは,バスからアクセスされるレジスタである.

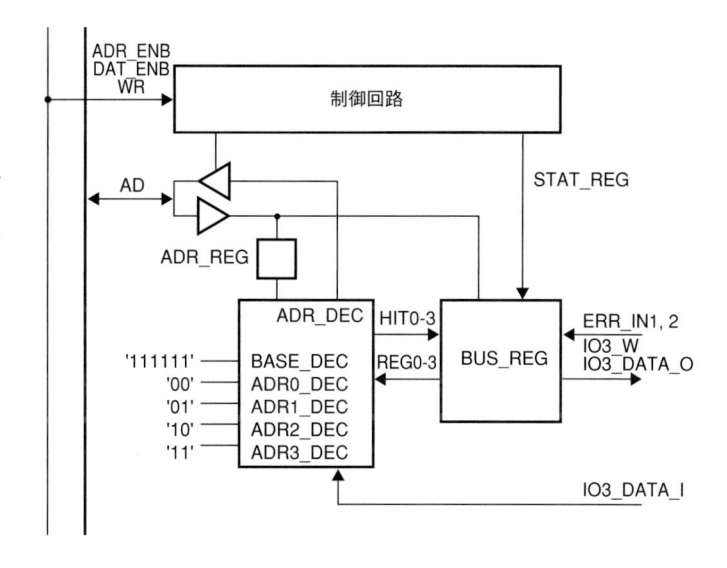

〔図2.63〕アドレス/データ多重バス・インターフェースのタイム・チャート
1回目のアクセスはアドレス"FC"に"55"を書き込んでいる．次のアクセスでは，アドレス"FC"を読み出している．その次のアクセスはアドレス"FD"の読み出しである．このアドレスのレジスタはリード・クリア・タイプなので，読み出し後の値が"00"になる．

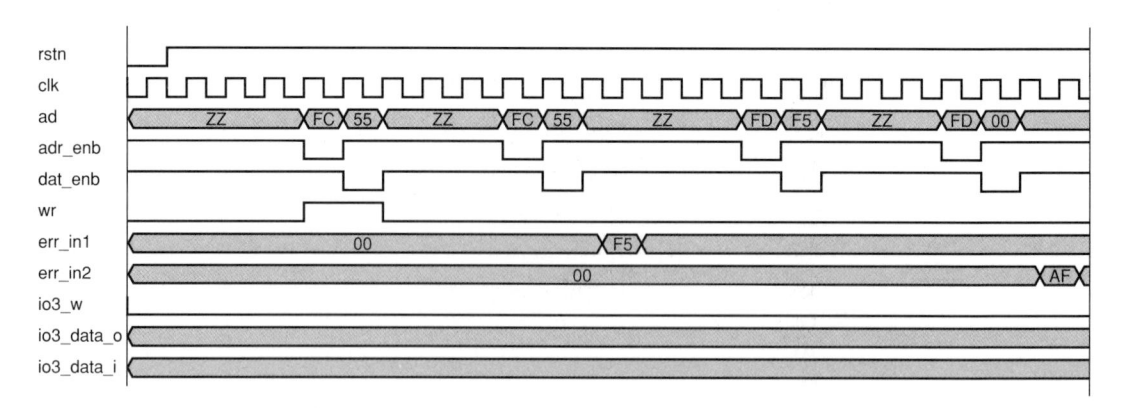

〔図2.64〕制御回路の状態遷移図
バスからの制御信号によって状態が遷移する．READ_ENDは，読み出し後にデータをクリアするレジスタのために用意してある．READ_ENDは，次のクロックで無条件にIDLEへ遷移する．

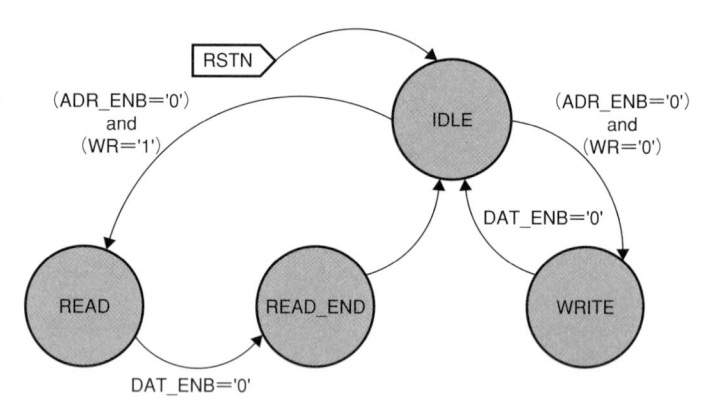

ステート・マシンでバス・プロトコルを監視

制御回路ではステート・マシンを使ってバスのプロトコルを監視しています（リスト2.64）．ステート・マシンを図2.64に示します．バスのプロトコルは，以下の仕様を想定しています．
- ADR_ENB='0'のときは，アドレス・フェーズ．ADはアドレス値．
- DAT_ENB='0'のときは，データ・フェーズ．ADはデータ値．
- WR='0'のときはリード・モードで，データ・フェーズではデータをADへ出力．
- WR='1'のときはライト・モードで，データ・フェーズではADからデータを入力．
- アクセスはアドレス・フェーズ，データ・フェーズの順序．

port mapの信号の並び順をくふうして読みやすくする

アドレス・デコーダのデコード値は，port mapで固定値を指定してあります．portに固定値を直接指定できるのはVHDL93からです．VHDL87では，固定値を代入したsignalをportに接続する必要があり

ます．port mapの信号の並び順をアドレス値，デコード結果出力先，選択データにして読みやすくくふうしてあります．port名のNO_HITは未使用出力なので，openが指定してあります．また，ジェネリックは，このモデルのビット数に合わせて指定してあります（**リスト2.68**）．

バスからアクセスされるレジスタは，動作の異なるいくつかのタイプを用意しました．レジスタは`BUS_REG`の中に入っています（**リスト2.65**）．`BUS_REG`は制御回路からの信号と`ADR_DEC`からの信号で制御されます．

リスト2.65の`REG0`はリード/ライト・レジスタです．`REG1`はリード・クリア・レジスタです．これはエラーが発生する（`ERR_IN1`で通知）とレジスタ値が'1'になり，読み出しアクセスを行うとレジスタ値が'0'に戻ります．また，データ・クリアのときのエラー発生に対処するため`ERR_IN1`を代入しています．`REG2`はライト・クリア・レジスタです．これはエラーが発生する（`ERR_IN2`で通知）とレジスタ値が'1'になり，書き込みアクセスで'0'を書き込むとレジスタ値が'0'に戻ります．

このほかライト，リード別機能レジスタ（`REG3`）もあります．これは読み出しアクセスのときに書き込みデータ用レジスタを見せるのではなく，別の信号を返します．レジスタの記述は`REG0`と同じですが，データ・セレクタに接続する信号が`REG3`ではなく別の信号になります．

〔リスト2.68〕コンポーネント・インスタンスの例

```
DECODER: ADR_DEC
    generic map(
        ADR_WIDTH => 8         -- アドレス・ビット数
       ,BASE_WIDTH => 6        -- ベース・アドレス・ビット数
       ,DATA_WIDTH => 8        -- データ・ビット数
    )
    port map (
        ADR => ADR_REG         --ベース・アドレス指定
       ,BASE_ADR =>"111111",  BASE_HIT=> BASE_ADR_HIT
                               --アドレス指定，デコード結果出力先，選択データ指定
       ,ADR0_DEC =>"00", ADR0_HIT=>HIT0, ADR0_RDATA => REG0
       ,ADR1_DEC =>"01", ADR1_HIT=>HIT1, ADR1_RDATA => REG1
       ,ADR2_DEC =>"10", ADR2_HIT=>HIT2, ADR2_RDATA => REG2
       ,ADR3_DEC =>"11", ADR3_HIT=>HIT3, ADR3_RDATA => IO3_DATA_I
       ,DATA_OUT =>RDATA       -- 選択後のデータ
       ,NO_HIT => open );      -- 未接続信号
```

27 クロック同期アドレス/データ分離バス・インターフェース

- 作成者名:横溝憲治(設計コンサルタント)
- サンプル記述:リスト2.62(adr_dec.vhd),リスト2.63(adr_dec.v),リスト2.65(bus_reg.vhd),
  リスト2.67(bus_reg.v),リスト2.69(busif.vhd),リスト2.70(busif.v)
- モデルの種類:RTLモデル
- 検証に使用したシミュレータ:PeakVHDL(VHDL),VeriLogger Pro(Verilog HDL)
- 端子表
  入力:CLK, RSTN, ADR, CSB, WENB, RENB, ERR_IN1, ERR_IN2, IO3_DATA_I
  出力:IO3_DATA_O, IO3_W
  双方向:DATA

クロックに同期したアドレス/データ分離バスとのインターフェース回路について解説します(図2.65,図2.66).アドレス・デコーダ,データ・セレクタ,レジスタ(制御回路を除く)は,「26. クロック同期アドレス/データ多重バス・インターフェース」のデータを利用しています.

〔リスト2.69〕クロック同期アドレス/データ分離バス・インターフェースのVHDL記述(busif.vhd)

```vhdl
library IEEE;
    use IEEE.std_logic_1164.all;
    use IEEE.std_logic_unsigned.all;
entity BUSIF is
generic(
        ADR_WIDTH:integer:=8;
        BASE_WIDTH:integer:=6;
        DATA_WIDTH:integer:=8
        );

port(
        CLK     : in std_logic;
        RSTN    : in std_logic;
        CSB     : in std_logic;
        WENB    : in std_logic;
        RENB    : in std_logic;
        ADR     : in std_logic_vector(7 downto 0);
        DATA    : inout std_logic_vector(7 downto 0);
        -- LOCAL IF
        ERR_IN1: in std_logic_vector(7 downto 0);
        ERR_IN2: in std_logic_vector(7 downto 0);
        IO3_W   : out std_logic;
        IO3_DATA_I:in  std_logic_vector(7 downto 0);
        IO3_DATA_O:out std_logic_vector(7 downto 0)
            );
end BUSIF;
```

[リスト2.69] クロック同期アドレス/データ分離バス・インターフェースのVHDL記述（busif.vhd）（つづき）

```vhdl
Architecture RTL of BUSIF is
    signal    RDATA : std_logic_vector( 7 downto 0);
    signal    DATA_REG: std_logic_vector( 7 downto 0);
    signal    ADR_S  : std_logic_vector( 7 downto 0);
    signal    ADR_REG: std_logic_vector( 7 downto 0);
    signal    REG0,REG1,REG2,REG3 : std_logic_vector( 7 downto 0);
    signal    BASE_ADR_HIT :std_logic ;
    signal    HIT0,HIT1,HIT2,HIT3 : std_logic ;
    signal    DATA_OE  : std_logic ;
    signal    STAT_REG :std_logic_vector(1 downto 0);
    signal    NEXT_STAT:std_logic_vector(1 downto 0);
    signal    BASE_ADR:std_logic_vector(BASE_WIDTH-1 downto 0);
    signal    ADR0_DEC :std_logic_vector(ADR_WIDTH-BASE_WIDTH-1 downto 0);
    signal    ADR1_DEC :std_logic_vector(ADR_WIDTH-BASE_WIDTH-1 downto 0);
    signal    ADR2_DEC :std_logic_vector(ADR_WIDTH-BASE_WIDTH-1 downto 0);
    signal    ADR3_DEC :std_logic_vector(ADR_WIDTH-BASE_WIDTH-1 downto 0);
    signal    IDLE     :std_logic_vector(1 downto 0);
    signal    WRITE    :std_logic_vector(1 downto 0);
    signal    READ     :std_logic_vector(1 downto 0);
    signal    READ_END:std_logic_vector(1 downto 0);

    constant BASE_ADR_C:std_logic_vector(BASE_WIDTH-1 downto 0):="111111";
    constant ADR0_DEC_C :std_logic_vector(ADR_WIDTH-BASE_WIDTH-1 downto 0):="00";
    constant ADR1_DEC_C :std_logic_vector(ADR_WIDTH-BASE_WIDTH-1 downto 0):="01";
    constant ADR2_DEC_C :std_logic_vector(ADR_WIDTH-BASE_WIDTH-1 downto 0):="10";
    constant ADR3_DEC_C :std_logic_vector(ADR_WIDTH-BASE_WIDTH-1 downto 0):="11";
    constant IDLE_C    :std_logic_vector(1 downto 0):="00";
    constant WRITE_C   :std_logic_vector(1 downto 0):="01";
    constant READ_C    :std_logic_vector(1 downto 0):="10";
    constant READ_END_C:std_logic_vector(1 downto 0):="11";

    component ADR_DEC --1
generic(
        ADR_WIDTH:integer;
        BASE_WIDTH:integer;
        DATA_WIDTH:integer
        );
port(
        ADR      :in std_logic_vector(ADR_WIDTH-1 downto 0);
        BASE_ADR :in std_logic_vector(BASE_WIDTH-1 downto 0);
        BASE_HIT :out std_logic;
        ADR0_DEC :in std_logic_vector(ADR_WIDTH-BASE_WIDTH-1 downto 0);
        ADR0_HIT :out std_logic;
        ADR0_RDATA:in std_logic_vector(DATA_WIDTH-1 downto 0);
        ADR1_DEC :in std_logic_vector(ADR_WIDTH-BASE_WIDTH-1 downto 0);
        ADR1_HIT :out std_logic;
        ADR1_RDATA:in std_logic_vector(DATA_WIDTH-1 downto 0);
        ADR2_DEC :in std_logic_vector(ADR_WIDTH-BASE_WIDTH-1 downto 0);
        ADR2_HIT :out std_logic;
        ADR2_RDATA:in std_logic_vector(DATA_WIDTH-1 downto 0);
        ADR3_DEC :in std_logic_vector(ADR_WIDTH-BASE_WIDTH-1 downto 0);
        ADR3_HIT :out std_logic;
        ADR3_RDATA:in std_logic_vector(DATA_WIDTH-1 downto 0);
```

[リスト2.69] クロック同期アドレス/データ分離バス・インターフェースのVHDL記述（busif.vhd）（つづき）

```vhdl
            DATA_OUT :out std_logic_vector(DATA_WIDTH-1 downto 0);
            NO_HIT   :out std_logic
         );
      end component;
   component BUS_REG --1
      port(
         CLK    : in std_logic;
         RSTN   : in std_logic;
         DATA   : in std_logic_vector(7 downto 0);
         HIT0,HIT1,HIT2,HIT3 :in std_logic ;
         REG0,REG1,REG2:out std_logic_vector( 7 downto 0);
         STAT_REG :in std_logic_vector(1 downto 0);
         IDLE,WRITE,READ,READ_END:in std_logic_vector(1 downto 0);
         ERR_IN1: in std_logic_vector(7 downto 0);
         ERR_IN2: in std_logic_vector(7 downto 0);
         IO3_W   : out std_logic;
         IO3_DATA_O:out std_logic_vector(7 downto 0)
          );
   end component;
 begin
 BASE_ADR <= BASE_ADR_C;
 ADR0_DEC <= ADR0_DEC_C;
 ADR1_DEC <= ADR1_DEC_C;
 ADR2_DEC <= ADR2_DEC_C;
 ADR3_DEC <= ADR3_DEC_C;
 IDLE <= IDLE_C;
 WRITE <= WRITE_C;
 READ <= READ_C;
 READ_END <= READ_END_C;
-- ステート・マシン
process (STAT_REG,CSB,WENB,RENB)
begin
   case STAT_REG is   --2
      when IDLE =>
         if CSB ='0' then
            if (WENB='0') then
               NEXT_STAT   <= WRITE;
            elsif (RENB='0') then
               NEXT_STAT   <= READ;
            else
               NEXT_STAT   <= IDLE;
            end if;
         else
            NEXT_STAT   <= IDLE;
         end if;
      when WRITE =>
         if (WENB='1') then
            NEXT_STAT <= IDLE ;
         else
            NEXT_STAT   <= WRITE;
         end if;
      when READ =>
         if (RENB='1') then
            NEXT_STAT <= READ_END  ;
```

[リスト2.69] クロック同期アドレス/データ分離バス・インターフェースのVHDL記述（busif.vhd）（つづき）

```vhdl
                    else
                        NEXT_STAT <= READ;
                    end if;
                when READ_END =>
                    NEXT_STAT <= IDLE ;
                when others =>
                    NEXT_STAT <= IDLE;
            end case;
end process;

process(CLK,RSTN)
begin
    if (RSTN='0') then
        STAT_REG <= IDLE ;
    elsif(CLK'event and CLK='1') then
        STAT_REG <=NEXT_STAT;
    end if;
end process;

-- バス制御
DATA_OE <= '1' when ((BASE_ADR_HIT ='1') and (RENB='0')) else '0';
DATA    <= RDATA when DATA_OE ='1' else "ZZZZZZZZ";

-- データ
process(CLK,RSTN)
begin
    if(RSTN = '0') then                        -- リセット
        DATA_REG <="00000000";
        ADR_REG  <="00000000";
    elsif(CLK'event and CLK = '1')  then
        if WENB ='0' then
            DATA_REG <= DATA;
        end if;
        if ((WENB ='0')or(RENB ='0')) then
            ADR_REG <=ADR;
        end if;
    end if;
end process;

ADR_S <= ADR when ((WENB ='0')or(RENB ='0')) else ADR_REG;

DECODER: ADR_DEC generic map(
                    ADR_WIDTH  => ADR_WIDTH,
                    BASE_WIDTH => BASE_WIDTH,
                    DATA_WIDTH => DATA_WIDTH
                )
                port map (
                   ADR => ADR_S
                  ,BASE_ADR =>BASE_ADR,  BASE_HIT=> BASE_ADR_HIT
                  ,ADR0_DEC =>ADR0_DEC,  ADR0_HIT=>HIT0  ,ADR0_RDATA => REG0
                  ,ADR1_DEC =>ADR1_DEC,  ADR1_HIT=>HIT1  ,ADR1_RDATA => REG1
                  ,ADR2_DEC =>ADR2_DEC,  ADR2_HIT=>HIT2  ,ADR2_RDATA => REG2
                  ,ADR3_DEC =>ADR3_DEC,  ADR3_HIT=>HIT3  ,ADR3_RDATA => IO3_DATA_I
                  ,DATA_OUT =>RDATA ,NO_HIT => open );
```

〔リスト2.69〕クロック同期アドレス/データ分離バス・インターフェースのVHDL記述（busif.vhd）（つづき）

```
    -- レジスタ
    REG: BUS_REG port map (
                    CLK  => CLK
                   ,RSTN => RSTN
                   ,DATA => DATA_REG
                   ,HIT0 => HIT0
                   ,HIT1 => HIT1
                   ,HIT2 => HIT2
                   ,HIT3 => HIT3
                   ,REG0 => REG0
                   ,REG1 => REG1
                   ,REG2 => REG2
                   ,STAT_REG => STAT_REG
                   ,IDLE => IDLE
                   ,READ => READ
                   ,READ_END => READ_END
                   ,WRITE => WRITE
                   ,ERR_IN1  => ERR_IN1
                   ,ERR_IN2  => ERR_IN2
                   ,IO3_W    => IO3_W
                   ,IO3_DATA_O => IO3_DATA_O
                );
end RTL;
```

〔リスト2.70〕クロック同期アドレス/データ分離バス・インターフェースのVerilog HDL記述（busif.v）

```
module   BUSIF (CLK,RSTN,CSB,WENB,RENB,ADR,DATA
               ,ERR_IN1,ERR_IN2,IO3_DATA_I,IO3_W,IO3_DATA_O);

input    CLK,RSTN,CSB,WENB,RENB;
input    [7:0] ADR;
inout    [7:0] DATA;
input    [7:0] ERR_IN1,ERR_IN2;
input    [7:0] IO3_DATA_I;
output         IO3_W;
output[7:0] IO3_DATA_O;

wire     [7:0] RDATA ;
reg      [7:0] DATA_REG;
wire     [7:0] ADR_S;
reg      [7:0] ADR_REG;
wire     [7:0] REG0,REG1,REG2,REG3;
wire     BASE_ADR_HIT;
wire     HIT0,HIT1,HIT2,HIT3;
wire     DATA_OE ;
reg      [1:0] STAT_REG;
parameter [1:0] IDLE=2'b00;
parameter [1:0] WRITE=2'b01;
parameter [1:0] READ=2'b10;
parameter [1:0] READ_END=2'b11;
```

〔リスト2.70〕クロック同期アドレス/データ分離バス・インターフェースのVerilog HDL記述（busif.v）（つづき）

```verilog
// ステート・マシン
function [1:0] NEXT_STAT;                    // 制御回路（組み合わせ回路）
   input [1:0]STAT_REG;
   input   CSB,WENB,RENB;
begin
   case (STAT_REG)
      IDLE:
         if (CSB ==1'b0)
            if (WENB==1'b0)
               NEXT_STAT = WRITE;
            else
               if (RENB==1'b0)
                  NEXT_STAT = READ;
               else
                  NEXT_STAT = IDLE;
         else
            NEXT_STAT = IDLE;
      WRITE:
         if (WENB==1'b1)
            NEXT_STAT = IDLE ;
         else
            NEXT_STAT = WRITE;
      READ:
         if (RENB==1'b1)
            NEXT_STAT = READ_END  ;
         else
            NEXT_STAT = READ;
      READ_END:
         NEXT_STAT = IDLE ;
      default :
         NEXT_STAT = IDLE;
      endcase
   end
endfunction

always@(posedge CLK or posedge RSTN)         // 状態レジスタ
begin
   if (RSTN==1'b0)
      STAT_REG <= IDLE ;
   else
      STAT_REG <=NEXT_STAT(STAT_REG,CSB,WENB,RENB);
end

// バス制御
assign DATA_OE = ((BASE_ADR_HIT==1'b1) & (RENB==1'b0));
assign DATA    = (DATA_OE==1'b1)? RDATA:8'bZZZZZZZZ;

// データ
always@(posedge CLK or posedge RSTN)
begin
   if(RSTN == 1'b0)
      begin
         DATA_REG <=8'b00000000;
         ADR_REG  <=8'b00000000;
```

制御回路の記述

〔リスト2.70〕クロック同期アドレス/データ分離バス・インターフェースのVerilog HDL記述（busif.v）（つづき）

```
        end
    else
      begin
        if (WENB==1'b0)
            DATA_REG <= DATA;
        if ((WENB==1'b0)|(RENB==1'b0))
            ADR_REG <=ADR;
      end
end

assign ADR_S = ((WENB==1'b0)|(RENB==1'b0))? ADR:ADR_REG;

ADR_DEC ADR_DEC(
            .ADR(ADR_S)
           ,.BASE_ADR(6'b111111),.BASE_HIT(BASE_ADR_HIT)
           ,.ADR0_DEC(2'b00),.ADR0_HIT(HIT0)  ,.ADR0_RDATA(REG0)
           ,.ADR1_DEC(2'b01),.ADR1_HIT(HIT1)  ,.ADR1_RDATA(REG1)
           ,.ADR2_DEC(2'b10),.ADR2_HIT(HIT2)  ,.ADR2_RDATA(REG2)
           ,.ADR3_DEC(2'b11),.ADR3_HIT(HIT3)  ,.ADR3_RDATA(IO3_DATA_I)
           ,.DATA_OUT(RDATA),.NO_HIT());

BUS_REG BUS_REG(
             .CLK (CLK)
            ,.RSTN(RSTN)
            ,.DATA(DATA_REG)
            ,.HIT0(HIT0)
            ,.HIT1(HIT1)
            ,.HIT2(HIT2)
            ,.HIT3(HIT3)
            ,.REG0(REG0)
            ,.REG1(REG1)
            ,.REG2(REG2)
            ,.STAT_REG(STAT_REG)
            ,.IDLE(IDLE)
            ,.READ(READ)
            ,.READ_END(READ_END)
            ,.WRITE(WRITE)
            ,.ERR_IN1(ERR_IN1)
            ,.ERR_IN2(ERR_IN2)
            ,.IO3_W(IO3_W)
            ,.IO3_DATA_O(IO3_DATA_O));

endmodule
```

多重バスと同様にステート・マシンでバス制御

　制御回路ではステート・マシンを使ってバスのプロトコルを監視しています．ステート・マシンを図2.67に示します．バスのプロトコルは，以下のような仕様を想定しています．
- CSB='0'かつRENB='0'のときはリード・モードで，ADRで示された番地の情報をDATAへ出力．
- CSB='0'かつWENB='0'のときはライト・モードで，ADRで示された番地にDATAを入力．

[図2.65] アドレス/データ分離バス・インターフェースのブロック図

制御回路，アドレス・デコーダ(ADR_DEC)，レジスタ(BUS_REG)で構成される．制御回路はバス・プロトコルの監視，および制御信号の生成を行っている．ADR_DEC，BUS_REGは，ADMUX_BUS(アドレス/データ多重バス・インターフェース)と共通のモデルを使用している．

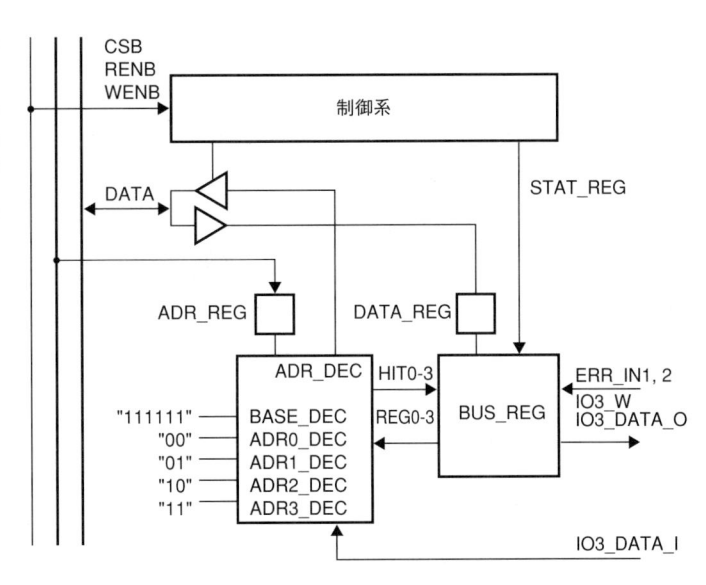

[図2.66] アドレス/データ分離バス・インターフェースのタイム・チャート

1回目のアクセスはアドレス"FE"から"0F"を読み出している．この値はERR_IN2によって設定されている．次にアドレス"FE"に"F5"を書き込んでいる．このアドレスのレジスタはライト・クリア・タイプなので，'0'を書き込んだビットのみ'0'になり，'1'を書き込んだビットの値は変化しない．アドレス"FF"への書き込み値は，IO3_DATA_Oの値になる．アドレス"FF"の読み出しでは，IO3_DATA_Iの値が読み出される．

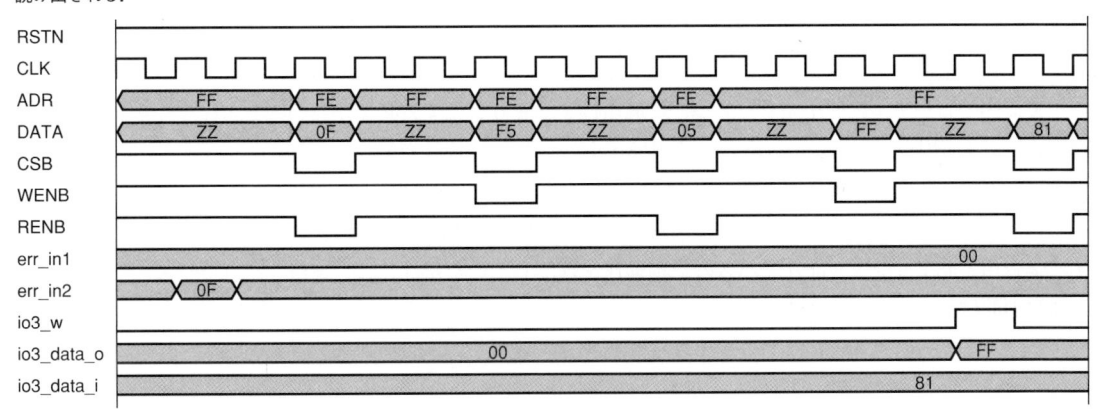

- RENB='0'かつWENB='0'のときはライト・モードとする．

リスト2.70のVerilog HDLによる記述では，組み合わせ回路をfunctionで記述しています．

再利用を考慮して機能分割

ADR_DECとBUS_REGは，バスのプロトコルに依存する処理を排除して設計しました．このため，制御回路を変更することで，別のプロトコルに対応することが可能です．また，制御回路はアドレスやデータに依存する機能を入れていないので，同じバスに接続される別の回路でも再利用可能です．

〔図2.67〕制御回路のステート・マシン
バスからの制御信号によって状態が遷移する．READ_END は，リード後にデータをクリアするレジスタのために用意してある．READ_END は，次のクロックで無条件に IDLE へ遷移する．

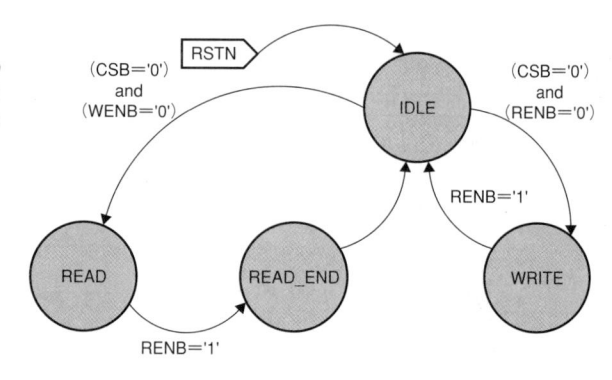

モジュール分割する際は，モジュールの再利用も考慮に入れて検討してください．

実際のバス・インターフェースにもトライしよう

　ここで紹介したバス・インターフェース（「26．クロック同期アドレス/データ多重バス・インターフェース」も含む）のサンプル記述は，特定のバスやプロセッサを考慮せずにシンプルな構成にしました．バス・インターフェース回路は，接続するバスやプロセッサのバス・プロトコルに従って動作するように設計します．実際に広く使用されるバス（PCI や ISA など）は，規格としてプロトコルが詳細に取り決められています．どのようなバス・プロトコルも基本動作は読み出し/書き込みになります．そこでサンプルの記述では読み出し/書き込みの機能のみを実現しています．

　サンプルの記述に機能を追加することで，いろいろなバス・インターフェースを作ることができます．また，装置内でローカルに使用するバスなど，汎用性をあまり気にする必要がないのであれば，サンプル記述程度のシンプルなプロトコルのほうが回路規模が小さくなり，設計やデバックが楽になります．ただし，装置や LSI のバージョン・アップに備えて，バス・プロトコルの仕様はしっかりと取り決めてください．

　これからバス仕様を勉強する方には規格化されたバス・プロトコルは複雑で敷居がたいへん高いものです．学習用としてサンプル記述でバスの基本動作を理解していただければ，規格化されたバス・プロトコルの理解の助けになると思います．

第3章 テストベンチのサンプル記述

この章では機能検証に不可欠なテストベンチのサンプル記述を紹介していきます．ここで紹介するテストベンチの記述も，付属CD-ROMに収録されています．

1 テストベンチとは何か

まず，「テストベンチ」とはいったい何なのかというところからお話しします．ちょっと話が脱線しますが，エンジニアが好きなものを好きなように設計するだけで，「あとは，し〜らないっ！」ということであれば，エンジニアという職業はきっといま以上に楽なものになるに違いありません．しかし実際には，作った（設計した）ものが本当に正しいかどうか，ありとあらゆる手段を使って確かめなければなりません．この確かめるための手段が論理シミュレーションにおける，いわゆる「テストベンチ」です．

不ぐあいの原因は3種類

図3.1を見てください．この図は一般的なトップダウン設計のフローを表しています（FPGAでもASICでも同じ）．トップダウン設計では，各シミュレーション・フェーズ（ビヘイビア・レベル，RTL，ゲート・レベル）で，それぞれのシミュレーション結果を比較します．シミュレーション結果を得るために，それぞれのモデルに入力パターン（入力信号列）を与えます．入力パターンを与えて，モデルやテスト対象となる回路の出力を観察するのが，テストベンチの役割であり目的です．

さて，もしここで，いい加減な入力パターンを与えたり，実際に起こり得ない入力パターンを与えて出力を観察していたら，どうなるかを考えてみましょう．とりあえず，得られた出力（シミュレーション）結果は正しいものになるに違いありません．しかし，その結果だけで本当に良しとするべきかどうかは，はなはだ疑問です．なぜなら，実機で動かしたときに入力されるであろう事象が，シミュレーション上で検証されていないからです．

筆者がLSI設計の世界に飛び込んだころは，プロセス技術に起因する不良（たとえば，製造ばらつきによる不良など）がけっこうありました．現在ではプロセス技術が進歩したこともあって，そのようなプロセス的不良が起こる確率はかなり減ってきたと思われます．したがって，実際にLSIを作ってうまく動作しなかった場合の原因は，以下の三つになります．

(1) 仕様上のミス

〔図3.1〕HDLを用いたトップダウン設計のフロー

一般的なトップダウン設計フローを示した．必ずしもビヘイビア・レベルで使用するテストベンチと，RTLなどで使用するテストベンチが同一のものになるとはかぎらない．また，設計の抽象度が下がっていくにしたがってテスト項目が増えていくので，シミュレーション結果も同一のものになるとはかぎらない．

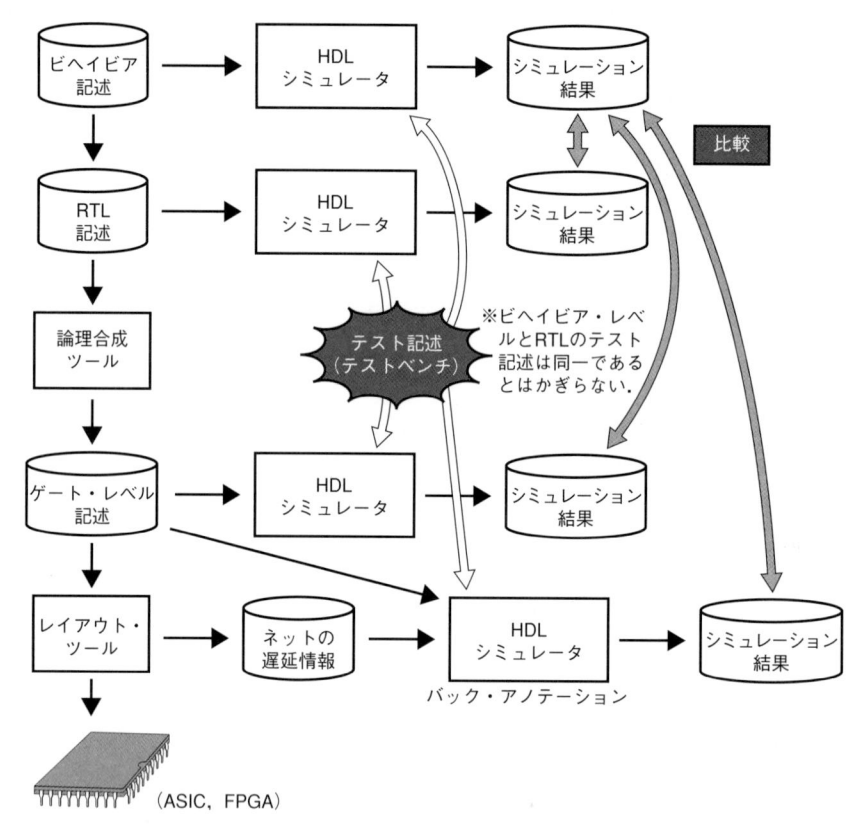

※ビヘイビア・レベルとRTLのテスト記述は同一であるとはかぎらない．

(2) 設計上のミス
(3) 配線遅延などによる遅延の増加に起因する不良

　前述したプロセス的な不良の場合，不ぐあいが起こるかどうかを，実際にチップを作る前にシミュレーションなどによって確認できません．しかし，上記の(1)～(3)の不良は，テスト・パターンさえしっかり作れば，すべてシミュレーションによって確認できます．

　多少言い過ぎかもしれませんが，実機でバグが出るというのは，たとえ(1)の仕様上のミスが原因であったとしても，ほとんどの場合，「テスト・パターンに漏れがあったからバグが見つからなかった」と言ってよいのではないかと筆者は考えています．ですから，LSIが使われようとしているアプリケーションに対して，いかに完璧なテスト・パターンを作れるかが問題となります（ただし，完璧なテスト・パターンを作るのはきわめて難しい）．

　図3.1に示したように，ビヘイビア・レベルで出力されるシミュレーション結果がいわゆる期待値になります．いくら論理合成ツールやレイアウト・ツールを駆使して良い回路を作ったとしても，十分テスト・パターンを通していないような回路は役に立ちません（ただし，その逆も言えて，いくらきちんとシミュレ

ーションしてあっても，目標としたサイズに収まらなかったり，目標としたスピードが出ないのでは役に立たない）．

完璧なテスト・パターンを作ったのは第三者のソフトウェア技術者だった！？

　では，どうしたら完璧なテスト・パターンを作れるのでしょうか？「こうすれば必ずできる」と言い切ることはできませんが，筆者の経験から言うと，自分でテスト・パターンを作らないことです．できれば第三者に作ってもらうのが，完璧なテスト・パターンを手に入れる早道だと思います．

　以前，筆者は上記のことを裏付けるできごとに遭遇しました．筆者がプロセッサを設計していたとき，そのテスト・パターンを筆者が作るのではなく，まったくの第三者に作ってもらいました．しかもハードウェア・エンジニアではなく，ソフトウェア・エンジニアの人に担当してもらいました．その"彼"はプロセッサの仕様書を受け取り，テスト・パターンを作成しました．おそらく"彼"からは，そのプロセッサの中身（ハードウェア）がどうなっているのか，ほとんどわからなかったのではないでしょうか．プロセッサの入出力ピンと，中で抱えているレジスタだけしか見えていなかったと思います．動作などを理解したうえで，いろいろな命令の組み合わせや，ある演算命令が実行された後，この演算だったらこのフラグはこうなっているはず，といったようなことをしらみつぶしにチェックしてもらいました．また，できるだけすべての命令を1度は実行するように，テスト・パターンを作ってもらいました．

　ある程度RTL記述ができあがったところで，そのテスト・パターンを使ってシミュレーションすることになりました．演算ユニットなどのシミュレーションは，事前にある程度すませていたのですが，いざ彼が作ってくれたテスト・パターンを使ってシミュレーションしてみると，論理シミュレータ上とはいえバグだらけであることが判明しました（製造前ならいくらバグを出しても，取り返しはきく）．一つ一つの命令をていねいに見ているテスト・パターンですから，その量はそれなりに膨大でした．いろいろと試行錯誤のすえ，時間をかけてシミュレーションした結果，なんとかすべてのテスト・パターンをとおすことに成功しました．その後，論理合成ツールにかけてゲート・レベル・シミュレーションを行い，チップを作りました．

　実際にチップができあがってきて評価してみると，なんと一発で動いてしまいました（いまとなってはあたりまえのことかもしれないが…）．1箇所だけ非同期で入ってくるNMI（ノンマスカブル・インタラプト）が，あるタイミングで信号を入れるとうまく動作しないことがわかり，後日，回路変更を行いました．とりあえずターゲットにしているアプリケーションでは，そのNMIを使っていなかったので，その意味ではこれでOKでした．このNMIのバグは，かなりきわどいタイミングで信号を入力しないと発見できなかったものです．筆者のほうで，もっと気をつけていれば，このバグも回避できたと思っています．

　ところで，そのほかの機能はほとんど100％に近い形で動作していました．一発で動いたことは筆者にとってもたいへんうれしかったのですが，このとき，「これはいったいだれのおかげなのだろう？」と思いました．「オレってすごい設計者だなぁ～」などとは口が裂けても言えないと思いました．結局，このときの功労者は，まぎれもなくテスト・パターンを作ってくれた"彼"です．彼のテスト・パターンがなかったら一発はおろか，きっと何度も何度もリワークしたに違いありません．このとき筆者は，テスト・パターンの重要性とそれを作る人のセンスの重要性を，いやというほど思い知らされました．

設計から距離をおいて，テスト項目を洗い出す

　完璧なテスト・パターンを作るには，前述のように第三者に作ってもらうのがいちばん良い方法です．し

かも，これから作ろうとしているLSIの中身をまったく知らない人がベストです．もっと乱暴なことを言えば，仕様では禁止されているようなことでも，テスト・パターンの入力として平気で突っ込めるような人が良いでしょう．ですから，筆者はプロジェクト・リーダの人と話をする機会があるたびに，「やっぱり設計者にテスト・パターンを考えさせちゃダメですよね．だれかテスト・パターンを作る専門の人を連れてこないと…」と言っています（このような検証の専門家のことを，米国では「検証エンジニア（verification engineer）」と呼ぶ）．しかし現実には，なかなかそのようなぜいたくな人の使いかたができるプロジェクトは，多くないことも理解しています．

では，第三者を使えない場合にはどうするのでしょうか？ もうこうなると，設計者自身で考えるしかありません．でも，なまじハードウェアの中身を知っていたり，仕様をきちっと守ろうとして設計しているわけですから，自分の首を締めるようなテスト・パターンは作りにくいと思います．

そこでテスト・パターンを作るときには，いったん設計することから離れて，「テスト項目」を箇条書きにします（このとき，できればキーボードからも離れたほうがよい．目の前にキーボードがあると，いきなりシミュレーションしてみたくなるから．少なくとも筆者はそうである）．

いま，具体的な例として，16進のロード付き（同期式）のアップダウン・カウンタを考えます．このRTL記述は，**リスト3.1**（Verilog HDL）と**リスト3.2**（VHDL）のようなものです．このRTL記述に対するテスト項目を，ざっと考えてみます．テスト項目としては，以下のようなものが考えられると思います．

(1) リセットがかかるか？
(2) ロードできるか？
(3) 制御信号に基づいて，アップとダウンのカウントを行えるか？
(4) アップ・カウントのときに"F"の次が"0"に，ダウン・カウントのときに"0"の次が"F"になっているか？
(5) 制御信号（RESET，LOAD，INC）が同時に入力されたとき，しかるべきプライオリティが保たれているか？

ざっと考えても，このくらいの項目が思いつきます．細かいことを考え始めると，このほかにもいろいろ

〔リスト3.1〕
ロード付きアップダウン・カウンタ（Verilog HDL）

RTLのVerilog HDL記述．入力信号（RESET，LOAD，INC）によって，動作が制御される．

```verilog
module UDCNT (RESET, CLK, COUNT, LOAD, INC, D);
input RESET, CLK, LOAD, INC;
input [3:0] D;
output [3:0] COUNT;
reg [3:0] COUNT;

always @(posedge CLK or posedge RESET)
    begin
        if(RESET==1'b1)
            COUNT <= 4'h0 ;
        else if(LOAD==1'b1)
            COUNT <= D ;
        else if(INC==1'b1)
            COUNT <= COUNT + 4'h1 ;
        else
            COUNT <= COUNT - 4'h1 ;
    end
endmodule
```

[リスト3.2]
ロード付きアップダウン・カウンタ
(VHDL)

RTLのVHDL記述. 動作はリスト3.1の場合と同じ.

```vhdl
library IEEE;
use IEEE.std_logic_1164.all;
use IEEE.std_logic_unsigned.all;
entity UDCNT is
port (CLK, RESET, LOAD, INC : in std_logic;
      D : in std_logic_vector(3 downto 0);
      COUNT : out std_logic_vector(3 downto 0) );
end UDCNT ;
architecture RTL of UDCNT is
   signal COUNT_IN : std_logic_vector(3 downto 0);
begin

   COUNT <= COUNT_IN ;

   process (CLK, RESET) begin
      if (RESET = '1') then
         COUNT_IN <= "0000" ;
      elsif (CLK'event and CLK = '1') then
         if (LOAD = '1') then
            COUNT_IN <= D ;
         elsif (INC = '1') then
            COUNT_IN <= COUNT_IN + '1' ;
         else
            COUNT_IN <= COUNT_IN - '1' ;
         end if;
      end if;
   end process ;
end RTL ;
```

出てくると思います．いずれにしろ，このように，何をテストするべきかという「テスト項目」を洗い出すわけです．この洗い出しが終わってから，実際のテストベンチをいかに効率よく記述していくかを考えます．

　当然のことですが，同じことをテストできるのであれば，テスト・パターンはより短いほうがよいわけです．ところが一般に，この洗い出しを頭の中で考えながらテストベンチを書いてしまう傾向があるような気がします．このようなアプローチをとってしまうと，テストベンチそのものがだらだらとした，だらしのないパターンになる可能性が高くなります．それだけでなく，テスト・パターンの漏れを生み出す確率も高くなります．

テスト項目はプロジェクト管理の指標になる

　洗い出したテスト項目は，プロジェクト・リーダ（管理者）にとっても，よい中間生成物となりえます．現在のLSI設計において，プロジェクト・リーダが各設計者のRTL記述をすみずみまで把握することは不可能になっています（なにせ，他人が書いたコードは，だれがなんと言おうと見にくいし，大規模なものになると量も多い）．しかも，論理合成ツールやレイアウト・ツールなどではオプションを駆使して設計することが多いので，これらも含めて管理しようとしたら，体がいくつあっても足りません．

　では，いったい何を管理するべきかというと，テスト項目ではないかと思います．つまり，各設計者に考えてもらったテスト項目を見て，これでテストが十分であるかどうかをチェックするわけです（これなら，じ

〔リスト3.3〕ロード付きアップダウン・カウンタのテストベンチ（Verilog HDL）

リスト3.1に対応するVerilog HDL記述のテストベンチ．フルカウント"F"の次に"0"になるかどうかを調べるため，LOAD信号を使って"D"という値をカウンタに設定している．

```verilog
module UDCNT_TEST ;
reg RESET, CLK, LOAD, INC;
reg [3:0] D;
wire [3:0] COUNT;

UDCNT i1(.RESET(RESET), .CLK(CLK), .COUNT(COUNT), .LOAD(LOAD),
         .INC(INC), .D(D));

always #50 CLK = ~CLK ;

initial
  begin
        CLK = 1'b0; RESET = 1'b0;
        LOAD = 1'b0; INC = 1'b1; D = $random;
     #100 RESET = 1'b1;
     #100 RESET = 1'b0;
     #400 LOAD = 1'b1; D = 4'hd; //できるだけ"F"に近い値を設定
     #100 LOAD = 1'b0;
     #600 INC = 1'b0;
     #600 RESET = 1'b1; LOAD = 1'b1 ; INC = 1'b1; D =$random;
     #300 RESET = 1'b0;
     #100 LOAD = 1'b0; INC = 1'b0 ;
     #400 LOAD = 1'b1; INC = 1'b1 ; D = $random ;
     #100 $stop;
  end

initial
  begin
     $monitor($time,,"CLK=%b RESET=%b LOAD=%b D=%h INC=%b
              COUNT=%h",CLK,RESET,LOAD,D,INC,COUNT);
     $dumpvars;
  end
endmodule
```

ゅうぶん管理できる）．

　また，あまりにもテスト項目が多すぎて，どう考えても期日までに間に合わないといったケースもあるかと思います．その場合には，テスト項目に優先順位をつけて，「少なくともこの項目については検証を完了させて期日までにリリースし，残った項目についてはその後も継続してテストを行う」といったことを，プロジェクト・リーダが決断していくべきだと思います（決して個々の設計者のレベルで，このあたりの決定を行ってはいけない．こういったプレッシャがかかると，かえってバグを残す結果になる）．

可制御性，可観測性を意識して回路を設計する

　さて，テスト項目の洗い出しが終わったところで，今度は戦略的にテストベンチを考えていくことになります．いわゆるテストのシナリオを考えるわけです．

　前述したように，テストの項目とテスト・シナリオを同時に考えてしまうと，なかなか効率的なテスト・

〔リスト3.4〕ロード付きアップダウン・カウンタのテストベンチ (**VHDL**)
リスト3.2に対応するVHDL記述のテストベンチ．動作はリスト3.3の場合と同じ．

```vhdl
library ieee;
use ieee.std_logic_1164.all;
use std.textio.all;
entity UDCNT_TEST is
end UDCNT_TEST;
architecture stimulus of UDCNT_TEST is
component UDCNT is
port (CLK, RESET, LOAD, INC : in std_logic;
      D : in std_logic_vector(3 downto 0);
      COUNT : out std_logic_vector(3 downto 0) );
end component ;
constant PERIOD: time := 100 ns;
signal CLK: std_logic := '0';
signal RESET, LOAD, INC: std_logic ;
signal D: std_logic_vector(3 downto 0);
signal COUNT: std_logic_vector(3 downto 0);
signal done: boolean := false;
-- for DUT: COUNT4 use entity work.COUNT4(RTL);
begin
    DUT: UDCNT port map (CLK => CLK, RESET => RESET, LOAD => LOAD, INC => INC, D => D, COUNT => COUNT);
    CLOCK1: process
    begin
       wait for PERIOD/2;
       CLK <= not CLK;   -- Attach your clock here
       assert not done = true report "Simulation Complete !!"
       severity Error ;
    end process;

    STIMULUS1: process
    begin
        RESET <= '0' ; LOAD <= '0' ; INC <= '1' ;
        wait for PERIOD ;
        RESET <= '1' ;
        wait for PERIOD ;
        RESET <= '0' ;
        wait for PERIOD*4 ;
        LOAD <= '1' ; D <= "1101" ;                    --できるだけ"F"に近い値を設定
        wait for PERIOD ;
        LOAD <= '0' ;
        wait for PERIOD*6;
        INC <= '0' ;
        wait for PERIOD*6;
        RESET <= '1'; LOAD <= '1' ; INC <= '1' ;D <= "0101" ;
        wait for PERIOD*3 ;
        RESET <= '0';
        wait for PERIOD ;
        LOAD <= '0' ; INC <= '0' ;
        wait for PERIOD*4;
        LOAD <= '1' ; INC <= '1' ;D <= "1010" ;
        wait for PERIOD ;
        done <= true;
        wait;
    end process;
end stimulus;
```

パターンを作ることができません．テスト・シナリオを考えるにあたって，前述のアップダウン・カウンタにおいて注目するべき点はLOADという信号です．この信号を使うことによって，いろいろな値をカウンタに自由に設定できます．テスト項目のうち，「(4)アップ・カウントのときに"F"の次が"0"に，ダウン・カウントのときに"0"の次が"F"になっているか？」の確認では，"F"や"0"に近い値をカウンタに設定しておきます．こうすれば，カウンタの値が増えたり減ったりすることで，該当する動作に対するテストを行えます（リスト3.3，リスト3.4）．

　このように，LSIに所望の値を設定できるパスがあれば，テストの効率が上がります．もしみなさんの設計しているLSIなどにテスト・モードなどが存在し，まだ回路を追加する余裕がある場合には，このように外側から値を設定できる信号を付け加えることを考えてみるとよいでしょう．あと，テストの観点から言うと，中で抱えているレジスタの値を出力ピンから読み出せるようになっていると，デバッグなどで有効だと思います（ただし，そうしたいと思っていても，最近の微細なプロセス技術では配線遅延がネックとなって，そうしたパスを追加できない場合がある）．

　以上，テストベンチやテスト方法についてお話ししてきました．乱暴な言いかたですが，どのような設計であっても，設計経験さえあれば，必ずできあがります（遅かれ早かれ…）．むしろ，設計したものがターゲットとしているアプリケーションに対して正しく動作するかを，いかに効率よくチェックするかのほうが重要だと思います．この部分をいままで以上に重視していただいて，「急がば回れ」ではありませんが，チップを作る前にできるだけたっぷり時間をかけてシミュレーションしましょう．「これだけのテスト・パターンを通したのだから，もう大丈夫！」と言えるくらいのテストベンチを作って，リワークの回数を減らしたいものです．結局，そうしたほうがトータルの設計期間は短くなるのです．

2 テストベンチの記述法 その1
──VHDLテストベンチの作成

　では，VHDLのテストベンチの作成手順を説明していきます．図3.2を見てください．HDLによる論理シミュレーションの環境は，RTL記述（テスト対象となる回路）とテストベンチから成り立っています．この二つのファイルをいっしょにHDLシミュレータでシミュレーションすることにより，RTL記述の動作を確認することができます．このとき，テストベンチが最上位階層（トップ・レベル）となり，RTL記述を呼び出す形になります．

　ここで，テストベンチを理解しやすいように，簡単なRTL記述を用いて話を進めます．図3.3を見てください．RTL記述の例となるシフト・レジスタのブロック図です．シフト・レジスタとは，文字通り，データを1クロックごとにシフトしていくレジスタ回路です．遅延機能，パラレル・シリアル変換，シリアル・パラレル変換のために使用されます．このシフト・レジスタの詳細な説明については，第2章の「8.シフト・レジスタ」の項を参照してください．

　では，テストベンチを実際に記述していきましょう．

VHDLのテストベンチの構造

　リスト3.5，リスト3.6を見てください．リスト3.5は，フォーマットがわかりやすいように宣言だけを抜

3.2 テストベンチの記述法 その1――VHDLテストベンチの作成

〔図3.2〕テストベンチを取り巻く環境

テストベンチには，テスト・シナリオに対応した信号を入力する．入出力の信号波形をディスプレイ・モニタに表示したり，ファイルに出力して期待値比較を行う．

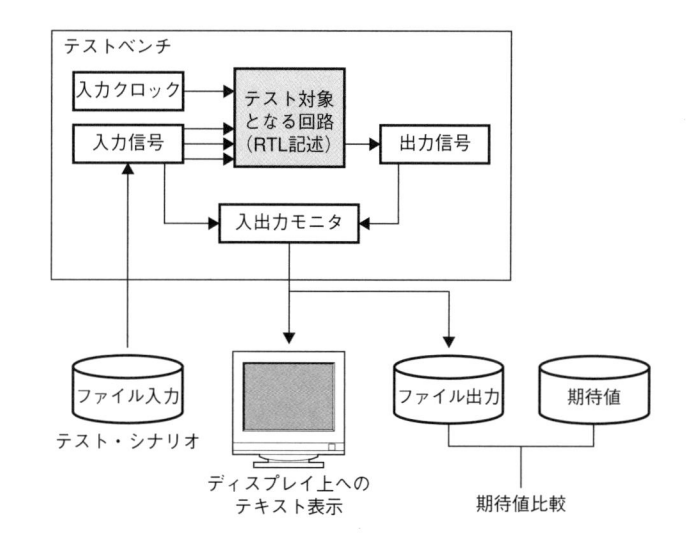

〔図3.3〕シフト・レジスタのブロック図

シリアル-パラレル変換に利用する場合，Sからシリアル・データを入力し，Q[3:0]から一気に取り出す．パラレル-シリアル変換に利用する場合，P[3:0]のデータをSEL信号で選択してフリップフロップに入力し，Q[3]から順次読み出す．遅延機能として使う場合には，Sからシリアル・データを入力し，Q[3]から順次読み出す．

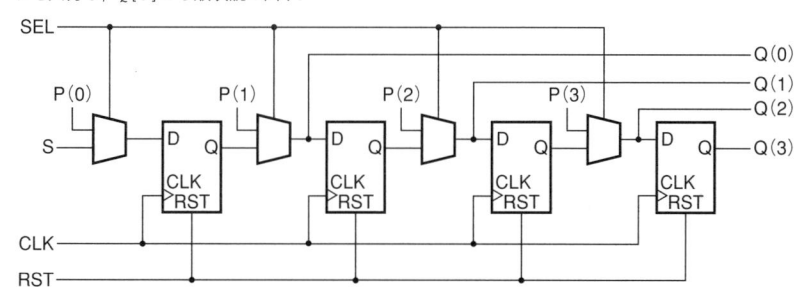

き出しました．**リスト3.6**は，クロック動作と入力信号の初期値のみを与えた状態です．

まず，基本的なVHDLのテストベンチの構造について説明します．VHDLのテストベンチは，おおざっぱに分けると，以下の記述からなります．

- ライブラリ宣言
- エンティティ宣言
- アーキテクチャ宣言
  - コンポーネント宣言
  - 内部信号宣言，定数宣言
  - プロセス文などによるビヘイビア記述
- コンフィグレーション文

VHDLの回路モデルとほとんど同じですが，テストベンチは最上位階層になるため，エンティティ宣言

〔リスト3.5〕テストベンチの構造（VHDL）

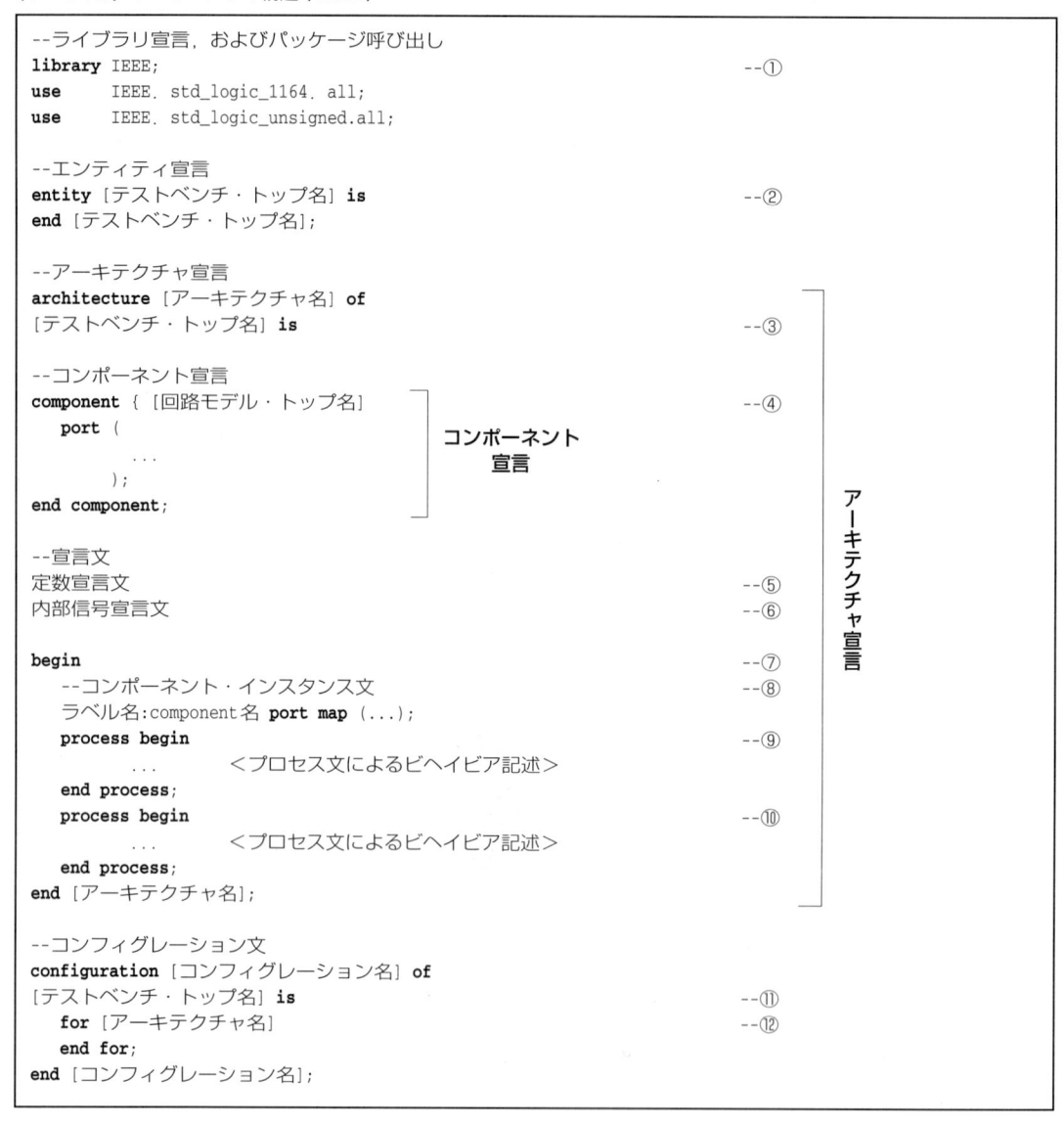

```
--ライブラリ宣言，およびパッケージ呼び出し
library IEEE;                                           --①
use     IEEE.std_logic_1164.all;
use     IEEE.std_logic_unsigned.all;

--エンティティ宣言
entity [テストベンチ・トップ名] is                        --②
end [テストベンチ・トップ名];

--アーキテクチャ宣言
architecture [アーキテクチャ名] of
[テストベンチ・トップ名] is                               --③

--コンポーネント宣言
component [ [回路モデル・トップ名]                        --④
    port (
            ...
          );
end component;

--宣言文
定数宣言文                                                --⑤
内部信号宣言文                                            --⑥

begin                                                    --⑦
    --コンポーネント・インスタンス文                       --⑧
    ラベル名:component名 port map (...);
    process begin                                        --⑨
        ...       <プロセス文によるビヘイビア記述>
    end process;
    process begin                                        --⑩
        ...       <プロセス文によるビヘイビア記述>
    end process;
end [アーキテクチャ名];

--コンフィグレーション文
configuration [コンフィグレーション名] of
[テストベンチ・トップ名] is                               --⑪
    for [アーキテクチャ名]                                --⑫
    end for;
end [コンフィグレーション名];
```

コンポーネント宣言 — (④周辺)
アーキテクチャ宣言 — (③〜⑩周辺)

（リスト3.5やリスト3.6の②）にポート名を記述しません．

　まずはじめにVHDLのコメント行についてですが，最初に -- を付けることで，その後の記述が同一行のコメントとして扱われます．C言語の /* */ のように複数行にまたがるコメントの記述方法は用意されていません．この場合，各行に -- を書いてください．

　リスト3.5やリスト3.6の①では，library IEEEによってライブラリ宣言を行い，use IEEE. を使ってパッケージ呼び出しを行っています．このあたりの記述は，Verilog HDLには存在しません．あえて比較するとすれば，C言語などの最初の#includeに似ています．

〔リスト3.6〕シフト・レジスタを検証するテストベンチ(VHDL)

```vhdl
library IEEE;                                                           --①
use     IEEE.std_logic_1164.all;
use     IEEE.std_logic_unsigned.all;

entity SFTRG_TEST is                                                    --②
end SFTRG_TEST;

architecture SIM1 of SFTRG_TEST is                                      --③
    component SFTR                                                      --④
        port (
            CLK :   in      std_logic;
            RST :   in      std_logic;
            SEL :   in      std_logic;
            S   :   in      std_logic;
            P   :   in      std_logic_vector(3 downto 0);
            Q   :   out     std_logic_vector(3 downto 0)
            );
    end component;

constant CLK_CYCLE : time := 100 ns;                                    --⑤
signal   CLK_I :    std_logic;                                          --⑥
signal   RST_I :    std_logic;
signal   SEL_I :    std_logic;
signal   S_I   :    std_logic;
signal   P_I   :    std_logic_vector(3 downto 0);
signal   Q_O   :    std_logic_vector(3 downto 0);

begin                                                                   --⑦
    U0: SFTRG port map (CLK=>CLK_I, RST=>RST_I, SEL=>SEL_I, S=>S_I, P=>P_I, Q=>Q_O);  --⑧
    process begin                                                       --⑨
        CLK_I <= '1';
        wait for CLK_CYCLE/2;
        CLK_I <= '0';
        wait for CLK_CYCLE/2;
    end process;
    process begin                                                       --⑩
        RST_I <= '1';
        SEL_I <= '0';
        S_I <= '1';
        P_I <= "1111";
        wait;
    end process;
end SIM1;
configuration CFG_SFTRG_TEST of SFTRG_TEST is                           --⑪
    for SIM1                                                            --⑫
    end for;
end CFG_SFTRG_TEST;
```

②ではエンティティ(entity)を宣言します．通常，ビヘイビア・モデルを作成する場合，ここにport名を記述します．しかし，テストベンチは最上位階層にあるため，何も書きません．エンティティ宣言のみを行い，［テストベンチ・トップ名］に任意の名前を付けます．

③はアーキテクチャ(architecture)宣言です．［アーキテクチャ名］，［テストベンチ・トップ名］には任意の名前を付けてください．［テストベンチ・トップ名］はエンティティ宣言で付けた名前を使用します．アーキテクチャ宣言はその名前を変えることにより，一つのファイルにいくつも記述することができます．たとえば，以下のように記述して，

```
architecture TB1 of SRT_REG_TEST
  ...
end TB1;
architecture TB2 of SRT_REG_TEST
  ...
end TB2;
```

TB1とTB2のどちらを選択するか，configuration文で指定することが可能です．記述されるものが回路の場合は，ビヘイビア・モデルとRTLモデルを同一ファイルの中に収めることができます．テストベンチの場合はアーキテクチャ宣言を複数書くことで，多くのテスト・シナリオを実現できます．

④はコンポーネント宣言で，下位モジュール（ここではテスト対象となる回路モデルの最上位のモジュール）を呼び出します．これはRTLモデルやビヘイビア・モデルが下位モジュールを呼び出す場合と同じです．

⑤でconstant文による定数宣言を行っています．いちばん最初に思い浮かぶのがクロック周期の定義です．テストベンチ内でも頻繁に使用する数字ですので，定数宣言しておくほうが便利です．

⑥で内部信号を定義します．この内部信号によって，component文で呼び出したモジュールと後に出てくる回路の記述を接続します．

⑦のbeginでようやくテストベンチの記述が始まります．その前に，⑧でコンポーネント宣言したモジュールをインスタンス宣言します．ラベルにはユニークな名前を付けます．port mapは「コンポーネント・ポート名=>内部信号名」の順番で記述します．

コンポーネント・ポート名と内部信号名は，今回，あえてわかりやすいように違う名前を付けていますが，同一名でもかまいません．また，VHDL93からは，port map内で「コンポーネント・ポート名=>'1'」というようにスタティックな値を代入することが許されています．それまでは，固定ピンが存在する場合，別の信号で'1'を作って代入していましたが，その必要はなくなっています．

⑨のprocess文でいよいよクロック生成を行います．⑤で100ns周期を定数で指定しましたが，この定数をwaitに使い，初期値'1'を与えて100nsの半分を待ち，さらに'0'を与えて100nsの半分を待ちます．これで，立ち上がりエッジから始まるデューティ比50％のクロックが生成されます．

⑩のprocess文では，入力信号に初期値を与えた後，wait文で無限実行を停止しています．

なお，

```
process begin
  RST_I <= '1';
```

```
    SEL_I <= '0';
    S_I <= '1';
    P_I <= "1111";
    wait;
end process;
```

の記述は，以下のように書くこともできます．

```
signal   RST_I :       std_logic:='1';
signal   SEL_I :       std_logic:='0';
signal   S_I :         std_logic:='1';
signal   P_I :         std_logic_vector(3 downto 0):="1111";
```

(手書き注記: TAB スペースダメ)

これは，内部信号を定義する際に初期値を与えてしまうやりかたです．厳密には，前者はシミュレーション開始後0nsで値が確定し，後者はシミュレーション開始前に値が確定します．どちらを使用しても結果は同じですが，意味の違いは認識しておいてください．

⑪で，コンフィグレーション(configuration)を指定します．構文は以下のようになります．

configuration [コンフィグレーション名] **of** [テストベンチ・トップ名] **is**

ここで[コンフィグレーション名]に任意の名前を付けてください．また，[テストベンチ・トップ名]はエンティティ宣言で付けたものと同一の名前を付けるだけです．

⑫でアーキテクチャを選択します．③のところでも述べましたが，アーキテクチャが複数存在する場合でも，この「for [アーキテクチャ名] end for;」にアーキテクチャ名を指定することで，所望のシミュレーション(テスト・シナリオ)を実行することができます．シミュレーション結果の波形を図3.4に示します．

モニタにメッセージを出力する

入力クロックを与え，入力信号の初期値を与えるところまで準備ができました．次に，テストベンチの

〔図3.4〕シミュレーション結果の波形表示
クロックを生成し，入力信号を与えた状態でシミュレーションを実行した際の波形．正しく動作していることがわかる．

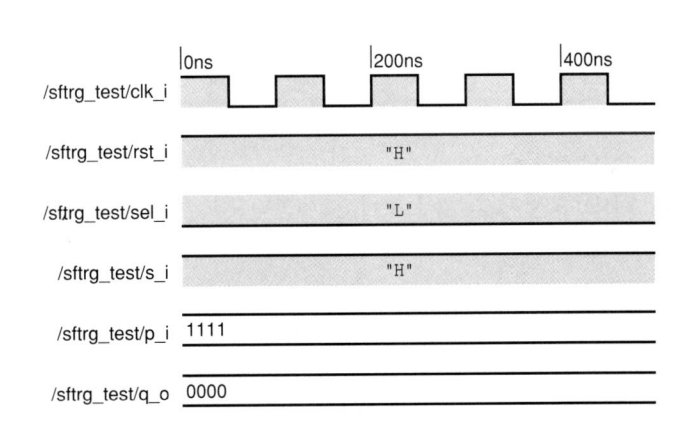

タスクからモニタのコマンド・プロンプトにテキストを表示させてみましょう．実際，検証作業が進んでくるとシミュレータにバッチ処理させることが多くなります．その経過やエラーなどの情報を頻繁にモニタに出力させることになるでしょう．

Verilog HDLのシステム・タスク（\$monitor，\$displayなど）のように便利ではありませんが，VHDLにもモニタ出力用のコマンドが用意されています．構文は，以下のようになります．

```
assert FALSE report TEXT_STRING severity LEVEL;
```

たとえば，**リスト3.7**の⑬では以下のように記述しています．

```
assert FALSE
report "Finished." severity NOTE;
```

この結果，

```
# ** Note: Finished.
```

というメッセージが出力されます．

ここで注意が必要なことは，FALSEのときにreportが実行されるという点です．そして，出力するテキストは" "で囲み，改行する際には & CR & LF &を付けます．

例えば，

```
assert FALSE
report "During TEST."& CR & LF &
       "Second line.";
```

と記述すると，モニタに2行にまたがって出力されます．

次にseverityですが，この後に警告のレベルを書きます．severityのレベルにはnote，warning，error，failureの4種類があります．このレベルの出現に応じて，シミュレータをブレイクする（停止する）ことができます．詳細は使用しているシミュレータのマニュアルを参照してください．たとえば，米国Mentor Graphics社のHDLシミュレータ「ModelSim」では，どのレベルでシミュレータを停止するか，あるいは無視するかをダイアログで選択できるようになっています．このseverityのレベルの記述を省略すると，デフォルトであるerrorになります．たとえば，**リスト3.7**の⑭のように記述すると，

```
# ** Error: During TEST
```

と出力されます．

VHDL93からは，少し便利になっています．それまではassert FALSEの条件を与えないとreport文は使用できませんでしたが，VHDL93ではreport文を単独で使用できるようになっています．ただし，report文の最大の欠点は，なんといってもテキスト・ストリングしか使用できないことです．

こうした表示方法やファイルの扱いにくさが，「VHDLよりVerilog HDLのほうがテストベンチは書きやすい」と言われる原因でもあります．「テキスト＋信号の状態」を表示させる場合，Verilog HDLの\$monitorや\$displayと異なり，取り扱いがかなりやっかいなのです．この問題について，次に説明します．

〔リスト3.7〕モニタにメッセージを出力する記述（VHDL）

```
library IEEE;
use     IEEE.std_logic_1164.all ;
use     IEEE.std_logic_unsigned.all ;

entity SFTRG_TEST is
end SFTRG_TEST;

architecture SIM1 of SFTRG_TEST is

component SFTRG
        port (
            CLK :     in      std_logic;
            RST :     in      std_logic;
            SEL :     in      std_logic;
            S :       in      std_logic;
            P :       in      std_logic_vector (3 downto 0);
            Q :       out     std_logic_vector (3 downto 0)
        );
end component;

constant  CLK_CYCLE : time := 100 ns;
signal    CLK_I :    std_logic;
signal    RST_I :    std_logic:= '1';
signal    SEL_I :    std_logic:= '0';
signal    S_I :      std_logic:= '1';
signal    P_I :      std_logic_vector (3 downto 0):="1111";
signal    Q_O :      std_logic_vector (3 downto 0);

begin
   U0: SFTRG port map (CLK=>CLK_I, RST=>RST_I, SEL=>SEL_I, S=>S_I, P=>P_I, Q=>Q_O);

   process begin
      CLK_I <= '1';
      wait for CLK_CYCLE/2;
      CLK_I <= '0';
      wait for CLK_CYCLE/2;
   end process;
   process begin
      wait for 100 ns;
      assert FALSE -- VHDL87                        --⑬
      report "Finished. " severity NOTE;
      assert FALSE -- VHDL87                        --⑭
      report "During TEST";
      wait;
   end process;
end SIM1;
configuration CFG_SFTRG_TEST of SFTRG_TEST is
   for SIM1
   end for;
end CFG_SFTRG_TEST;
```

std_logic(_vector)のモニタ表示

さて，report文に続くテキストの文字列は" "で囲んで出力しますが，stringタイプしか扱えないのがreport文の最大の欠点です．実際には，シミュレーション中の信号の状態など，さまざまなデータ・タイプ（sdt_logicなど）の情報をモニタに表示させたいというのが一般的だと思います．

そこで，ここではデータ・タイプstd_logic_vectorやstd_logicを例に，モニタに出力する方法を説明します．report文がstringデータ・タイプしか扱えないわけですから，方法としてはstd_logic_vectorやstd_logicをstringデータ・タイプに変換した後，report文に渡すことが考えられます．これには，サブプログラムのfunction文を使います．**リスト3.8**を見てください．

①から，function名がstdv2str，入力パラメータがvecであることがわかります．また，データ・タイプはstd_logic_vectorで，戻り値がstringになります．

②では，変数strを宣言し，データ・タイプstringと範囲を指定しています．vec'left+1ですが，アトリビュートを用いて，std_logic_vectorの範囲に関係なくfunction文が使えるように，std_logic_vectorの左の値と連動させています．また，ここで+1しているのは，stringの範囲として0が使えないためです．downto 0とは書けないので，stringの左値にも右値にも+1しています．

③では，ベクタの長さの分だけ処理をループさせます．'reverse_rangeというアトリビュートで1 to vec'left+1の順になっていることに注意してください．

〔リスト3.8〕std_logic_vectorからstringへの変換（VHDL）

```
function stdv2str(vec:std_logic_vector) return string is      --①
    variable str: string(vec'left+1 downto 1);                --②
    begin
    for i in vec'reverse_range loop                           --③
        if(vec(i)='U') then                                   --④
            str(i+1):='U';
        elsif(vec(i)='X') then
            str(i+1):='X';
        elsif(vec(i)='0') then
            str(i+1):='0';
        elsif(vec(i)='1') then
            str(i+1):='1';
        elsif(vec(i)='Z') then
            str(i+1):='Z';
        elsif(vec(i)='W') then
            str(i+1):='W';
        elsif(vec(i)='L') then
            str(i+1):='L';
        elsif(vec(i)='H') then
            str(i+1):='H';
        else
            str(i+1):='-';
        end if;
    end loop;                                                 --⑤
    return str;                                               --⑥
end;
```

[リスト3.9] 変換のサブプログラムをarchitecture内に記述した例（VHDL）

```vhdl
library IEEE;
use     IEEE.std_logic_1164.all ;
use     IEEE.std_logic_unsigned.all ;

entity SFTRG_TEST is
end SFTRG_TEST;

architecture SIM1 of SFTRG_TEST is
component SFTRG
  port (
    CLK : in std_logic;
    RST : in std_logic;
    SEL : in std_logic;
    S   : in std_logic;
    P   : in std_logic_vector(3 downto 0);
    Q   : out std_logic_vector(3 downto 0)
       );
end component;

constant CLK_CYCLE : time := 100 ns;
signal CLK_I : std_logic;
signal RST_I : std_logic:='1';
signal SEL_I : std_logic:='0';
signal S_I   : std_logic:='1';
signal P_I : std_logic_vector(3 downto 0)
                                : ="1111";
signal Q_O : std_logic_vector(3 downto 0);
--- function -----
function stdv2str(vec:std_logic_vector)
                            return string is
  variable str: string(vec'left+1 downto 1);
    begin
    for i in vec'reverse_range loop
        if(vec(i)='U') then
           str(i+1):='U';
        elsif(vec(i)='X') then
           str(i+1):='X';
        elsif(vec(i)='0') then
           str(i+1):='0';
        elsif(vec(i)='1') then
           str(i+1):='1';
        elsif(vec(i)='Z') then
           str(i+1):='Z';
        elsif(vec(i)='W') then
           str(i+1):='W';
        elsif(vec(i)='L') then
           str(i+1):='L';
        elsif(vec(i)='H') then
           str(i+1):='H';
        else
           str(i+1):='-';
        end if;
    end loop;
    return str;
end;
--------------------
begin
    U0: SFTRG port map (CLK=>CLK_I, RST=>RST_I,
            SEL=>'1', S=>S_I, P=>P_I, Q=>Q_O);

    process begin
        CLK_I <= '1';
        wait for CLK_CYCLE/2;
        CLK_I <= '0';
        wait for CLK_CYCLE/2;
    end process;
    process
    begin
    wait for 100 ns;
    assert FALSE --VHDL87
        report "P_I=" & stdv2str(P_I)
                          severity NOTE;   --⑦
    assert FALSE -- VHDL87
        report "Finished." severity NOTE;
    wait;
    end process;
end SIM1;
configuration CFG_SFTRG_TEST of SFTRG_TEST is
    for SIM1
    end for;
end CFG_SFTRG_TEST;
```

④以降のif文で，`std_logic(_vector)`がとりうる値をすべて，キャラクタに置き換えます．⑤でループを閉じ，⑥で戻り値を与えて終わりです．これで，`std_logic_vector`から`string`への変換が可能になります．

さて，では実際に，このサブプログラムでデータ・タイプ`std_logic_vector`を表示してみましょう．サブプログラムを使う方法は，2通りあります．一つはarchitecture文のarchitectureとbeginの間に記述する方法，もう一つはpackage文に記述する方法です．前者は当然のことながら，同一のarchitecture内でしか使うことができません．**リスト3.9**にarchitecture内に記述した例，**リスト3.10**

[リスト3.10] 変換のサブプログラムをpackage文で記述した例(VHDL)

```vhdl
library IEEE;
use     IEEE.std_logic_1164.all ;

package PCNV is
    function stdv2str(vec:std_logic_vector)
                    return string;           --⑧
end PCNV;
package body PCNV is
    -- std_logic_vector to string
    function stdv2str(vec:std_logic_vector)
                            return string is
        variable str: string
                        (vec'left+1 downto 1);
    begin
        for i in vec'reverse_range loop
            if(vec(i)='U') then
                str(i+1):='U';
            elsif(vec(i)='X') then
                str(i+1):='X';
            elsif(vec(i)='0') then
                str(i+1):='0';
            elsif(vec(i)='1') then
                str(i+1):='1';
            elsif(vec(i)='Z') then
                str(i+1):='Z';
            elsif(vec(i)='W') then
                str(i+1):='W';
            elsif(vec(i)='L') then
                str(i+1):='L';
            elsif(vec(i)='H') then
                str(i+1):='H';
            else
                str(i+1):='-';
            end if;
        end loop;
        return str;
    end;
end PCNV;
```

テストベンチ側へのライブラリ宣言の追加

```vhdl
library IEEE;
use     IEEE.std_logic_1164.all ;
use     IEEE.std_logic_unsigned.all ;
use     WORK.PCNV.all ;                      --⑨
```

[リスト3.11] std_logic のfunctionの例(VHDL)

```vhdl
-- std_logic to string
  function std2str(vec:std_logic) return string is
    variable str: string(2 downto 1);
  begin
    if(vec='U') then
      str(2):='U';
    elsif(vec='X') then
      str(2):='X';
    elsif(vec='0') then
      str(2):='0';
    elsif(vec='1') then
      str(2):='1';
    elsif(vec='Z') then
      str(2):='Z';
    elsif(vec='W') then
      str(2):='W';
    elsif(vec='L') then
      str(2):='L';
    elsif(vec='H') then
      str(2):='H';
    else
      str(2):='-';
    end if;
    return str;
  end;
```

[リスト3.12] VHDL93のアトリビュート('IMAGE)を使った例(VHDL)

```vhdl
library IEEE;
use      IEEE.std_logic_1164.all ;
use      IEEE.std_logic_unsigned.all ;

entity SFTRG_TEST is
end SFTRG_TEST;

architecture SIM1 of SFTRG_TEST is

component SFTRG
    port (
    CLK : in    std_logic;
    RST : in    std_logic;
    SEL : in    std_logic;
    S   : in    std_logic;
    P   : in    std_logic_vector(3 downto 0);
    Q   : out   std_logic_vector(3 downto 0)
        );
end component;

constant CLK_CYCLE : time := 100 ns;
signal    CLK_I : std_logic;
signal    RST_I : std_logic:='1';
signal    SEL_I : std_logic:='0';
signal    S_I   : std_logic:='1';
signal    P_I   : std_logic_vector(3 downto 0):
                                    ="1111";
signal    Q_O   : std_logic_vector(3 downto 0);

begin
    U0: SFTRG port map (CLK=>CLK_I, RST=>RST_I,
             SEL=>'1', S=>S_I, P=>P_I, Q=>Q_O);

    process begin
            report Time'IMAGE(NOW)&
            "SEL_I=" & std_logic'IMAGE(SEL_I)
            & " P_I=" & std_logic'IMAGE(P_I(3))
            & std_logic'IMAGE(P_I(2))
            & std_logic'IMAGE(P_I(1))
            & std_logic'IMAGE(P_I(0)) severity NOTE;
            CLK_I <= '1';
            wait for CLK_CYCLE/2;
            CLK_I <= '0';
            wait for CLK_CYCLE/2;
    end process;
process
begin
    wait for CLK_CYCLE;
    wait for CLK_CYCLE;
    report "Finished.";
    wait;
end process;
end SIM1;
configuration CFG_SFTRG_TEST of SFTRG_TEST is
    for SIM1
    end for;
end CFG_SFTRG_TEST;
```

出力例
```
=================================================
# ** Note:   0 ns  SEL_I='0'  P_I ='1''1''1''1'
# ** Note: 100 ns  SEL_I='0'  P_I ='1''1''1''1'
# ** Note: 200 ns  SEL_I='0'  P_I ='1''1''1''1'
# ** Note: Finished.
#    Time: 200 ns  Iteration: 0  Instance:
                                      /sftrg_test
=================================================
```

にpackage文で記述した例を示します．

リスト3.9の中では，⑦のreport文でfunctionを使用し，std_logic_vectorの信号P_Iの値を表示しています．リスト3.9を実行したときの出力例は，以下のようになります．

    # ** Note: P_I=1111

リスト3.10はpackage文を使用した例です．⑧でサブプログラムを宣言し，package bodyの中にfunction文を記述します．⑨では，WORK libに置いたパッケージPCNVを使用することを宣言しています．この場合，リスト3.9と違って，⑨の宣言を記述することによって，どのarchitecture内でもstdv2str functionを使用することができます．リスト3.11にstd_logicのfunctionの例をあげておきます．

ただし，このようなめんどうなことをしなければならないのはVHDL87の場合です．VHDL93では，'IMAGE，'VALUEという新しいアトリビュートが用意されています．構文は，以下のようになります．

〔リスト3.13〕シフト・レジスタのテストベンチ(VHDL)

```vhdl
library IEEE;
use     IEEE.std_logic_1164.all ;
use     IEEE.std_logic_unsigned.all ;
use     WORK.PCNV.all ;

entity SFTRG_TEST is
end SFTRG_TEST;

architecture SIM1 of SFTRG_TEST is

component SFTRG
    port (
        CLK : in    std_logic;
        RST : in    std_logic;
        SEL : in    std_logic;
        S   : in    std_logic;
        P   : in    std_logic_vector(3 downto 0);
        Q   : out   std_logic_vector(3 downto 0)
        );
end component;

constant CLK_CYCLE : time := 100 ns;
signal  CLK_I :     std_logic;
signal  RST_I :     std_logic:='1';
signal  SEL_I :     std_logic:='0';
signal  S_I :       std_logic:='1';
signal  P_I :       std_logic_vector(3 downto 0)
                                    : ="1111";
signal  Q_O :       std_logic_vector(3 downto 0);

begin
    U0: SFTRG port map (CLK_I, RST_I, SEL_I,
                        S_I, P_I, Q_O);

process begin
    report Time'IMAGE(NOW)
        & " RST_I=" & std_logic'IMAGE(RST_I)
        & " SEL_I=" & std_logic'IMAGE(SEL_I)
        & " S_I="   & std_logic'IMAGE(S_I)
        & " P_I="   & stdv2str(P_I)
        & " Q_O="   & stdv2str(Q_O)
                            severity NOTE; --⑩
CLK_I <= '1';
    wait for CLK_CYCLE/2;
    CLK_I <= '0';
    wait for CLK_CYCLE/2;
end process;
process
begin
    wait for 302 ns;
    RST_I <= '0';
    wait for CLK_CYCLE;
    SEL_I <= '1';
    P_I <= "1010";
    wait for CLK_CYCLE;
    SEL_I <= '0';
    wait for CLK_CYCLE*5;
    report "Finished." severity NOTE;
    wait;
end process;
end SIM1;

configuration CFG_SFTRG_TEST of SFTRG_TEST is
    for SIM1
    end for;
end CFG_SFTRG_TEST;
```

```
T'IMAGE(X)

             T: Data Type
             X: Value of Expression
```

例えば,

```
report std_logic'IMAGE(信号名);
report Time'IMAGE(NOW);
```

というぐあいに記述して使います．

リスト3.12に，新しいアトリビュートを使った場合の記述例を示します．'IMAGEによるP_I(std_logic_vector)の表示の部分は，先に説明したstd_logic_vectorのfunctionを使用するのもよいでしょう．

このようにシミュレーション環境については，VHDL93を使うことにより，かなり使い勝手が向上します．社内規定やプロジェクトの制約により，コーディング・スタイルにはさまざまな事情があるかと思いますが，可能であればVHDL93の使用を検討してみるとよいでしょう．

シミュレーションの基本形の完成

ここまでの記述を使い，シフト・レジスタの機能を検証してみましょう．**リスト3.13**を見てください．⑩のところで，クロックごとに信号の状態をモニタに出力しています．

3 テストベンチの記述法 その2
——Verilog HDL テストベンチの作成

今度は，カウンタのRTL記述（**リスト3.14**）を例に，Verilog HDLのテストベンチの作成手順を説明していきます．VHDLのところでも説明したように，シミュレーション環境ではテストベンチが最上位階層のモジュールになります．テストベンチには，テスト対象モジュールの呼び出し，入力信号の生成，周辺回路などを記述します．テストベンチは論理合成の対象とならないため，回路モデルと比べて自由に記述できます．**リスト3.15**と**リスト3.16**を見てください．**リスト3.15**は，フォーマットがわかりやすいように宣言だけを抜き出しました．**リスト3.16**は，Verilog HDLによるカウンタのテストベンチの全文です．

Verilog HDLのテストベンチは，おおざっぱに分けると以下の記述からなります．

- タイム・スケールの指定
- モジュール宣言
  ——テスト対象に接続するreg，wireの宣言
- テスト対象モジュールの呼び出し
- クロックの発生
- クロック以外の信号発生
- シミュレーションの終了指示
- 入出力のモニタ

テストベンチの構成を検討する

テストベンチの構成は，検証の目的や回路モデルの抽象度によって変わります．チップ全体を対象としたテストベンチともなると，いろいろな目的で使用されるので，構成が複雑になります．ここでは，RTL記述を動作させ，カウンタの論理を確認することを目的としたシンプルな構成にします．

テストベンチの環境は，「2. VHDLの記述法」のところで紹介した**図3.2**と同じです．

タイム・スケールを指定する

それではVerilog HDLのテストベンチを記述していきましょう．まず，シミュレーション中のタイム・スケール（時刻の単位）を指定します（**リスト3.15**や**リスト3.16**の①）．タイム・スケールの指定にはコン

〔リスト3.14〕
カウンタのRTL記述（Verilog HDL）

```verilog
module COUNTER(CLK,RESET,LOAD,INC,DATA,COUNT);
input CLK;
input RESET;
input LOAD;
input INC;
input [3:0] DATA;
output [3:0] COUNT;
reg [3:0] COUNT;

always @(posedge CLK or posedge RESET)
  begin
    if (RESET==1'b1)
        COUNT <= 4'b0000;
    else if(LOAD==1'b1)
        COUNT <= DATA;
    else if(INC==1'b1)
        COUNT <= COUNT + 1'b1;
    else
        COUNT <= COUNT - 1'b1;
  end
endmodule
```

〔リスト3.15〕テストベンチの構造（Verilog HDL）

```verilog
//タイムスケール指定
`timescale ユニット/最小精度               //①

//テストベンチ・モジュール宣言
module テストベンチ・モジュール名;         //②
  reg宣言                                  //③
  wire宣言

//テスト対象モジュール呼出し
テスト対象モジュール名 インスタンス名(    //④
  .ポート(テストベンチの接続信号),
  ……
  .ポート(テストベンチの接続信号)
  );

//パラメータの設定
  parameter クロック周期=ユニット数;
  parameter 観測タイミング=ユニット数;

//クロックの発生
  initial begin                            //⑤
    クロック = 初期値;
  end
  always #(クロック周期/2)
    クロック <= ~クロック ;

// クロック以外の信号発生
  initial begin                            //⑥
    信号 <= 初期値;
    #遅延時間
    信号 <= 値;
    #遅延時間
    信号 <= 値;
    ...
    $finish;                               //⑦
  end

//入出力のモニタ
  integer ファイル用変数;                  //⑧
  initial
    ファイル用変数 = $fopen("ファイル名");

//出力ファイルの先頭へコメント書き込み
  initial
    begin
      $fdisplay(ファイル用変数,"コメント");
    end

//信号値の書き込み
  always
    begin
      #観測タイミング
      $fdisplay(ファイル用変数,"フォーマット"
        ,$time
        ,信号名
        ...
        );
      #(クロック周期-観測タイミング);
    end

endmodule
```

〔リスト3.16〕カウンタのテストベンチ(Verilog HDL)

```verilog
`timescale 10ps/1ps                    //①
module COUNTER_test ;                  //②
  reg    main_clk ;                    //③
  reg    CLK ;
  reg    RESET ;
  reg    LOAD ;
  reg    INC ;
  reg    [3:0] DATA ;
  wire   [3:0] COUNT ;
//
// test moudule
//
  COUNTER DUT(                         //④
    .CLK(CLK),
    .RESET(RESET),
    .LOAD(LOAD),
    .INC(INC),
    .DATA(DATA),
    .COUNT(COUNT)
    );
//
// main CLK generator
//
  parameter CYCLE=1000;
  parameter STROBE=900;
  initial begin                        //⑤
    CLK = 1'b0 ;
  end
  always #(CYCLE/2)
    CLK <= ~CLK ;
//
// test pattern generator
//
  initial begin                        //⑥
      RESET <= 1'b1;
      LOAD  <= 1'b0;
      INC   <= 1'b1;
      DATA  <= 4'b0000;
    #(CYCLE*2)
      RESET <= 1'b0;
    #(CYCLE*4)
      LOAD  <= 1'b1;
      DATA  <= 4'b1110;
    #(CYCLE*1)
      LOAD  <= 1'b0;
    #(CYCLE*3)
      INC   <= 1'b0;
    #(CYCLE*2)
      LOAD  <= 1'b1;
      DATA  <= 4'b0011;
    #(CYCLE*1)
      LOAD  <= 1'b0;
    #(CYCLE*10);
      $finish;                         //⑦
  end
//
//write file
//
  integer dataout;  // write file      //⑧

  initial
    dataout = $fopen("DATAOUT.txt");

  initial
    begin
      $fdisplay(dataout,"CLK");
      $fdisplay(dataout,"RESET");
      $fdisplay(dataout,"LOAD");
      $fdisplay(dataout,"INC");
      $fdisplay(dataout,"DATA");
      $fdisplay(dataout,"COUNT");
    end

  always
    begin
      #STROBE
      $fdisplay(dataout, "%0d %b %b %b %b %b %b"
        ,$time
        ,CLK
        ,RESET
        ,LOAD
        ,INC
        ,DATA
        ,COUNT
      );
      #(CYCLE-STROBE);
    end

endmodule
```

パイラ指示子を使います．

タイム・スケールを指定する構文は以下のとおりです．

　`timescale 〔1ユニットの時間〕/〔シミュレーションでの最小精度〕

ただし，(1ユニットの時間) ≧ (シミュレーションでの最小精度) である必要があります．コンパイラ指

〔リスト3.17〕
タイム・スケールの指定とモジュール宣言(Verilog HDL)

```
//   1ユニットを10ps
//   シミュレーションで扱える最小精度は1ps
`timescale 10ps/1ps

//   テストベンチをモジュール名COUNTER_testとして宣言．
//   ポートがないのでモジュール名の後に"；"が付く
module COUNTER_test ;
```

示子の指定の終わりには；を付けません．ゲート・レベルのシミュレーションの場合，指定する値は使用するライブラリの指定に合わせます．RTLのシミュレーションでは，任意の値でよいのですが，後のことを考えて，使用予定のライブラリの指定に合わせましょう．タイム・スケールの指定はテストベンチのモジュール宣言の直前に記述します．

モジュール宣言を行う

テストベンチもモジュールの一つなので，モジュール宣言を行います（リスト3.15やリスト3.16の②）．ただし，テストベンチが最上位階層になるので，外部のモジュールとの信号のやりとりがなく，ポートを持たないモジュールになります．回路を記述したモジュールでは，モジュール名の後にポート・リストを書き出しますが，テストベンチのモジュール宣言はポートがないのでモジュール名の後に；がきます．input，output，inoutの宣言もありません．リスト3.17はタイム・スケールの指定とモジュール宣言です．

接続信号の宣言を行う

次に，テスト対象モジュールのポートに接続するreg，wireを宣言します（リスト3.15やリスト3.16の③）．まず，テスト対象のRTL記述からモジュールのポート（外部端子）の情報を抜き出します．ポートはRTL記述の中にinput，output，inoutとして宣言されています．たいていの場合，RTL記述の頭のほうにあるので，抜き出しは容易です．ただし，文法上は構文で使用される前にポートを宣言すればよいとされています．離れたところにポート宣言している可能性もあるので注意が必要です．リスト3.18はテスト対象のRTL記述から抜き出したポートの宣言です．

テスト対象モジュールのポートの情報を基に，ポートに接続するreg，wireを宣言します．inputのポートに接続する信号はregで宣言します．regは代入した値を保持でき，新たな代入で値を変更できるためです．outputのポートに接続する信号はwireで宣言します．wireの値はテスト対象モジュールのoutputポートの出力値になります．reg，wireに付ける名前は，シミュレーション結果を解析しやすいように，テスト対象のポート名と同じにするか，または，接続ポート名がわかるように工夫します．同じ名前で宣言する場合は，リスト3.18のinputをregに，outputをwireに置換すれば，reg，wireを宣言できます（リスト3.19）．

テスト対象モジュールを呼び出す

テストベンチでは，テスト対象モジュール（回路モデル）を下位階層のモジュールとして呼び出します（リスト3.15やリスト3.16の④）．呼び出しの方法は回路記述のモジュール呼び出しと同じです．

[リスト3.18] テスト対象のポート宣言（Verilog HDL）

```
input CLK;
input RESET;
input LOAD;
input INC;
input [3:0] DATA;
output [3:0] COUNT;
```

[リスト3.19] テストベンチのreg, wire宣言（Verilog HDL）

```
//テストベンチのreg, wire宣言
//入力用reg
reg    CLK ;
reg    RESET ;
reg    LOAD ;
reg    INC ;
reg    [3:0] DATA ;
//出力用wire
wire   [3:0] COUNT ;
```

[リスト3.20] モジュールの呼び出し（Verilog HDL）

```
●名前によるポート接続の例
COUNTER DUT (
    //.ポート (テストベンチの信号),
    . CLK (CLK),
    . RESET (RESET),
    . LOAD (LOAD),
    . INC (INC),
    . DATA (DATA),
    . COUNT (COUNT)
    );

●順序によるポート接続の例
COUNTER DUT (
    //第1ポートとテストベンチのCLKを接続
    CLK,
    //第2ポートとテストベンチのRESETを接続
    RESET,
    LOAD,
    INC,
    DATA,
    COUNT
    );
```

リスト3.20はモジュール呼び出しの例です．テスト対象モジュール（COUNTER）をインスタンス名（DUT）で呼び出します．ポートとテストベンチのreg, wireの接続は，名前で指定する方法とポートの宣言順序で指定する方法があります．名前で接続する方法は，ポート名と接続信号の対応がわかりやすいので，一般的に使われています．宣言順序による接続は，記述量は少ないのですが，接続ミスを見つけにくいのでお勧めできません．

クロックを発生させる

initial文，always文によって入力用のregに値を代入することで信号を発生させます（リスト3.15やリスト3.16の⑤）．initial文はシミュレーション中に1回だけ実行されます．実行中のタイミングを制御することで，不規則に変化する波形を作れます．always文は繰り返し実行されるので，周期的に変化する波形を作るのに便利です．

リスト3.21はクロックを発生させる記述です．図3.5はリスト3.21で発生したクロックの波形です．パ

〔リスト3.21〕
クロックの生成（Verilog HDL）

```
//1クロックの周期パラメータ
parameter CYCLE=1000;

//信号値の書き出し時刻のパラメータ
parameter STROBE=900;

//CLKの初期値設定
initial begin
   CLK = 1'b0 ;
end
// 1/2周期ごとにalways文を実行
always # (CYCLE/2)
   begin
      //CLKを反転
      CLK <= !CLK ;
   end
```

〔図3.5〕リスト3.21の記述で生成したクロックの波形
initial文の代入で初期値を決定している．CLKの半周期ごとにalways文を実行して値を反転している．

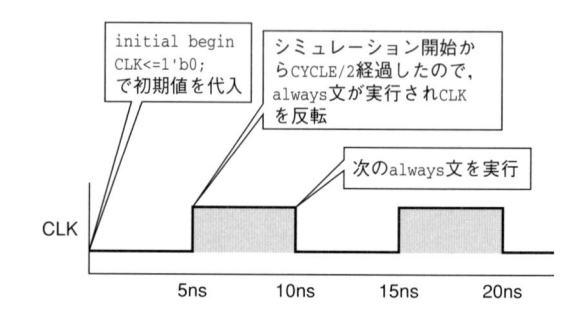

ラメータ（CYCLE）には，1クロックの周期を指定しています．テストベンチでクロック周期の参照が必要な場合には，必ずCYCLEを参照するように記述しましょう．これにより，CYCLEの値を変更するだけで，テストベンチ全体の周期を変更できるようになります．タイム・スケールはコンパイラ指示子で1ユニット10psと指定したので，1周期は10ns（10ps×1,000ユニット）になります．

次にinitial文でクロックの初期値を設定します．クロックの'0'，'1'の繰り返しはalways文で発生させます．always文のセンシティビティ・リストにCYCLE/2を指定します．これによりalways文はCYCLE/2の間隔で実行されます．1回の実行でCLKの反転値をCLKに代入するので，周期がCYCLE（10ns）のクロックを発生できます．

クロック以外の入力信号を発生させる

クロック以外の入力信号はinitial文で記述していきます（リスト3.15やリスト3.16の⑥）．リスト3.22は，信号を発生させる記述の例です．initial文の実行開始時刻は，シミュレーションの開始時です．したがって，beginの後に実行される代入文は，シミュレーションにおける入力信号の初期値になります．初期値が代入されない場合はregの値が不定になり，回路モデルに不定が入力され，シミュレーションがうまくいかないケースがあります．入力信号用のregには必ず初期値を代入しましょう．次に遅延

を付加して信号の変化を与えます．遅延の付加は，代入文の前に，

```
#(遅延ユニット数)
```

と書き込んで指定します．リスト3.22ではパラメータを利用して，

```
#(CYCLE*2)
RESET <= 1'b0;
```

とすることで，2クロック後にRESETを'0'に変化させています．このときに代入が実行されないregは前の値を保持しています．後は同じように遅延でタイミングを合わせ，値を代入して信号を作ります．図3.6は，リスト3.22のシミュレーションのタイム・チャートです．

シミュレーションの終了を指示する

Verilog HDLでは，テストベンチの中でシミュレーションの終了を指示できます（リスト3.15やリスト3.16の⑦）．シミュレーションの終了にはシステム・タスクの$finishを用います．リスト3.22では，initial文の終わりに$finishがあります．initial文の処理がここまで進むと，シミュレーションが終了します．

入出力をモニタする

シミュレーションの結果を解析するには，テスト対象モジュールの出力を観測する必要があります．解析の初期段階では，波形ビューワで入出力波形を観測します．波形ビューワの使用方法はシミュレータによって違うので，使用するシミュレータのマニュアルを参照してください．

回路を変更したときに，毎回すべての信号を波形ビューワで確認するのはたいへんです．このような場合

〔リスト3.22〕
**クロック以外の入力信号の発生
（Verilog HDL）**

```
initial begin
//初期値設定
    RESET <= 1'b1;
    LOAD  <= 1'b0;
    INC   <= 1'b1;
    DATA  <= 4'b0000;
//2クロック後にリセット解除
    #(CYCLE*2)
    RESET <= 1'b0;
//4クロック後にロードのテスト
    #(CYCLE*4)
    LOAD  <= 1'b1;
    DATA  <= 4'b1110;
     ...
    LOAD  <= 1'b0;
    #(CYCLE*10);
//シミュレーションの終了
    $finish;
end
```

には，動作を確認できた段階でシミュレーション結果をファイルに書き出し，保存します．回路を変更したときに，新しい回路のシミュレーションで書き出したファイルと保存してある変更前のファイルを比較してチェックします．

リスト3.23は，シミュレーション結果をファイルに書き出す記述です．**リスト3.24**は出力結果です．シミュレータの外部のファイルへデータを書き出すためには，ファイルを扱う変数が必要です．ここではintegerのところでdataoutという変数を宣言しています．実際のファイルとの関連付けには，$fopenというシステム・タスクを使用します．構文は，以下のようになります．

```
変数名 = $fopen("〔ファイル名〕");
```

$fopenは1回だけ実行すればよいので，initial文の後に$fopenを使った1行が書いてあります．これで，ファイルへ書き込む準備ができました．次にファイルにデータを書き込みます．ファイルへの書き込みは，やはりシステム・タスクの$fdisplayを利用します．$fdisplayの構文は，以下のようになります．

```
$fdisplay(〔変数〕, "〔フォーマット〕", 〔データ1〕, 〔データ2〕,,);
```

ここでフォーマットを%dにすると10進表記，%hにすると16進表記，%oでは8進表記，%bでは2進表記になります．フォーマットは省略可能です．

リスト3.23では，initial文でファイルの頭に信号名を書き出しています．次のalways文では信号値を書き出しています．beginの後に#STROBEとして，パラメータで指定した観測タイミングまで遅延させ，$fdisplayを使ってすべての入出力信号値をファイルに書き出します．書き出しデータの始めの$timeはシミュレーション時刻を返すシステム・タスクです．書き出した後に，1周期の残りの時間を遅延させるために，

```
#(CYCLE-STROBE);
```

としています．この遅延記述の後に処理がないので，行の終りに ; を付けています．この ; を忘れるとコンパイルでエラーになります．always文は，1回の処理が終了すると頭に戻り，次のサイクルの処理を

〔図3.6〕シミュレーションのタイム・チャート

2クロック後にリセットを解除，さらに4クロック後にロードをかけている．COUNTはテスト対象モジュールの出力．

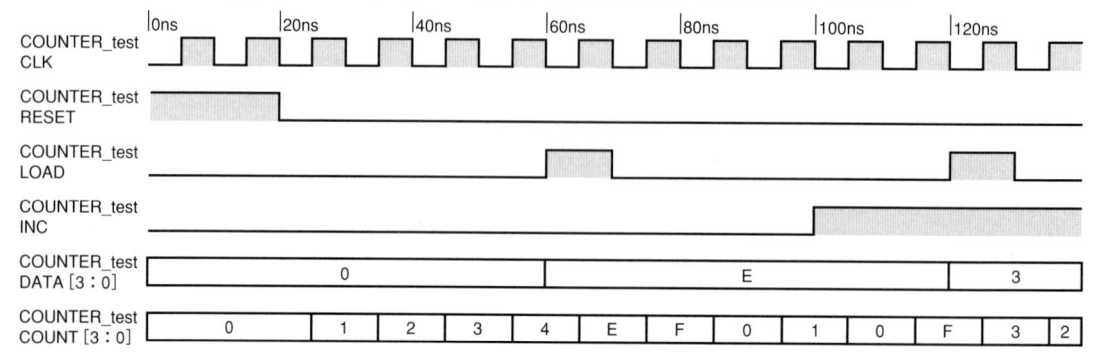

	0ns	20ns	40ns	60ns	80ns	100ns	120ns
COUNTER_test CLK							
COUNTER_test RESET							
COUNTER_test LOAD							
COUNTER_test INC							
COUNTER_test DATA [3:0]	0			E			3
COUNTER_test COUNT [3:0]	0	1	2	3	4	E	F	0	1	0	F	3	2

〔リスト3.23〕シミュレーション結果のファイル出力（Verilog HDL）

```
//ファイル用の変数宣言
integer dataout;
//ファイルのオープン，および変数との関連付け
initial
    dataout = $fopen ("DATAOUT.txt");
//ファイルの頭への信号名の書き出し
initial
    begin
        $fdisplay (dataout, "CLK");
        $fdisplay (dataout, "RESET");
        $fdisplay (dataout, "LOAD");
        $fdisplay (dataout, "INC");
        $fdisplay (dataout, "DATA");
        $fdisplay (dataout, "COUNT");
    end
//信号値の書き出し
always
    begin
//書き出しタイミングまで遅延
        #STROBE
        $fdisplay (dataout, "%0d  %b %b %b %b %b %b"
            , $time
            , CLK
            , RESET
            , LOAD
            , INC
            , DATA
            , COUNT
            );
//1周期の終わりまで遅延
        #(CYCLE-STROBE);
    end
```

〔リスト3.24〕リスト3.23の出力結果

```
CLK
RESET
LOAD
INC
DATA
COUNT
900  1 1 0 1 0000 0000
1900 1 1 0 1 0000 0000
2900 1 0 0 1 0000 0001
3900 1 0 0 1 0000 0010
4900 1 0 0 1 0000 0011
5900 1 0 0 1 0000 0100
 ...
```

開始します．最後に，記述の終わりにendmoduleを書き込むと，テストベンチは完成です．シミュレーションを実行して動作を確認します．

4 検証結果の表示方法を工夫する

　LSIやFPGAの設計では，さまざまなアプリケーション（画像処理や通信など）が存在します．検証のやりかたは，それぞれのアプリケーションによって異なると思います．たとえば画像処理の場合，処理を施した画像を実際に見てみないと，その処理が正しいかどうか検証したことにはならないと考えられます．通信関係であれば，いろいろな項目をチェックする必要があると思います．例えばパリティ・チェックでは，シミュレーション上で何万クロックも動かさないと，パリティに関する信号が正しく出力されているかどうかわかりません．

　いずれの場合も，厳密に検証しようと思うと，それなりに膨大な時間がかかってしまいます．このあたり

〔リスト3.25〕7セグメントLEDのソース・コード(Verilog HDL)

LED点滅のためのビット割り当ては，ソース中に示してあるとおり．

```verilog
module BCD7 (bcd ,led);
input [3:0] bcd ;
output [6:0] led ;
reg [6:0] led ;

/*

LED Bit Assignment

** Low active **

    A
   ---
F | G | B
   ---
E |   | C
   ---
    D
*/

always @ (bcd)
    case (bcd)
//                          ABCDEFG
        4'b0000:led <= 7'b1111110;
        4'b0001:led <= 7'b0110000;
        4'b0010:led <= 7'b1101101;
        4'b0011:led <= 7'b1111001;
        4'b0100:led <= 7'b0110011;
        4'b0101:led <= 7'b1011011;
        4'b0110:led <= 7'b1011111;
        4'b0111:led <= 7'b1110010;
        4'b1000:led <= 7'b1111111;
        4'b1001:led <= 7'b1111011;
        default:led <= 7'b1001111;
// Display "E"rror
    endcase
endmodule
```

〔リスト3.26〕7セグメントLEDのソース・コード(VHDL)

LED点滅のためのビット割り当ては，ソース中に示してあるとおり．

```vhdl
library ieee;
use ieee.std_logic_1164.all;
entity bcd7 is
    port ( bcd : in  std_logic_vector
                                    (3 downto 0);
                led : out std_logic_vector
                                    (6 downto 0) );
end;

-- LED Bit Assignment

-- ** Low active **

--     A
--    ---
-- F | G | B
--    ---
-- E |   | C
--    ---
--     D

architecture arch of bcd7 is
begin

    process ( bcd )
    begin
      case bcd is
--                              ABCDEFG
        when "0000" => led <= "1111110";
        when "0001" => led <= "0110000";
        when "0010" => led <= "1101101";
        when "0011" => led <= "1111001";
        when "0100" => led <= "0110011";
        when "0101" => led <= "1011011";
        when "0110" => led <= "1011111";
        when "0111" => led <= "1110010";
        when "1000" => led <= "1111111";
        when "1001" => led <= "1111011";
        when others => led <= "1001111";
-- Display "E"rror
      end case;
    end process;

end;
```

が，実際にシミュレーションを行ううえで問題となっている点ではないかと思います．ではこの問題を解消するためには，どうしたらよいのでしょうか？その点については後ほど触れることにして，いずれにしても，できるだけ実際にそのLSIを動作させる環境に近い状況で検証することが重要だと思います．

〔リスト3.27〕10進カウンタのソース・コード(Verilog HDL)

LOADという信号で外側から値を設計できる．INCという信号でインクリメントかデクリメントかを決定する．

```verilog
module UDCNT (RESET, CLK, COUNT, LOAD, INC, D);
input RESET, CLK, LOAD, INC;
input [3:0] D;
output [3:0] COUNT;
reg [3:0] COUNT;

always @(posedge CLK or posedge RESET)
begin
    if(RESET==1'b1)
        COUNT <= 4'h0 ;
    else if(LOAD==1'b1)
        COUNT <= D ;
    else if(INC==1'b1)
        begin
            if (COUNT == 4'h9)
                COUNT <= 4'h0 ;
            else
                COUNT <= COUNT + 4'h1 ;
        end
    else
        begin
            if (COUNT == 4'h0)
                COUNT <= 4'h9 ;
            else
                COUNT <= COUNT - 4'h1 ;
        end
end
endmodule
```

〔リスト3.28〕10進カウンタのソース・コード(VHDL)

LOADという信号で外側から値を設計できる．INCという信号でインクリメントかデクリメントかを決定する．

```vhdl
library IEEE;
use IEEE.std_logic_1164.all;
use IEEE.std_logic_unsigned.all;
entity UDCNT is
port (CLK, RESET, LOAD, INC : in std_logic;
      D : in std_logic_vector(3 downto 0);
      COUNT : out std_logic_vector(3 downto 0)
);
end UDCNT ;

architecture RTL of UDCNT is
signal COUNT_IN : std_logic_vector(3 downto 0);
begin
COUNT <= COUNT_IN ;
process (CLK, RESET) begin
if (RESET = '1') then
    COUNT_IN <= "0000" ;
elsif (CLK'event and CLK = '1') then
    if (LOAD = '1') then
        COUNT_IN <= D ;
    elsif (INC = '1') then
        if (COUNT_IN = "1001") then
            COUNT_IN <= "0000" ;
        else
            COUNT_IN <= COUNT_IN + '1' ;
        end if;
    else
        if (COUNT_IN = "0000") then
            COUNT_IN <= "1001" ;
        else
            COUNT_IN <= COUNT_IN - '1' ;
        end if;
    end if;
end if;
end process ;
end RTL ;
```

検証結果をキャラクタとして表示する

「できるだけ実際に近い形」というのは，いろいろな場合があると思います．例えばプロセッサを設計しているのであれば，そのプロセッサにつながるメモリや周辺回路(ペリフェラル)のモデルを用意してシミュレーションを行います．いまここでは，具体的な例として10進カウンタと，それを表示させるための7セグメントLEDのデコーダのシミュレーションについて説明します(小さなモデルで説明したほうが理解しやすいと思うので…)．入出力は，カウンタの制御信号(RESET，LOAD，INC)などの入力とLEDのデコーダの出力ということになります．

この場合の検証項目としては，10進カウンタがきちんと10進の動作をしているかどうかも重要ですが，出力のLEDに対して正しく信号が送られているかどうかも重要だと筆者は思います．**リスト3.25，リスト**

[リスト3.29]
10進カウンタと7セグメントLEDをインスタンスするソース・コード（Verilog HDL）

二つのモジュールをインスタンスしている．このモジュールがRTLのトップになる．

```verilog
module UDCNT_LED (RESET ,CLK, LOAD, INC, D, LED);
input CLK, RESET, LOAD, INC;
input [3:0] D;
output [6:0] LED;
wire [6:0] LED;

wire [3:0] data;

UDCNT i1(RESET, CLK, data, LOAD, INC, D);
BCD7 i2(data, LED);

endmodule
```

[リスト3.30] 10進カウンタと7セグメントLEDをインスタンスするソース・コード（VHDL）

二つのモジュールをインスタンスしている．このモジュールがRTLのトップになる．

```vhdl
library IEEE;
use IEEE.std_logic_1164.all;

entity UDCNT_LED is
    port (RESET : in std_logic;
          CLK   : in std_logic;
          LOAD  : in std_logic;
          INC   : in std_logic;
          D     : in std_logic_vector
                                 (3 downto 0);
          LED   : out std_logic_vector
                                 (6 downto 0)
          );
end UDCNT_LED;

architecture structure of UDCNT_LED is
component UDCNT
    port (CLK, RESET, LOAD, INC : in std_logic;
          D : in std_logic_vector(3 downto 0);
          COUNT : out std_logic_vector(3 downto 0)
          );
end component;

component BCD7
    port (BCD : in std_logic_vector
                                 (3 downto 0);
          LED : out std_logic_vector
                                 (6 downto 0)
          );
end component;

signal data : std_logic_vector(3 downto 0);

begin
    I1 : UDCNT port map (CLK, RESET, LOAD,
                                 INC, D, data);
    I2 : BCD7 port map(data, LED);
end structure;
```

3.26に7セグメントLEDのデコーダのソース・コードを，リスト3.27，リスト3.28に10進カウンタのソース・コードを，リスト3.29，リスト3.30にこの回路のRTLトップ階層のソース・コード（10進カウンタと7セグメントLEDのデコーダをインスタンスしたもの）を示します．それぞれ，Verilog HDLとVHDLの両方を示しました．

10進カウンタが10進の動作を行っているかどうかは，シミュレーションで確認することができます．しかし，LEDのデコーダに含まれる7ビットの信号の割り当てが，実際のLEDの信号に対して本当に正しいかどうかは，どうしたらチェックできるのでしょうか？こうした問題に対応したVerilog HDLとVHDLのテストベンチのソース・コードをリスト3.31とリスト3.32に示します．また，これらのテストベンチを使ってシミュレーションした結果を，それぞれ図3.7に示します．図3.7では，あたかもLEDが点滅しているかのようにシミュレーションのログが出力されています．このような出力を行うためのもっとスマートなテストベンチの記述方法もあるかとは思いますが，いずれにしろ，このようにキャラクタを使って表示してチェ

[リスト3.31] 10進カウンタ＋7セグメントLEDのテストベンチのソース・コード（Verilog HDL）
キャラクタを使ってLEDの点滅を表している。LEDの点滅のON/OFFをDISPLAY_ONという定数でコントロールできる．

```verilog
module UDCNT_LED_TEST ;

parameter PERIOD = 100 ;
reg CLK, RESET, LOAD, INC;
reg [3:0] D;
wire [6:0] LED;

UDCNT_LED i0(.CLK(CLK), .RESET(RESET),
.LOAD(LOAD), .INC(INC), .D(D), .LED(LED));

always #(PERIOD/2)
        CLK = ~CLK;

initial
    begin
        CLK = 1'b0; RESET = 1'b0;
                    LOAD = 1'b0 ; INC = 1'b1 ;
        #PERIOD RESET = 1'b1 ;
        #PERIOD RESET = 1'b0 ;
        #(PERIOD*4) LOAD = 1'b1 ; D = 4'b1000 ;
                    // できるだけ"10"に近い値を設定
        #PERIOD LOAD = 1'b0 ;
        #(PERIOD*6) INC = 1'b0 ;
        #(PERIOD*6) RESET = 1'b1; LOAD = 1'b1 ;
                    INC = 1'b1 ;D = 4'b0010 ;
        #(PERIOD*3) RESET = 1'b0;
        #PERIOD LOAD = 1'b0 ; INC = 1'b0 ;
        #(PERIOD*4) LOAD = 1'b1 ; INC = 1'b1 ;
                                  D = 4'b1000 ;
        #PERIOD $finish;
    end

// Check LED Display

reg [8*2:1] B_DIS, C_DIS, E_DIS, F_DIS ;
reg [8*4:1] A_DIS, D_DIS, G_DIS ;

parameter LED_0 = 7'b1111110,
          LED_1 = 7'b0110000,
          LED_2 = 7'b1101101,
          LED_3 = 7'b1111001,
          LED_4 = 7'b0110011,
          LED_5 = 7'b1011011,
          LED_6 = 7'b1011111,
          LED_7 = 7'b1110010,
          LED_8 = 7'b1111111,
          LED_9 = 7'b1111011,
          LED_E = 7'b1001111;
parameter DISPLAY_ON = 1'b1;
integer i ;

always @(LED)
    if(DISPLAY_ON)
        display_check(LED) ;

task display_check ;
input [6:0] LED ;
    begin
        for(i=6;i>=0;i=i-1)
            case(i)
            6:if(LED[i]==1'b1)
                    A_DIS="----";
              else if(LED[i]==1'b0)
                    A_DIS="    ";
              else
                    A_DIS="xxxx";
            5:if(LED[i]==1'b1)
                    B_DIS="| ";
              else if(LED[i]==1'b0)
                    B_DIS="  ";
              else
                    B_DIS="xx";
            4:if(LED[i]==1'b1)
                    C_DIS="| ";
              else if(LED[i]==1'b0)
                    C_DIS="  ";
              else
                    C_DIS="xx";
            3:if(LED[i]==1'b1)
                    D_DIS="----";
              else if(LED[i]==1'b0)
                    D_DIS="    ";
              else
                    D_DIS="xxxx";
            2:if(LED[i]==1'b1)
                    E_DIS=" |";
              else if(LED[i]==1'b0)
                    E_DIS="  ";
              else
                    E_DIS="xx";
            1:if(LED[i]==1'b1)
                    F_DIS=" |";
              else if(LED[i]==1'b0)
                    F_DIS="  ";
              else
                    F_DIS="xx";
            0:if(LED[i]==1'b1)
                    G_DIS="----";
              else if(LED[i]==1'b0)
                    G_DIS="    ";
              else
                    G_DIS="xxxx";
            endcase
        #5
        $display("DISPLAY");
        $display("  %s ",A_DIS);
        $display("%s     %s",F_DIS,B_DIS);
        $display("  %s ",G_DIS);
        $display("%s     %s",E_DIS,C_DIS);
        $display("  %s ",D_DIS);
        $write("In");
    end
endtask

endmodule
```

ックすれば，実際の回路を作ってLEDを表示させる前にシミュレーション上で動作をチェックできます．

　ここで注意していただきたいのが，**リスト3.31**にあるtask文（Verilog HDLの場合）と，**リスト3.32**にあるLED_DISPLAYというラベル名をともなうprocess文（VHDLの場合）です．本章のはじめのところでも述べたように，できればこのtask文やprocess文については，**リスト3.25〜リスト3.30**の作成者に作らせないほうがよいということです．なぜなら，その設計者がLEDの出力のビット割り当てに思い込みがあってまちがっていたとすると，そのとおりにテストベンチ（ここでは**リスト3.31**，**リスト3.32**）を作ってしまう可能性が非常に高いからです．しつこいようですが，この**リスト3.31**，**リスト3.32**のテストベンチの部分は，やはり第三者（いわゆる，検証エンジニア）に作ってもらったほうがよいと思います．

検証環境の選択はプロジェクト・マネージャの仕事

　以上のように，実機（実チップ）を作成する前に，シミュレーション上で実際の動作に近いことをチェックできれば，それだけ設計したLSIの完成度が高くなりますし，なんといっても実機におけるリワーク作業の手間がかなり軽減されます．

　実際には，ここで紹介したようなLED表示のチェックくらいであれば，現実的な時間でシミュレーションは終了します．ところが，前述したように画像処理における画像の実際の出力や，通信関係の何万クロック後のパリティ・チェックなどは，シミュレーションそのものにかなりの時間を要します．

　このようなとき，一つの検証方法としてFPGAを利用することが考えられます（書き換え可能なデバイスを利用すれば，何度でも設計し直すことができる）．実際のハードウェアを利用すれば，ワークステーションやパソコンでシミュレーションする場合より，圧倒的に動作速度を上げることができます．つまり，検証にかかる時間を削減できます．ただし，そのような環境を構築するには，エディタでHDLの記述を変更する場合よりも手間がかかります．したがって，FPGAを利用して実機で検証するのがよいのか，時間がかかってもシミュレータで検証するべきなのか，このあたりの決断は，ある意味ではプロジェクト・マネージャの仕事になると思います．

直感的に結果を把握できるテストベンチで検証期間を短縮

　ここでHDLの記述テクニックの話をすると，シミュレーションを行ううえでは，**リスト3.31**，**リスト3.32**にあるように，キャラクタを利用することによって，かなり実機に近い見栄えでシミュレーションを行うことができます．キャラクタの利用ということでは，**リスト3.33**，**リスト3.34**（簡単な演算回路）に対して，**リスト3.35**，**リスト3.36**のようなテストベンチを記述すると，デバッグ時の効率が上がります．ここでは，演算回路において演算を決定する制御信号（ここでは3ビット）から逆にデコードして，その演算がどのような種類なのかを視覚的に示しています（**図3.8**）．

　設計作業を集中して行っているときは，どの命令コードがきたらどの演算かということはすぐに思い出せます（つまり，設計者の頭の中がデコーダになっている）．ところが，少し時間がたつと，どの命令コードのときにどの演算なのかということは，なかなか思い出せないのではないかと思います（少なくとも筆者の場合はそうである）．そのときに，前述のようなキャラクタ表示の工夫をテストベンチの中に組み込んでおけば，デバッグ時に余計な時間を取られることが少なくなります．

　このように，ちょっとした工夫を付け加えるだけで，デバッグの効率が上がります．検証に時間がかかるというのは，このようなちょっとした時間の浪費の積み重ねによるものも含まれていると思います．最初に

〔リスト3.32〕10進カウンタ＋7セグメントLEDのテストベンチのソース・コード(VHDL)
キャラクタを使ってLEDの点滅を表している。LEDの点滅のON/OFFをDISPLAY_ONという定数でコントロールできる。

```vhdl
library ieee;
use ieee.std_logic_1164.all;
use std.textio.all;
entity UDCNT_LED_TEST is
end UDCNT_LED_TEST;
architecture stimulus of UDCNT_LED_TEST is
component UDCNT_LED is
port (CLK, RESET, LOAD, INC : in std_logic;
      D : in std_logic_vector(3 downto 0);
      LED : out std_logic_vector(6 downto 0)
     );
end component ;
constant PERIOD: time := 100 ns;
signal CLK: std_logic := '0';
signal RESET, LOAD, INC: std_logic ;
signal D: std_logic_vector(3 downto 0);
signal LED: std_logic_vector(6 downto 0);
signal done: boolean := false;
constant DISPLAY_ON: boolean := true;

begin
    I0: UDCNT_LED port map (CLK => CLK,
        RESET => RESET,
        LOAD => LOAD,
        INC => INC, D => D,
        LED => LED);
    CLOCK1: process
    begin
        wait for PERIOD/2;
        CLK <= not CLK;
                        -- Attach your clock here
        assert not done = true report
                    "Simulation Complete !!"
        severity Error ;
    end process;

    STIMULUS1: process
    begin
        RESET <= '0' ; LOAD <= '0' ; INC <= '1' ;
        wait for PERIOD ;
        RESET <= '1' ;
        wait for PERIOD ;
        RESET <= '0' ;
        wait for PERIOD*4 ;
        LOAD <= '1' ; D <= "1000" ;
                -- できるだけ"10"に近い値を設定
        wait for PERIOD ;
        LOAD <= '0' ;
        wait for PERIOD*6;
        INC <= '0' ;
        wait for PERIOD*6;
        RESET <= '1'; LOAD <= '1' ;
                        INC <= '1' ;D <= "0010" ;
        wait for PERIOD*3 ;
        RESET <= '0';
        wait for PERIOD ;
        LOAD <= '0' ; INC <= '0' ;
        wait for PERIOD*4;
        LOAD <= '1' ; INC <= '1' ;D <= "0010" ;
        wait for PERIOD ;
        done <= true;
        wait;
    end process;

    LED_DISPLAY: process(LED)
        variable B_DIS, C_DIS, E_DIS,
                F_DIS: string (1 to 2) := "  ";
        variable A_DIS, D_DIS, G_DIS:
                    string(1 to 4):= "    ";
    begin
        for i in 6 downto 0 loop
            case i is
                when 6 => if (LED(i) = '1') then
                            A_DIS := "----";
                        elsif(LED(i) = '0')then
                            A_DIS := "    ";
                        else
                            A_DIS := "xxxx";
                        end if;
                when 5 => if (LED(i) = '1') then
                            B_DIS := "| ";
                        elsif(LED(i) = '0') then
                            B_DIS := "  ";
                        else
                            B_DIS := "xx";
                        end if;
                when 4 => if (LED(i) = '1') then
                            C_DIS := "| ";
                        elsif(LED(i) = '0') then
                            C_DIS := "  ";
                        else
                            C_DIS := "xx";
                        end if;
                when 3 => if (LED(i) = '1') then
                            D_DIS := "----";
                        elsif(LED(i) = '0') then
                            D_DIS := "    ";
                        else
                            D_DIS := "xxxx";
                        end if;
                when 2 => if (LED(i) = '1') then
                            E_DIS := " |";
                        elsif(LED(i) = '0') then
                            E_DIS := "  ";
                        else
                            E_DIS := "xx";
```

〔リスト3.32〕10進カウンタ＋7セグメントLEDのテストベンチのソース・コード（VHDL）（つづき）

```
                       end if;
               when 1 => if (LED(i) = '1') then
                             F_DIS := " |";
                         elsif(LED(i) = '0') then
                             F_DIS := "  ";
                         else
                             F_DIS := "xx";
                         end if;
               when 0 => if (LED(i) = '1') then
                             G_DIS := "----";
                         elsif(LED(i) = '0') then
                             G_DIS := "    ";
                         else
                             G_DIS := "xxxx";
                         end if;
                end case;
            end loop;
        assert not DISPLAY_ON report "DISPLAY"
        severity Note ;
        assert not DISPLAY_ON report "   "
                                             & A_DIS
        assert not DISPLAY_ON report F_DIS
                                    & "    " & B_DIS
        severity Note ;
        assert not DISPLAY_ON report "   "
                                             & G_DIS
        severity Note ;
        assert not DISPLAY_ON report E_DIS
                                    & "    " & C_DIS
        severity Note ;
        assert not DISPLAY_ON report "   "
                                             & D_DIS
        severity Note ;
        assert not DISPLAY_ON report "   "
        severity Note ;
    end process;

end stimulus;
```

〔リスト3.33〕演算回路のソース・コード（Verilog HDL）

8種類の演算をopcodeという信号から決定し，出力する．

```verilog
module ALU (a, b, opcode, c);
input [3:0] a, b ;
input [2:0] opcode ;
output [3:0] c ;
reg [3:0] c ;

always @(a or b or opcode)
    case (opcode)
        3'b000:c <= a + b;
        3'b001:c <= a - b;
        3'b010:c <= {1'b0,a[3:1]};
        3'b011:c <= {a[2:0],1'b0};
        3'b100:c <= a + 1;
        3'b101:c <= a - 1;
        3'b110:c <= a;
        3'b111:c <= b;
        default:c <= 4'bxxxx;
    endcase
endmodule
```

〔リスト3.34〕演算回路のソース・コード（VHDL）

8種類の演算をopcodeという信号から決定し，出力する．

```vhdl
library IEEE;
use IEEE.std_logic_1164.all;
use IEEE.std_logic_unsigned.all;

entity ALU is
    port(a, b: in std_logic_vector(3 downto 0);
         opcode: in std_logic_vector(2 downto 0);
         c: out std_logic_vector(3 downto 0));
end ALU;

architecture RTL of ALU is
begin
process (a, b, opcode)
begin
    case opcode is
        when "000" => c <= a + b;
        when "001" => c <= a - b;
        when "010" => c <= '0' & a(3 downto 1);
        when "011" => c <= a(2 downto 0) & '0';
        when "100" => c <= a + 1;
        when "101" => c <= a - 1;
        when "110" => c <= a;
        when "111" => c <= b;
        when others => c <= "XXXX";
    end case;
end process;

end RTL;
```

〔リスト3.35〕演算回路のテストベンチのソース・コード（Verilog HDL）
8種類の演算を決定しているopcodeという信号をデコードして，キャラクタをop_sigという信号に代入している．

```verilog
module ALU_TEST ;
parameter CYCLE = 100;
reg [3:0] a, b ;
reg [2:0] opcode ;
wire [3:0] c ;

reg [1:7*8] op_sig;

ALU i0(a, b, opcode, c);

initial
    begin
            #1 a=$random;b=$random;opcode=3'b000;
        #CYCLE a=$random;b=$random;opcode=3'b001;
        #CYCLE a=$random;b=$random;opcode=3'b010;
        #CYCLE a=$random;b=$random;opcode=3'b011;
        #CYCLE a=$random;b=$random;opcode=3'b100;
        #CYCLE a=$random;b=$random;opcode=3'b101;
        #CYCLE a=$random;b=$random;opcode=3'b110;
        #CYCLE a=$random;b=$random;opcode=3'b111;
        #CYCLE a=$random;b=$random;opcode=3'b11x;
        #CYCLE $finish;
    end

always @(opcode)
    case (opcode)
        3'b000:op_sig="  ADD  ";
        3'b001:op_sig="  SUB  ";
        3'b010:op_sig="R_SHIFT";
        3'b011:op_sig="L_SHIFT";
        3'b100:op_sig="  INC  ";
        3'b101:op_sig="  DEC  ";
        3'b110:op_sig=" A_OUT ";
        3'b111:op_sig=" B_OUT ";
        default:op_sig="UNKOWN";
    endcase

initial
    $monitor($time,,"OPCODE:%s a=%h b=%h opcode=%h c=%h",op_sig,a,b,opcode,c);

endmodule
```

このような検証環境を構築する際には，多少の手間と時間がかかります．しかし，このような作業にこそ時間をかけるべきではないかと筆者は考えています．

〔図3.7〕10進カウンタ＋7セグメントLEDのシミュレーション結果

このログや出力結果を見れば，LEDの点滅のビット割り当てが正しいかどうか，視覚的にわかる．

```
VeriLogger Pro simulation log created at Sun Jun       DISPLAY
18 11:56:01 2000                                         ----
Beginning Compile                                         |
Beginning Phase I                                        ----
Compiling source file: C:ItempIcqIDWI                     |
t_udcnt_led.v                                            ----
Compiling source file: C:ItempIcqIDWIbcd7.v
Compiling source file: C:ItempIcqIDWIudcnt.v           DISPLAY
Compiling source file: C:ItempIcqIDWI                    ----
Udcnt_led.v                                               |
Finished Phase I                                         ----
Entering Phase II...                                      |
Finished Phase II                                        ----
Entering Phase III...
Finished Phase III                                     DISPLAY
Highest level modules:    TESTBNCH
Finding handle to TESTBNCH.CLK                          |   |
Finding handle to TESTBNCH.RESET                         ----
Finding handle to TESTBNCH.LOAD                           |
Finding handle to TESTBNCH.INC
Finding handle to TESTBNCH.D
Finding handle to TESTBNCH.LED                         DISPLAY
Finding handle to TESTBNCH.B_DIS                         ----
Finding handle to TESTBNCH.C_DIS                        |   |
Finding handle to TESTBNCH.E_DIS                         ----
Finding handle to TESTBNCH.F_DIS                        |   |
Finding handle to TESTBNCH.A_DIS                         ----
Finding handle to TESTBNCH.D_DIS
Finding handle to TESTBNCH.G_DIS                       DISPLAY
Finding handle to TESTBNCH.i                             ----
Compile Complete                                        |   |
.                                                        ----
Running...                                                |
DISPLAY                                                  ----
  xxxx
xx    xx                                               DISPLAY
  xxxx                                                   ----
xx    xx                                                |   |
  xxxx
                                                        |   |
DISPLAY                                                  ----
  ----
 |    |                                                DISPLAY
                                                          |
 |    |
  ----                                                    |

DISPLAY                                                   |
                                                       DISPLAY
      |                                                  ----
                                                          |
      |                                                  ----
```

```
      |                         DISPLAY                      |
     ----                         ----                       |
DISPLAY                          |  |                        |
     ----                        |  |                        |
      |                          |  |                     DISPLAY
     ----                         ----                      ----
      |                            |                       |  |
     ----                         ----                     |  |
DISPLAY                          DISPLAY                    ----
     |  |                         ----                       |
     ----                        |  |                       ----
      |                          |  |                     DISPLAY
     ----                         ----                      ----
DISPLAY                            |                       |  |
     ----                         ----                     |  |
      |                          DISPLAY                    ----
     ----                         ----                       |
      |                          |  |                       ----
     ----                        |  |                     DISPLAY
DISPLAY                           ----                      ----
     ----                        DISPLAY                    |  |
      |                           ----                       ----
     ----                        |  |                       |  |
      |                          |  |                        ----
DISPLAY
     ----                        DISPLAY                 Exiting VeriLogger Pro at
      |                           ----                   simulation time 2800000
     ----                          |                     0 Errors, 0 Warnings
DISPLAY                           ----                   Compile time = 0.11000, Load
      |                            |                     time = 0.11000, Execution time
      |                           ----                   = 3.35000
      |                          DISPLAY                 Normal exit
```

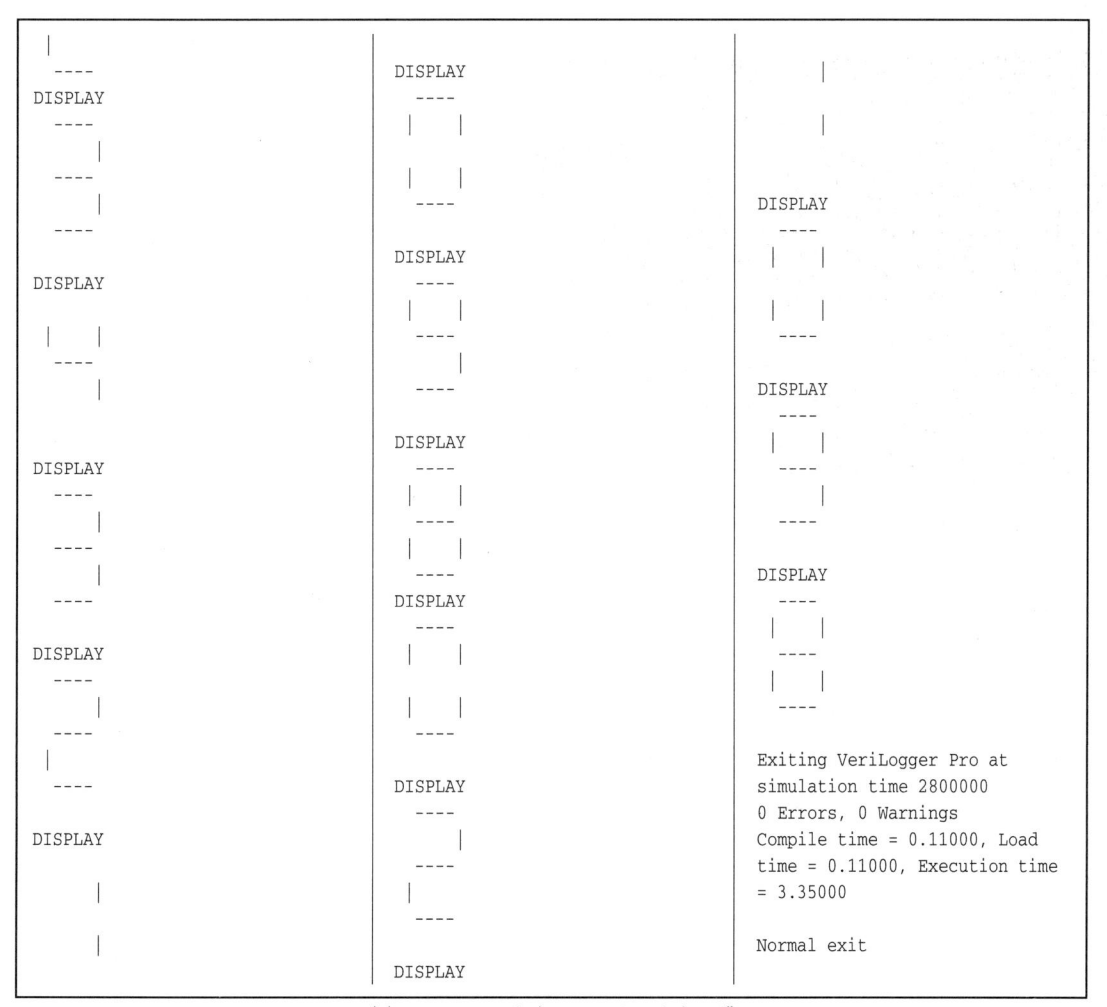

(a) Verilog HDL シミュレータの出力ログ

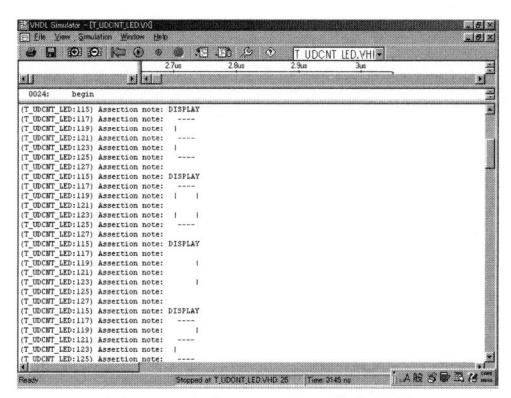

(b) VHDL シミュレータの出力画面

[リスト3.36] 演算回路のテストベンチのソース・コード(VHDL)
8種類の演算を決定しているopcodeという信号をデコードして，キャラクタをop_sigという信号に代入している．

```vhdl
library IEEE;
use IEEE.std_logic_1164.all;

entity ALU_TEST is
end ALU_TEST;

architecture STIMULUS of ALU_TEST is
component ALU
    port(a, b: in std_logic_vector(3 downto 0);
         opcode: in std_logic_vector(2 downto 0);
         c: out std_logic_vector(3 downto 0));
end component;

constant CYCLE : time := 100 ns;
signal a, b : std_logic_vector(3 downto 0);
signal opcode : std_logic_vector(2 downto 0);
signal c : std_logic_vector(3 downto 0);

signal op_sig : string (1 to 7) := "???????";

begin

I0:ALU port map(a, b, opcode, c);

process
    begin
        wait for 1ns;
        a<="1011";b<="0110";opcode<="000";
        wait for CYCLE;
        a<="0011";b<="1101";opcode<="001";
        wait for CYCLE;
        a<="1000";b<="1111";opcode<="010";
        wait for CYCLE;
        a<="0100";b<="1100";opcode<="011";
        wait for CYCLE;
        a<="0101";b<="1011";opcode<="100";
        wait for CYCLE;
        a<="1101";b<="1010";opcode<="101";
        wait for CYCLE;
        a<="1011";b<="0010";opcode<="110";
        wait for CYCLE;
        a<="1010";b<="1110";opcode<="111";
        wait for CYCLE;
        a<="1011";b<="1101";opcode<="11X";
        wait for CYCLE;
        assert false report "Simulation is completed!!"
        severity Error;
end process;

process (opcode)
    begin
        case opcode is
            when "000" => op_sig <= "  ADD  ";
```

[リスト3.36] 演算回路のテストベンチのソース・コード (VHDL) (つづき)

```vhdl
                when "001" => op_sig <= "  SUB  ";
                when "010" => op_sig <= "R_SHIFT";
                when "011" => op_sig <= "L_SHIFT";
                when "100" => op_sig <= "  INC  ";
                when "101" => op_sig <= "  DEC  ";
                when "110" => op_sig <= " A_OUT ";
                when "111" => op_sig <= " B_OUT ";
                when others => op_sig <= " UNKOWN";
            end case;
    end process;

end STIMULUS;
```

[図3.8] 演算回路のシミュレーション結果

op_sigの信号はキャラクタ表示されている．どの演算を行っているのかわかりやすくなっている．デコードしてキャラクタをop_sigという信号に代入している．

(a) Verilog HDLの場合

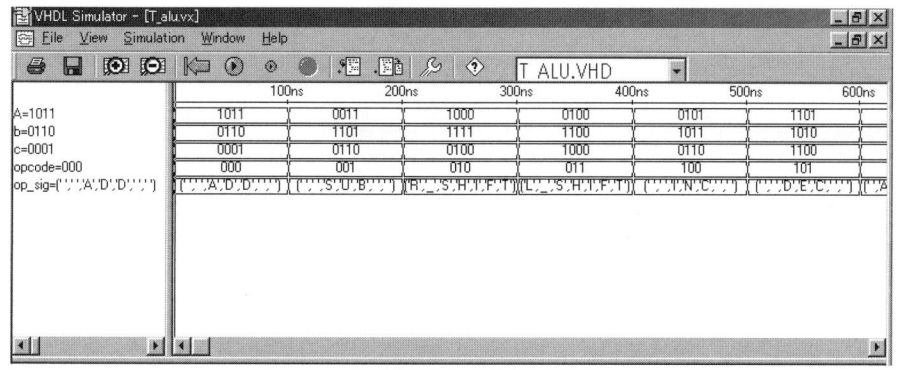

(b) VHDLの場合

5 テストベンチの記述法 その3
── クロックの記述からテスト・シナリオまで

クロックの発生

ここからは，まず最初に，クロックやフレーム・パルスなど，周期的に変化する信号の発生方法を紹介します．2節や3節でもクロックの発生方法を紹介しましたが，ここではさまざまな記述スタイルを紹介します．

リスト3.37は，単純なクロック発生方法です．Verilog HDLの例は3節で紹介した方法です．VHDLの例もVerilog HDLと同じ方法で処理しています．クロックの半周期ごとに**リスト3.37**の①で値を反転してクロックを発生しています．VHDLの例でも反転値を代入しているので，初期値を'0'または'1'で設定しないとクロックが発生しません．このテストベンチではsignal宣言のところで初期値を設定しています．**リスト3.37**の②のように，コンカレント代入とafter節を組み合わせることによってもクロックを発生できます．この場合もsignal宣言で初期値設定を行わないとクロックは発生しません．

リスト3.37ではクロックのデューティ比（'0'と'1'の時間の割合）は1：1で変更できません．**リスト3.38**はデューティ比を変更できる記述です．always文またはprocess文の処理が開始されると，③でクロックに'0'を代入します．④では，遅延記述で'0'を出力する時間を決定します．次に⑤で'1'を代入し，⑥の遅延記述で'1'を出力する時間を決定します．1回の処理が終了すると，always文またはprocess文の始めに戻り，次のサイクルを開始します．④，⑥で与える遅延値を変更することでデューテ

〔リスト3.37〕単純なクロック発生の記述
　　　　　　　（Verilog HDL，VHDL）

```
Verilog HDLの記述例

//初期値設定
initial begin
    CLK_1 = 1'b0 ;
end
//クロックの発生
always #(CYCLE/2)
    CLK_1 = ~CLK_1 ;
```

```
VHDLの記述例

--初期値はsiganl宣言で設定
process
begin
    wait for CYCLE/2 ;    --クロックの半周期遅延
    CLK_1 <= not CLK_1 ;  --①反転値を代入
end process;

--コンカレント代入の例
CLK_1 <= not CLK_1 after CYCLE/2 ;
                --②半周期後に反転値を代入
```

〔リスト3.38〕デューティを変更できるクロック発生の記述
　　　　　　　（Verilog HDL，VHDL）

```
Verilog HDLの記述例

always
begin
    CLK_2 = 1'b0 ;        //③
    #(CYCLE/4)            //④'0'の時間
    CLK_2 = 1'b1 ;        //⑤
    #((CYCLE/4)*3);       //⑥'1'の時間
end
```

```
VHDLの記述例

process
begin
    CLK_2 <= '0';             --③
    wait for CYCLE/4 ;        --④0の時間
    CLK_2 <= '1';             --⑤
    wait for (CYCLE/4)*3 ;    --⑥1の時間
end process;
```

3.5 テストベンチの記述法 その3——クロックの記述からテスト・シナリオまで

〔リスト3.39〕発生開始タイミングをずらせるクロック発生の記述（Verilog HDL，VHDL）

```
Verilog HDLの記述例

initial
  begin
    CLK_3 <= 1'b0;      //⑦初期値
    #(2800)             //⑧クロックの発生を遅らせる
    forever             //⑨無限ループ
      begin
        CLK_3 <= 1'b1;
        #(CYCLE/2)
        CLK_3 <= 1'b0;
        #(CYCLE/2);
      end
  end
```

```
VHDLの記述例

process
  begin
    CLK_3 <='0';          //⑦初期値
    wait for 28 ns;       //⑧クロックの発生を遅らせる
    while true loop       //⑨無限ループ
      CLK_3 <='1';
      wait for (CYCLE/2) ;
      CLK_3 <='0';
      wait for (CYCLE/2) ;
    end loop;
end process;
```

〔図3.9〕クロックのタイム・チャート
CLK_1はリスト3.37のクロック．5nsごとに反転している．CLK_2はリスト3.38のクロック．デューティを変更し，'0'の期間が2.5ns，'1'の期間が7.5nsになっている．CLK_3はリスト3.39のクロック．発生タイミングを28ns遅くした．

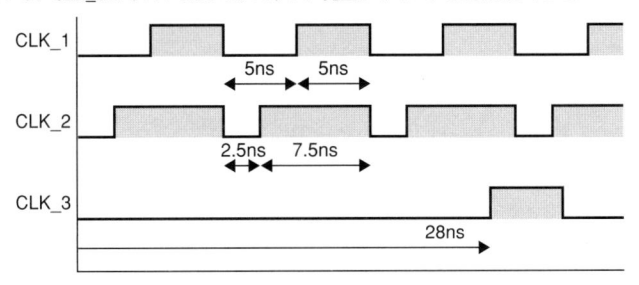

ィ比を変更できます．

　検証内容によっては，シミュレーションを開始した後，しばらくたってからクロックを発生したい場合や，複数のクロックを使用するため，クロックの位相をずらしたい場合があります．そのような場合に対処するため，**リスト3.39**はクロックの発生開始タイミングをずらせるようにしてあります．処理開始後に⑦で初期値を代入します．次に⑧の遅延記述でクロックを発生したい時間まで遅延させます．⑨ではクロックを繰り返し発生させるため，無限ループを作ります．Verilog HDLではforever文，VHDLでは条件式をtrueとしたwhile文を利用して無限ループを記述しています．ループ内では，1クロック分の波形を発生しています．**図3.9**は**リスト3.37**～**リスト3.39**のクロックのタイム・チャートです．

フレーム・パルスの発生

　フレーム・パルスは，通信装置などのフレーム（データのかたまり）の区切りとして利用します．ここでは周期の決まっているフレーム・パルスの発生方法を紹介します．
　リスト3.40は，クロック同期で動作するカウンタを利用して，フレーム・パルスを発生しています．これは，RTL記述のスタイルで書いてあります．クロック同期で動作するので，信号の変化タイミングがクロック周期とずれる心配はありません．しかし，記述量が多く，機能の割には中身が複雑です．
　テストベンチは論理合成の対象外なので，RTL記述のスタイルにこだわる必要はありません．そこで，

〔リスト3.40〕カウンタを利用してフレーム・パルスを発生（Verilog HDL，VHDL）

Verilog HDLの記述例

```
always@(negedge CLK_1 or negedge RSTN)
  begin
    if (RSTN == 1'b0)
      begin
        FP_IN_1 <=1'b0;
        FRM_COUNT <=4'b0111;
      end
    else
      if (FRM_COUNT ==4'b0111)
        begin
          FP_IN_1 <=1'b1;
          FRM_COUNT <= 4'b0000;
        end
      else
        begin
          FP_IN_1 <=1'b0;
          FRM_COUNT <= FRM_COUNT + 4'b0001;
        end
  end
```

VHDLの記述例

```
process(CLK_1,RSTN)
begin
  if (RSTN = '0') then
    FP_IN_1 <='0';
    FRM_COUNT <="0111";
  elsif ( CLK_1'event and CLK_1='0') then
    if (FRM_COUNT ="0111") then
      FP_IN_1 <='1';
      FRM_COUNT <= "0000";
    else
      FP_IN_1 <='0';
      FRM_COUNT <= FRM_COUNT + "0001";
    end if;
  end if;
end process;
```

〔リスト3.41〕遅延を指定してフレーム・パルスを発生（Verilog HDL，VHDL）

Verilog HDLの記述例

```
always
begin
    FP_IN_2 <= 1'b0;
    #(CYCLE*2)
    FP_IN_2 <= 1'b1;
    #(CYCLE)
    FP_IN_2 <= 1'b0;
    #(CYCLE*5);
end
```

VHDLの記述例

```
process
begin
    FP_IN_2 <= '0';
    wait for CYCLE*2;
    FP_IN_2 <= '1';
    wait for CYCLE;
    FP_IN_2 <= '0';
    wait for CYCLE*5;
end process;
```

〔リスト3.42〕ループを利用してフレーム・パルスを発生（Verilog HDL，VHDL）

Verilog HDLの記述例

```
always
begin
    for (i=0;i<=7;i=i+1)
    begin
        if (i==2)
            FP_IN_3 <= 1'b1;
        else
            FP_IN_3 <= 1'b0;
        @(negedge CLK_1);
    end
end
```

VHDLの記述例

```
process
begin
    for i in 0 to 7 loop
        if (i=2) then
            FP_IN_3 <= '1';
        else
            FP_IN_3 <= '0';
        end if;
        wait until (CLK_1'event and CLK_1='0');
    end loop;
end process;
```

〔図3.10〕フレーム・パルスのタイム・チャート
フレーム・パルスは8クロック(CLK)に1回，1になる．リスト3.40の記述はリセットされる(RSTN=0になる)とフレーム・パルスの発生が停止する．リスト3.41とリスト3.42の記述はリセットで停止しない．

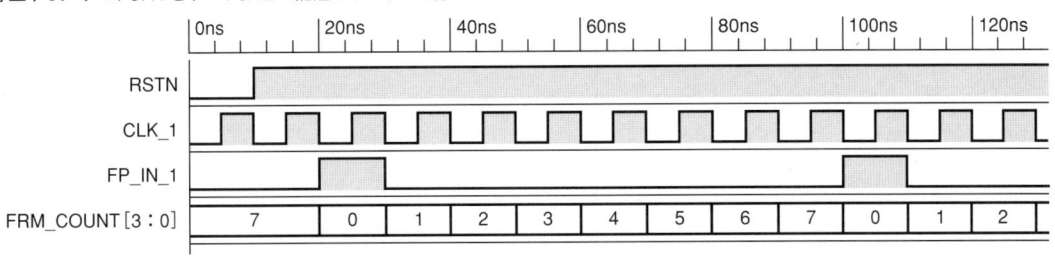

時刻	0ns	20ns	40ns	60ns	80ns	100ns	120ns
RSTN							
CLK_1							
FP_IN_1							
FRM_COUNT[3:0]	7	0 1 2	3 4	5 6	7 0	1	2

　リスト3.41，リスト3.42では，RTL記述とは別のスタイルで書いてあります．リスト3.41では遅延を指定して波形を作っています．クロックのエッジに合わせて動作するようには書いていないので，遅延の指定をまちがえるとクロック周期とフレーム・パルスの変化のタイミングがずれる可能性があります．リスト3.42ではループを利用して波形を作っています．こちらはクロックの立ち下がりに同期して動作します．図3.10はフレーム・パルスのタイム・チャートです．

データ信号発生器

　OS上のテキスト・ファイルを読み取り，検証対象への入力データとして使用する方法と，シミュレーションの出力結果を期待値照合する方法を紹介します．

　リスト3.43はデータ信号発生器のVerilog HDLの記述例です．OS上のテキスト・ファイルからデータ(リスト3.44)を読み出し，クロックの立ち下がりエッジに同期してデータを順番に出力します．

　リスト3.43の①で，OS上のDATA_MEM.txt(リスト3.44)をDATA_MEMに代入しています．ファイルの読み出しは，システム・タスクの$readmembを使用しています．$readmembは，OS上のテキスト・ファ

〔リスト3.43〕データ信号発生器の記述(Verilog HDL)

```
//ファイルからデータを読み込む
initial
    $readmemb("DATA_MEM.txt",DATA_MEM);                    //①
//データを順番に出力する．
initial                                                     //②
    begin
        DATA_IN <= 8'b00000000;                             //③
        wait (RSTN==1'b1);                                  //④リセット解除待ち
        wait (FP_IN_1==1'b1);                               //⑤1回目のフレーム・パルス待ち
        forever begin                                       //⑥無限ループ
         for(DATA_COUNT=0;DATA_COUNT<=31;DATA_COUNT=DATA_COUNT+1) //⑦
            begin
                DATA_IN <= DATA_MEM[DATA_COUNT];
                @(negedge CLK_1);
            end
        end
    end
```

〔リスト3.44〕リスト3.43, リスト3.45の入力データ

```
00000000        ->      DATA_MEM[0]
00000001        ->      DATA_MEM[1]
00000010        ->      DATA_MEM[3]
00000011
00000100
00000101
00000110
00000111
00001000
00001001

(以下省略)
```

〔リスト3.45〕
データ信号発生器の記述(VHDL)

```
--library節, use節
library IEEE;
    use IEEE.std_logic_1164.all;
    use IEEE.std_logic_unsigned.all;
    use std.textio.all;                                 --⑧
    use IEEE.std_logic_textio.all;                      --⑨

--Architectureの宣言部, ファイルの宣言
file in_file :TEXT open read_mode is "data_mem.txt";   --⑩
--file in_file :TEXT is in "data_mem.txt";--vhdl'87

(途中省略)

--ファイルからデータを読み込む
process                                                 --⑪
    variable in_ln:line;
    variable in_data : std_logic_vector( 7 downto 0);
begin
    for i in 0 to 31 loop
        readline(in_file,in_ln);                        --⑫
        read(in_ln,in_data);                            --⑬
        DATA_MEM(i) <= in_data;
    end loop;
    wait;
end process;

--データを順番に出力
process                                                 --⑭
begin
    DATA_IN <= DATA_MEM(0);
    wait until (RSTN='1');     --リセット解除待ち
    wait until (FP_IN_1='1');  --1回目のフレームパルス待ち
    while true loop            --無限ループ
        for DATA_COUNT in 0 to 31 loop
            DATA_IN <= DATA_MEM(DATA_COUNT);
            wait until ( CLK_1'event and CLK_1='0');
        end loop;
    end loop;
end process;
```

イルの'0'，'1'をバイナリ・データとして読み出します．また$readmemhを使用すると，テキスト・ファイルの内容を16進データとみなして取り込みを行います．②のinitial文は，データをクロックごとに出力しています．③では，DATA_INの初期値を代入しています．④では，リセット解除まで遅延させます．⑤では，1回目のフレーム・パルスまで遅延させます．⑥では，無限ループを作り，DATA_MEMの内容を終わりまで使用した後，先頭に戻って動作が続くようにしてあります．以降では，ループを利用してDATA_MEMの内容を順番に出力していきます．

リスト3.45はVHDLのデータ信号発生器の例です．Verilog HDLに比べて，VHDLではOS上のファイルを読み出す手順が多くなります．⑧と⑨では，ファイル・アクセスに必要なパッケージを使用可能にしています．⑩ではファイル・オブジェクト(in_file)を宣言して，OS上のファイル(DATA_MEM.txt)と対応づけしています．ファイル・オブジェクトの宣言方法は，VHDL93のスタイルで書いてあります．コメントになっている次の行は，VHDL87のスタイルです．ファイルの読み出し処理は⑪のprocess文で行います．⑫でファイル・オブジェクトから1ラインのデータを読み出し，⑬でラインからデータを取り出します．次の⑭のprocess文では，クロックごとにデータを出力しています．処理方法は**リスト3.43**の②のinitial文(Verilog HDL)と同じです．

データ・チェッカ

リスト3.46，**リスト3.47**は検証対象から出力されたデータを確認する記述です．処理方法は，データ発生記述とほぼ同じです．違う点は，**リスト3.46**の⑯，**リスト3.47**の⑱で検証対象の出力信号とファイルから読み出したデータを比較することです．結果が合わない場合は，Errが'1'になります．また，比較開始のタイミング⑰は，1回目のフレーム・パルスが到着した時点からとなります．**図3.11**は，データ信号発生器とデータ・チェッカのタイム・チャートです．

バス動作の検証

バスに接続して使用する回路モジュールを検証する場合，CPUからのアクセスをテストベンチ上で再現

〔リスト3.46〕期待値照合の記述(Verilog HDL)

```
initial
    begin
        Err <= 1'b0;
        wait (RSTN==1'b1);
        wait (FP_OUT==1'b1);                            //⑮1回目のフレーム・パルス待ち
        forever begin
            for (OUT_COUNT=0;OUT_COUNT<=31;OUT_COUNT=OUT_COUNT+1)
                begin
                @(negedge CLK_1);
                if (DATA_OUT == DATA_MEM[OUT_COUNT])    //⑯結果比較
                    Err <= 1'b0;
                else
                    Err <= 1'b1;
                @(posedge CLK_1);
            end
        end
    end
```

〔リスト3.47〕期待値照合の記述（VHDL）

```
process
begin
    Err <= '0';
    wait until (RSTN='1');
    wait until (FP_OUT='1');                          --⑰ 1回目のフレーム・パルス待ち
    while true loop
        for OUT_COUNT in 0 to 31 loop
            wait until( CLK_1'event and CLK_1='0');
                if (DATA_OUT = DATA_MEM(OUT_COUNT)) then    --⑱
                    Err <= '0';
                else
                    Err <= '1';
                end if;
            wait until (CLK_1'event and CLK_1='1');
        end loop;
    end loop;
end process;
```

〔図3.11〕データ信号発生器とチェッカのタイム・チャート

入力データ(DATA_IN)は，入力フレーム・パルス(FP_IN_1)と同期して入力を開始する．出力データは，Eが出力されるべきタイミングでFが出力されており，エラーになっている．

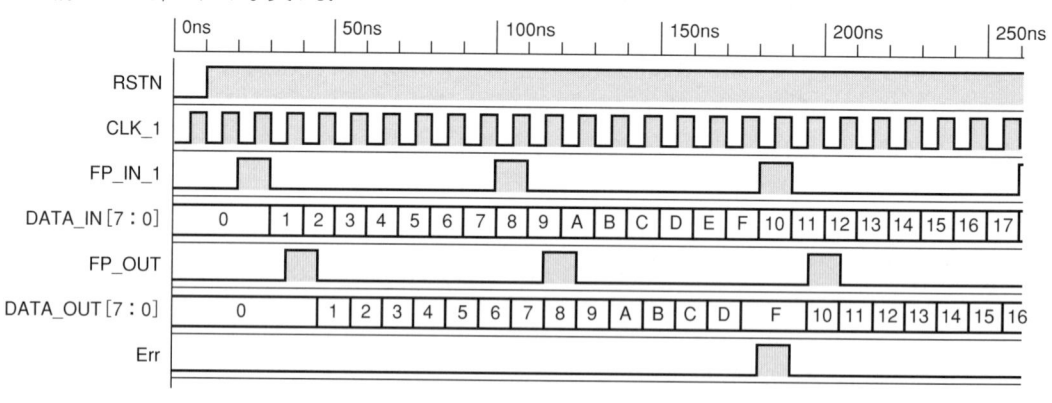

	0ns	50ns	100ns	150ns	200ns	250ns
RSTN						
CLK_1						
FP_IN_1						
DATA_IN[7:0]	0	1 2 3 4 5 6 7	8 9 A B C D E F	10 11 12 13 14 15	16 17	
FP_OUT						
DATA_OUT[7:0]	0	1 2 3 4 5 6 7	8 9 A B C D	F	10 11 12 13 14 15	16
Err						

する必要があります．読み出し/書き込み，アドレス値，データ値はアクセスごとに異なりますが，波形が変化するタイミングは毎回同じです．このような場合には，サブプログラムを利用して，効率よく波形を発生させます．Verilog HDLではタスクを，VHDLではプロシージャを使います．

　リスト3.48はVerilog HDLの例で，CPUからのアクセスをタスクで記述しています．入力パラメータとして，アドレス，データ，読み出し，書き込みの識別を与えています．タスクが呼び出されると，begin以降が実行されます．

　まず，バスにサイクルを起動していない状態になるように信号を代入します．Verilog HDLのタスクでは，タスクの外部の信号に値を代入したり，参照したりできます．ここではテストベンチ上のregに，値を直接代入しています．1クロック後にアドレスとチップ・セレクトを出力します．書き込み動作の場合は，書き込みストローブとデータを出力します．読み出し動作の場合は，読み出しストローブを出力します．さらに1クロック後に，バス上の信号値を$fdisplayを利用してファイルに書き込みます．制御信号をアク

〔リスト3.48〕バス動作の記述（Verilog HDL）

```
task  BUSCTRL;
    input [7:0] PIADR,PIDAT;
    input  WR;
    begin
        DATA_DRV <=8'bZZZZZZZZ;
        ADR <=8'b11111111;
        CSB     <=1'b1;
        WENB    <=1'b1;
        RENB    <=1'b1;
        #CYCLE ;
        ADR <=PIADR;
        CSB     <=1'b0;
        if (WR==1'b1)
            begin
                WENB <=1'b0;
                DATA_DRV <=PIDAT;
            end
        else
            RENB <=1'b0;
            #CYCLE ;
            $fdisplay(bus_out,"%0d WR=%b ADR=%b
                                            DATA=%b "
                ,$time
                ,WR
                ,ADR
                ,BUS_DATA
                );
        DATA_DRV <=8'bZZZZZZZZ;
        ADR <=8'b11111111;
        CSB     <=1'b1;
        WENB    <=1'b1;
        RENB    <=1'b1;
        #CYCLE ;
    end
endtask
```

〔リスト3.49〕タスク・コールの例（Verilog HDL）

```
initial
begin
    DATA_DRV <=8'bZZZZZZZZ;          //初期値設定
    ADR <=8'b11111111;
    CSB     <=1'b1;
    WENB    <=1'b1;
    RENB    <=1'b1;
    RSTN <= 1'b0;
    #CYCLE ;
    RSTN <= 1'b1;                    //リセット解除
    #CYCLE ;
//タスク・コール
    BUSCTRL(8'b11111100,8'b00001110,1'b1);   //① write
    BUSCTRL(8'b11111101,8'b00001111,1'b1);   //② write
    BUSCTRL(8'b11111100,8'b00000000,1'b0);   //③ read
    #CYCLE ;
(以下省略)
```

〔リスト3.50〕タスクで書き出したリスト

```
4000  WR=1 ADR=11111100 DATA=00001110
7000  WR=1 ADR=11111101 DATA=00001111
10000 WR=0 ADR=11111100 DATA=00001110
14000 WR=0 ADR=11111110 DATA=00000011
17000 WR=0 ADR=11111111 DATA=00000010
20000 WR=0 ADR=11111110 DATA=00000100
23000 WR=0 ADR=11111111 DATA=00000011
26000 WR=0 ADR=11111110 DATA=00000100

(以下省略)
```

セスのない状態にして終了します．**リスト3.49**はタスク・コールの例です．**リスト3.50**はこのタスクで書き込んだリストです．**図3.12**はタイム・チャートになります．

リスト3.51はVHDLの例で，プロシージャを利用して記述しています．VHDLのプロシージャでは出力値もパラメータを介して渡すため，出力用のパラメータも定義します．処理内容は**リスト3.48**のタスクと同じになります．**リスト3.52**はプロシージャ・コール（VHDL）の例です．

ディレイ・ライン

データパス回路を検証する際に，出力結果の比較対象として，入力データを遅延させた信号が存在すると便利な場合があります．遅延した信号を作る場合，まず思い浮かぶのはシフト・レジスタを利用する方

〔図3.12〕タスクのタイム・チャート
タスクによってCPUからのアクセスを再現している．アドレス，データ，読み出し，書き込みはパラメータで入力する．波形の変化のタイミングは，タスク内部で規定されている．

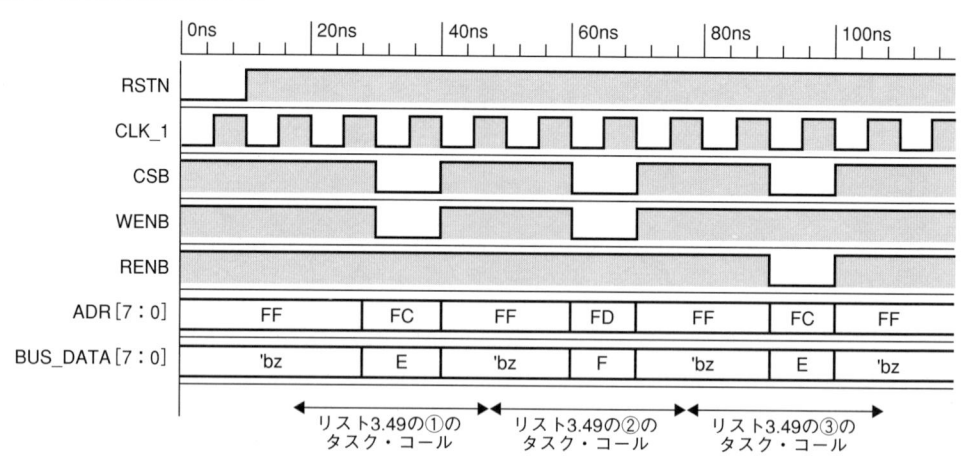

```
          0ns    20ns   40ns   60ns   80ns   100ns
RSTN      ____|‾‾‾‾‾‾‾‾‾‾‾‾‾‾‾‾‾‾‾‾‾‾‾‾‾‾‾‾‾‾‾‾‾‾
CLK_1     _|‾|_|‾|_|‾|_|‾|_|‾|_|‾|_|‾|_|‾|_|‾|_|‾|
CSB       ‾‾‾‾‾‾‾|_|‾‾‾‾‾‾|_|‾‾‾‾‾‾|_|‾‾‾‾
WENB      ‾‾‾‾‾‾‾|_|‾‾‾‾‾‾|_|‾‾‾‾‾‾‾‾‾‾‾‾‾‾
RENB      ‾‾‾‾‾‾‾‾‾‾‾‾‾‾‾‾‾‾‾‾‾‾‾‾‾‾‾|_|‾‾‾‾
ADR[7:0]     FF  | FC |  FF  | FD |  FF  | FC | FF
BUS_DATA[7:0] 'bz | E | 'bz  | F  | 'bz  | E  |'bz
              ←―リスト3.49の①の→ ←―リスト3.49の②の→ ←―リスト3.49の③の→
                 タスク・コール     タスク・コール     タスク・コール
```

〔リスト3.51〕バス動作の記述（VHDL）

```vhdl
PROCEDURE CPUCTRL(
   --入力用パラメータ
   PIADR:in std_logic_vector(7 downto 0);
   PIDAT:in std_logic_vector(7 downto 0);
   WR   :in std_logic;
   --出力用パラメータ
   signal POADR:out std_logic_vector
                              (7 downto 0);
   signal PODAT:out std_logic_vector
                              (7 downto 0);
   signal PIBUSDAT:in std_logic_vector
                              (7 downto 0);
   signal POCSB:out std_logic;
   signal POWENB:out std_logic;
   signal PORENB:out std_logic
   ) is
   variable out_ln:line;
begin
   PODAT  <="ZZZZZZZZ";
   POADR  <="11111111";
   POCSB     <='1';
   POWENB    <='1';
   PORENB    <='1';
   wait for CYCLE ;
   POADR <=PIADR;
   POCSB     <='0';
   if WR='1' then
       POWENB <='0';
       PODAT  <=PIDAT;
   else
       PORENB <='0';
   end if;
   wait for CYCLE ;
   write(out_ln,NOW,right,10);
   write(out_ln,string'(" WR="));
   write(out_ln,WR);
   write(out_ln,string'(" ADR="));
   write(out_ln,PIADR);
   write(out_ln,string'(" DATA="));
   write(out_ln,PIBUSDAT);
   writeline(out_file,out_ln);
   PODAT  <="ZZZZZZZZ";
   POADR  <="11111111";
   POCSB     <='1';
   POWENB    <='1';
   PORENB    <='1';
   wait for CYCLE ;
end CPUCTRL;
```

法です．この方法も決して悪い方法ではありません．ただし，シフト・レジスタの動作はクロックの影響を受けるので，クロック信号が検証対象に含まれている場合，有効に検証できない可能性があります．ここではクロックに依存しないディレイ・ラインを利用した遅延信号の作りかたを紹介します．
　ディレイ・ラインのモデルを作る場合，VHDL，Verilog HDLともに代入文の遅延指定をくふうしま

3.5 テストベンチの記述法 その3──クロックの記述からテスト・シナリオまで

〔リスト3.52〕プロシージャ・コールの例（Verilog HDL）

```
process                                    wait for CYCLE;
begin
    BUS_DATA <="ZZZZZZZZ";                 CPUCTRL("11111100","00001110",'1',ADR,BUS_DATA,
    ADR      <="11111111";                                 BUS_DATA_IN,CSB,WENB,RENB);
    CSB      <='1';                        CPUCTRL("11111101","00001111",'1',ADR,BUS_DATA,
    WENB     <='1';                                        BUS_DATA_IN,CSB,WENB,RENB);
    RENB     <='1';                        CPUCTRL("11111100","00001110",'1',ADR,BUS_DATA,
    RSTN     <= '0';                                       BUS_DATA_IN,CSB,WENB,RENB);
    wait for CYCLE*2;                      (以下省略)
    RSTN     <= '1';
```

す．VHDLでは，signal代入文の遅延の取り扱いは2種類あります．一つはイナーシャル遅延（慣性遅延），もう一つはトランスポート遅延（伝播遅延）です．signal代入文のデフォルトはイナーシャル遅延です．イナーシャル遅延はafter節で指定した時間より短い信号変化は出力しません．このため，入力信号の変化周期より大きい遅延値を指定した場合，ディレイ・ラインとして機能しません．一方，トランスポート遅延はafter節で指定した時間より短い入力信号変化も伝えます．トランスポート遅延を使えば，大きい遅延値のディレイ・ラインをモデル化できます．トランスポート遅延を利用する場合，代入記号のあとにtransportと書き込みます．

〔被代入信号〕<= transport〔代入値〕after〔遅延値〕；

リスト3.53はVHDLのディレイ・ラインの記述例です．図3.13はリスト3.53のシミュレーション波形です．

Verilog HDLの場合はVHDLのような遅延タイプの違いはありません．ただし，よく使われる代入文前の遅延指定では代入値の参照も遅延してしまうため，ディレイ・ラインとしては使えません．代入のタイミングのみを遅らせる場合は，代入記号の後に遅延値を指定します．

〔被代入信号〕<= #〔遅延値〕〔代入値〕；

〔リスト3.53〕VHDLのディレイ・ラインの記述

```
--トランスポート遅延で20ns遅延
--ディレイ・ラインとして動作
COMP_1 <= transport DATA_IN after 20 ns;


--イナーシャル遅延で20ns遅延
--20ns以下のDATA_INの変化は正確に伝わらない
--ディレイ・ラインとしては使えない
COMP_2 <= DATA_IN after 20 ns;
```

〔図3.13〕VHDLのディレイ・ラインの波形

リスト3.53のシミュレーション波形．COMP_1はトランスポート遅延のためDATA_INの20ns遅れで変化している．COMP_2はイナーシャル遅延のため，遅延値より変化周期が小さいDATA_INは正確に出力できない．

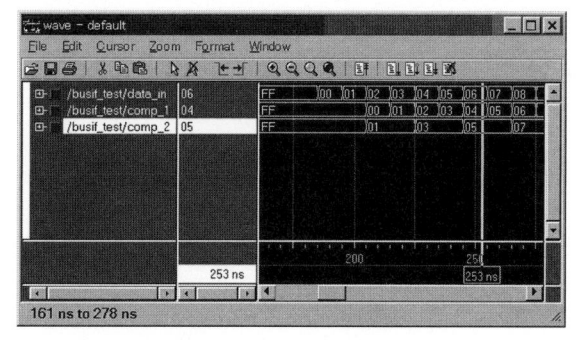

[リスト3.54] Verilog HDLのディレイ・ラインの記述

```
//代入のみを遅延
//ディレイ・ラインとして動作
always@(DATA_IN)
  COMP_1 <= #2000 DATA_IN;


//遅延した代入タイミングで代入値を参照
//ディレイ・ラインとしては使えない
always@(DATA_IN)
  #2000 COMP_2 <= DATA_IN;
```

[図3.14] Verilog HDLのディレイ・ラインの波形

リスト3.54のシミュレーション波形．COMP_1は代入記号の後に遅延値を設定し，代入した値だけ遅延させた信号．COMP_2は代入文の前に遅延値を設定したケース．遅延した代入タイミングで代入値を参照しているので，ディレイ・ラインとしては使えない．

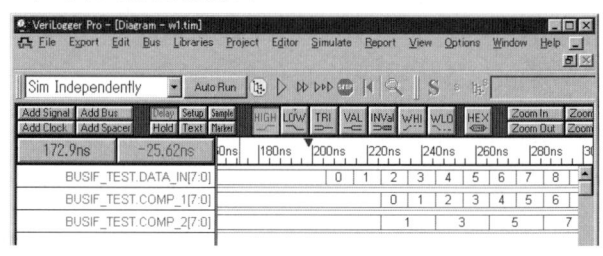

assign文ではこの方法は使用できません．リスト3.54はVerilog HDLのディレイ・ラインの記述例です．図3.14はリスト3.54のシミュレーション波形です．

パラレル-シリアル変換

多重化された信号を処理する回路のテストベンチでは，多重化前のデータを扱ったほうが効率的です．多重化前のデータを基に検証する場合，パラレル-シリアル(PS)変換を利用して多重化した信号を検証対象回路に入力します．検証対象回路の出力はシリアル-パラレル(SP)変換を行って，テストベンチで確認します．

リスト3.55は2対1のパラレル-シリアル変換の記述例です．PS_INはファイルから読み出した値です．

[リスト3.55] パラレル-シリアル(PS)変換

```
Verilog HDLの記述例
always
  begin
    @(posedge PS_CLK );                          //①PS_CLKと同期
    @(posedge CLK_1 );                           //②1回目のCLK_1の立ち上がり
    PS_OUT <= PS_IN[15:8];                       //MSB側8ビット出力
    PS_FP_O <= FP_IN;                            //フレーム・パルス転送
    @(posedge CLK_1 );                           //③2回目のCLK_1の立ち上がり
    PS_OUT <= PS_IN[7:0];                        //LSB側8ビットの出力
    PS_FP_O <= 1'b0;                             //LSB側にフレーム先頭はないので0とする
end

VHDLの記述例
process
  begin
    wait until (PS_CLK'event and PS_CLK='1');    --①PS_CLKと同期
    wait until (CLK_1'event and CLK_1='1');      --②1回目のCLK_1の立ち上がり
    PS_OUT <= PS_IN(15 downto 8);                --MSB側8ビット出力
    PS_FP_O <= FP_IN;                            --フレーム・パルス転送
    wait until (CLK_1'event and CLK_1='1');      --③2回目のCLK_1の立ち上がり
    PS_OUT <= PS_IN(7 downto 0);                 --LSB側8ビットの出力
    PS_FP_O <= '0';                              --LSB側にフレーム先頭はないので0とする
end process;
```

3.5 テストベンチの記述法 その3——クロックの記述からテスト・シナリオまで

〔リスト3.56〕シリアル-パラレル(SP)変換

```verilog
Verilog HDLの記述例
 always
  begin
   wait (FP_OUT==1'b1);                   //④1回目のフレーム・パルス待ち
   forever
    begin
     @(negedge CLK_1);                    //⑤1回目のCLK_1の立ち上がり
     SP_TMP_V[15:8] =DATA_OUT;            //MSB側8ビットの取り込み
     SP_FP_TMP_V = FP_OUT;                //フレーム・パルスの取り込み
     @(negedge CLK_1);                    //⑥2回目のCLK_1の立ち上がり
     SP_TMP_V[7:0] = DATA_OUT;            //LSB側8ビットの取り込み
     SP_TMP <= SP_TMP_V;                  //MSB側，LSB側の位相合わせ
     SP_FP_TMP <=  SP_FP_TMP_V ;          //フレーム・パルスの位相合わせ
    end
  end
 always
  begin
   @(posedge PS_CLK);                     //⑦PS_CLKと同期
   SP_OUT <= SP_TMP;
   SP_FP_O <= SP_FP_TMP;
  end
```

```vhdl
VHDLの記述例
process
  variable SP_TMP_V:std_logic_vector(15 downto 0);
  variable SP_FP_TMP_V:std_logic;
  begin
   wait until (FP_OUT='1');                      --④1回目のフレーム・パルス待ち
   while true loop
     wait until (CLK_1'event and CLK_1='0');     --⑤1回目のCLK_1の立ち上がり
     SP_TMP_V(15 downto 8) :=DATA_OUT;           --MSB側8ビットの取り込み
     SP_FP_TMP_V := FP_OUT;                      --フレーム・パルスの取り込み
     wait until (CLK_1'event and CLK_1='0');     --⑥2回目のCLK_1の立ち上がり
     SP_TMP_V(7 downto 0) := DATA_OUT;           --LSB側8ビットの取り込み
     SP_TMP <= SP_TMP_V;                         --MSB側，LSB側の位相合わせ
     SP_FP_TMP <=  SP_FP_TMP_V ;                 --フレーム・パルスの位相合わせ
   end loop;
  end process;

process
  begin
   wait until (PS_CLK'event and PS_CLK='1');     --⑦PS_CLKと同期
   SP_OUT <= SP_TMP;
   SP_FP_O <= SP_FP_TMP;
  end process;
```

PS_INと同期を取るため，①の記述でPS_CLKの立ち上がりを待ちます．次に，②では，1回目のCLK_1の立ち上がりでPS_INのMSB側8ビットを出力します．③では，次のCLK_1の立ち上がりでPS_INのLSB側8ビットを出力します．これでパラレル-シリアル変換は完了です．

リスト3.56は1対2のシリアル-パラレル変換の記述例です．④では，1回目のフレームの先頭を待っています．⑤以降では，DATA_OUTをMSB側に8ビットとして取り込みます．⑥以降では，次のDATA_OUTを

[図3.15] パラレル-シリアル変換とシリアル-パラレル変換の波形
リスト3.55とリスト3.56のシミュレーション波形．PS_CLKの立ち上がりとCLK_1の立ち上がりが重なった場合，リスト3.55とリスト3.56の記述は動作しない．この制約により，記述を簡略化している．

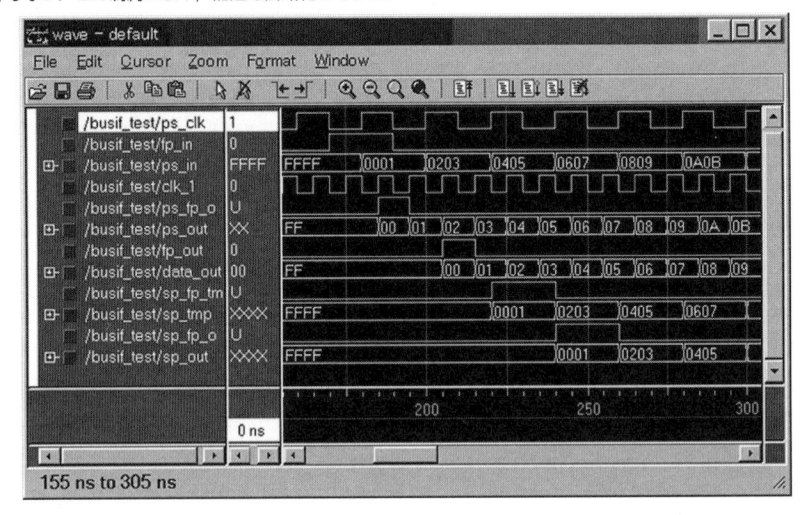

LSB側へ8ビットとして取り込んでいます．⑦のalways文では，データとフレーム・パルスをPS_CLKに同期させています．図3.15はリスト3.55，リスト3.56のシミュレーション波形です．

　テストベンチで使用する周辺回路は簡単に書けるようにくふうします．シンプルに記述することにより記述ミスが少なくなり，まちがいの発見も容易になります．このパラレル-シリアル変換とシリアル-パラレル変換の記述では，PS_CLKとCLK_1の位相に，「PS_CLKの立ち上がりとCLK_1の立ち上がりが同時に発生しない」という制約を設けることで，記述を簡略化しています．

　動作や入力信号に制約を設けて記述を簡略化できるケースは，回路設計の場合にもあります．ただし，簡略化のための制約が製品仕様に対して悪影響を与えないかどうかを慎重に検討する必要があります．

検証シナリオの作成

　ここまでに紹介した個別のテストベンチ記述を組み合わせて検証を進めることも可能ですが，シミュレー

[リスト3.57] 簡単なシナリオの記述例（Verilog HDL）

```
initial begin
  //シミュレーション開始
    RESET <= 1'b1;
    LOAD <= 1'b0;
    INC <= 1'b1;
    DATA <= 4'b0000;
  #(CYCLE*2)
    RESET <= 1'b0;
  #(CYCLE*4)
    LOAD <= 1'b1;
    DATA <= 4'b1110;
  #(CYCLE*1)
    LOAD <= 1'b0;
  #(CYCLE*3)
    INC <= 1'b0;
  #(CYCLE*2)
    LOAD <= 1'b1;
    DATA <= 4'b0011;
  #(CYCLE*1)
    LOAD <= 1'b0;
  #(CYCLE*10);
  $finish;
  //シミュレーション終了
end
```

〔図3.16〕
シナリオを利用したテストベンチの構成例

シナリオからタスクをコールする．信号値の更新や周辺回路の制御はタスクが行う．タスクからタスクをコールする場合もある．

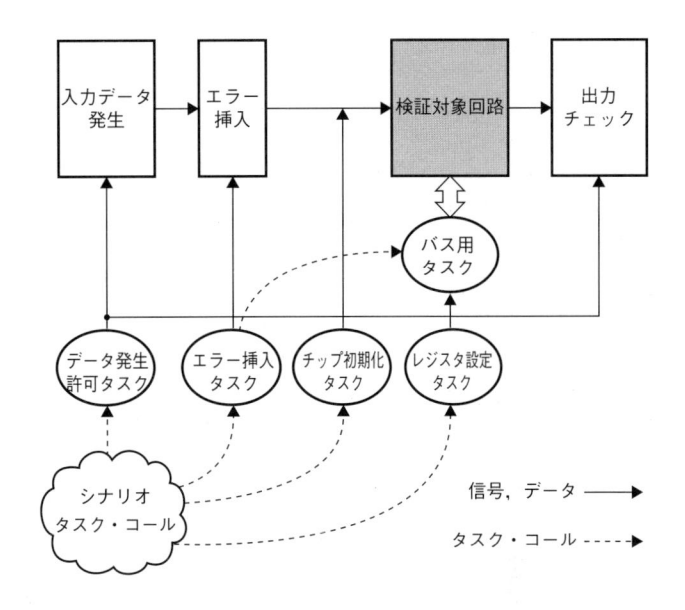

ション全体をコントロールする記述を用意したほうがなにかと便利です．シミュレーションをコントロールする記述を「シナリオ（またはテスト・シナリオ）」と呼びます．シナリオは文法として特別な書きかたがあるわけではありません．Verilog HDLではinitial文に，VHDLではprocess文にシナリオを記述します．

リスト3.57はVerilog HDLの簡単なシナリオの例です．入力信号の変化を代入文と遅延制御で記述しています．検証に必要な信号が入力された後，しばらくして$finishでシミュレーションを停止しています．簡単な回路はこのスタイルで検証できますが，検証項目が多い場合，信号値を変更するたびに代入文を書くのはたいへんです．実際のテストベンチでは繰り返し処理する内容をタスク（Verilog HDLの場合）やプロシージャ（VHDLの場合）に記述し，シナリオからこれらをコールして階層的に検証を行います．

図3.16は，タスクをコールするシナリオを利用したテストベンチの構成例です．シナリオからのタスク・コールでタスクを実行し，タスクが信号値の変更と周辺回路の制御を行います．**リスト3.58**はタスクを利用したVerilog HDLのシナリオの例です．①のBUS_CTRLはバス用タスクです．パラメータにしたがってバスにトランザクションを発生させます．②のCHIP_RSTは各入力信号の初期値設定とリセット，リセット解除を記述してあります．③のREG_SETは，バスを介して内部レジスタを設定する記述です．ここではタスク内部からバス用タスクをコールしています．④のDATA_INPUT_STARTは入力データ発生記述にデータの発生を許可します．⑤のDATA_ERRは入力データ・エラー挿入記述にエラー発生を指示します．また，検証対象回路のレジスタを，バス用タスクをコールして読みにいきます．⑥のinitial文はシナリオになります．タスク・コールを用いて検証の手順を記述します．タスクの名前が適切に付けられていれば，シナリオから検証内容を把握できます．タスクにまちがいがあった場合，有効に検証できないので，事前にタスクを十分に検証してください．**図3.17**は，**リスト3.58**のシナリオの流れです．**図3.18**は**リスト3.58**のシミュレーション波形です．

VHDLでは検証で繰り返し使う処理の記述にプロシージャを使用します．通常のプロシージャはパラメータを介して処理結果を戻します．多くの信号の値を変更するプロシージャは多数のパラメータを用意する必要があり，機能の多い検証用プロシージャを作るのはたいへんです．そこでプロシージャの動作に抜け

[リスト3.58] Verilog HDLのタスクを利用したシナリオの例

```verilog
task  BUS_CTRL;             //① バス用タスク
  input [7:0] PIADR,PIDAT;
  input  PIWR;
  begin
    DATA_DRV <=8'bZZZZZZZZ;
    ADR <=8'b11111111;
    CSB   <=1'b1;
    WENB  <=1'b1;
    RENB  <=1'b1;
    #CYCLE ;
    ADR <=PIADR;
    CSB   <=1'b0;
    if (PIWR==1'b1)
      begin
        WENB <=1'b0;
        DATA_DRV <=PIDAT;
      end
    else
      RENB <=1'b0;
    #CYCLE ;
    $fdisplay(bus_out,"%0d WR=%b ADR=%b DATA=%b "
        ,$time
        ,PIWR
        ,ADR
        ,BUS_DATA
       );
    DATA_DRV <=8'bZZZZZZZZ;
    ADR <=8'b11111111;
    CSB   <=1'b1;
    WENB  <=1'b1;
    RENB  <=1'b1;
    #CYCLE ;
  end
endtask

task CHIP_RST;              //②チップ初期化用タスク
  begin
    DATA_DRV <=8'bZZZZZZZZ;
    ADR <=8'b11111111;
    CSB   <=1'b1;
    WENB  <=1'b1;
    RENB  <=1'b1;
    RSTN <= 1'b0;
    DATA_START <=1'b0;
    DATA_ERR_INS <=1'b0;
    ERR_CODE <=8'b00000000;
    #(CYCLE*2);
    RSTN <= 1'b1;
    #CYCLE;
  end
endtask

task REG_SET;               //③レジスタ初期化タスク
  input [7:0]PI_CHK_CODE;
  input [7:0]PI_INS_CODE;
  begin
    #CYCLE;
    BUS_CTRL(8'b11111100,PI_CHK_CODE,1'b1);
    BUS_CTRL(8'b11111101,PI_INS_CODE,1'b1);
  end
endtask

task DATA_INPUT_START;  //④データ発生許可タスク
  begin
    DATA_ERR_INS <=1'b0;
    DATA_START <= 1'b0;
    #(CYCLE*4);
    DATA_START <= 1'b1;
  end
endtask

task DATA_ERR ;         //⑤データ・エラー挿入タスク
  input [7:0]PI_ERR_CODE;
  begin
    wait (FP_IN_1==1'b1);
    DATA_ERR_INS <= 1'b1;
    ERR_CODE <= PI_ERR_CODE;
    #(CYCLE*32);
    DATA_ERR_INS <= 1'b0;
    BUS_CTRL(8'b11111110,8'b00000000,1'b0);
  end
endtask

assign BUS_DATA = DATA_DRV;

initial                 //⑥ シナリオ
begin
  //シミュレーション開始
  //
  // TEST_1_a DATA_CHK NO_ERR
  //
  CHIP_RST ;
  REG_SET(8'b00000000,8'b00000000);
  DATA_INPUT_START;
  #(CYCLE*20);
  BUS_CTRL(8'b11111110,8'b00000000,1'b0);
  //
  // TEST_1_b DATA_CHK INPUT_ERR
  //
  DATA_ERR(8'b00000101);
  DATA_ERR(8'b00000011);
  //
  // TEST_2_a DATA_INSERT_CHK
  //
  CHIP_RST ;
  REG_SET(8'b11111010,8'b00000101);
  DATA_INPUT_START;
  DATA_ERR(8'b00000101);
```

〔リスト3.58〕Verilog HDLのタスクを利用したシナリオの例（つづき）

```
        //
        // TEST_2_b DATA_INSERT_CHK
        //
        CHIP_RST ;
        REG_SET(8'b11111100,8'b00000011);
                                            DATA_INPUT_START;
                                            DATA_ERR(8'b00000011);
                                            $finish;
                                            //シミュレーション終了
        end
```

〔図3.17〕シナリオの流れ

シミュレーションはシナリオに沿って進められる．パラメータを変更してタスクを複数回コールしたり，タスクからタスクをコールすることが可能である．これによって，検証内容を効率的に記述できる．

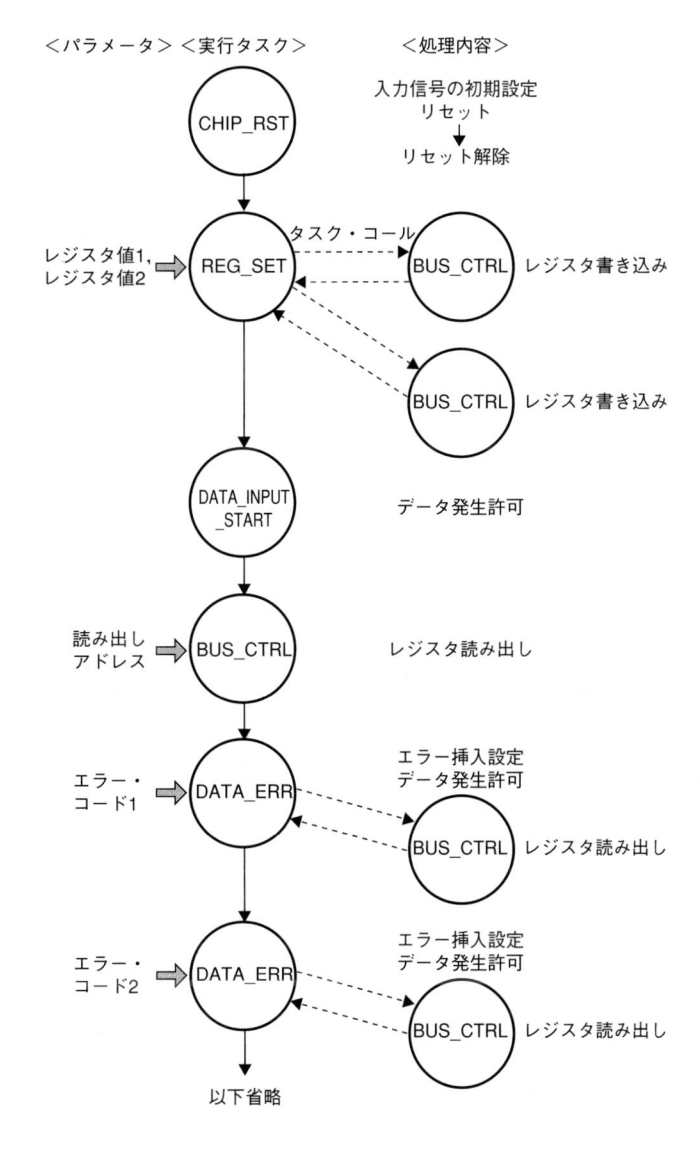

＜パラメータ＞ ＜実行タスク＞　　　＜処理内容＞

CHIP_RST — 入力信号の初期設定 リセット → リセット解除

レジスタ値1, レジスタ値2 ⇒ REG_SET — タスク・コール — BUS_CTRL レジスタ書き込み
　　　　　　　　　　　　　　　　　　　　　　　 BUS_CTRL レジスタ書き込み

DATA_INPUT_START — データ発生許可

読み出しアドレス ⇒ BUS_CTRL — レジスタ読み出し

エラー・コード1 ⇒ DATA_ERR — エラー挿入設定 データ発生許可
　　　　　　　　　　　　　　　　BUS_CTRL レジスタ読み出し

エラー・コード2 ⇒ DATA_ERR — エラー挿入設定 データ発生許可
　　　　　　　　　　　　　　　　BUS_CTRL レジスタ読み出し

以下省略

道が用意されています．process文で宣言されたプロシージャにかぎり，プロシージャの外部のsignalやvariableに値を直接代入することができます．パラメータを介さずに処理結果を戻せるので，多数の信号を更新する場合やプロシージャからプロシージャをコールする場合などに効果的です．この方法は，代入の対象がわかりにくくなるので回路の記述への利用はお勧めできません．筆者は，テストベンチのシナリオ用プロシージャにかぎって使用しています．**リスト3.59**はVHDLのシナリオの例です．この例ではprocess文の宣言部にプロシージャを宣言し，プロシージャの処理結果はパラメータを介さずにsignalに直接代入しています．処理内容は**リスト3.58**（Verilog HDLのシナリオ）と同じです．

〔図3.18〕リスト3.58のシナリオの波形
シナリオにしたがって，CHIP_RST，REG_SET，DATA_INPUT_START，BUS_CTRLの順にタスクが実行される．データ発生許可（DATA_START）が指示されるとフレーム・パルスに同期して入力データが連続発生する

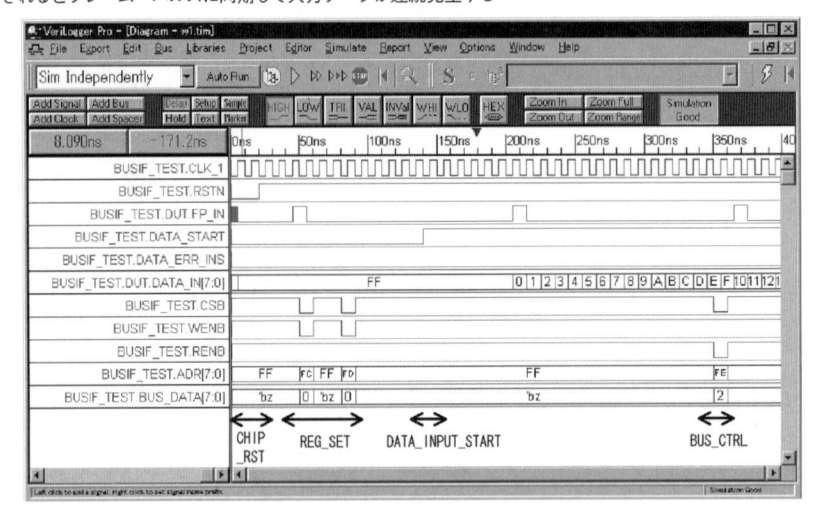

〔リスト3.59〕VHDLのプロシージャを利用したシナリオの例

```vhdl
process
file out_file :TEXT open write_mode is
"bus_out.txt";
PROCEDURE BUS_CTRL        --①バス用プロシージャ
  ( PIADR:in std_logic_vector(7 downto 0);
    PIDAT:in std_logic_vector(7 downto 0);
    PIWR :in std_logic ) is
    variable out_ln:line;
 begin
    BUS_DATA <="ZZZZZZZZ";
    ADR <="11111111";
    CSB      <='1';
    WENB     <='1';
    RENB     <='1';
    wait for CYCLE ;
    ADR <=PIADR;
    CSB      <='0';
    if PIWR='1'then
      WENB <='0';
      BUS_DATA<=PIDAT;
    else
      RENB <='0';
    end if;
    wait for CYCLE ;
    write(out_ln,NOW,right,10);
    write(out_ln,string'(" WR="));
    write(out_ln,PIWR);
    write(out_ln,string'(" ADR="));
    write(out_ln,ADR);
    write(out_ln,string'(" DATA="));
    write(out_ln,BUS_DATA);
    writeline(out_file,out_ln);
    BUS_DATA <="ZZZZZZZZ";
    ADR <="11111111";
```

〔リスト3.59〕VHDLのプロシージャを利用したシナリオの例（つづき）

```vhdl
      CSB     <='1';
      WENB    <='1';
      RENB    <='1';
      wait for CYCLE ;
  end BUS_CTRL;

PROCEDURE CHIP_RST is
                        --②チップ初期化プロシージャ
    begin
      BUS_DATA <="ZZZZZZZZ";
      ADR <="11111111";
      CSB     <='1';
      WENB    <='1';
      RENB    <='1';
      RSTN <= '0';
      DATA_START <='0';
      DATA_ERR_INS <='0';
      ERR_CODE <="00000000";
      wait for CYCLE*2;
      --assert false report "Start 2"
      --severity Note;
      RSTN <= '1';
      wait for CYCLE;
    end CHIP_RST;

PROCEDURE REG_SET
                    -- ③レジスタ設定用プロシージャ
  (PI_CHK_CODE:in std_logic_vector(7 downto 0);
   PI_INS_CODE:in std_logic_vector(7 downto 0)) is
    begin
      wait for CYCLE;
      BUS_CTRL("11111100",PI_CHK_CODE,'1');
      BUS_CTRL("11111101",PI_INS_CODE,'1');
    end REG_SET ;

PROCEDURE DATA_INPUT_START is
                    --④データ発生許可プロシージャ
    begin
      DATA_ERR_INS <='0';
      DATA_START <= '0';
      wait for CYCLE*4;
      DATA_START <= '1';
    end  DATA_INPUT_START ;

PROCEDURE DATA_ERR
                --⑤データ・エラー挿入プロシージャ
  (PI_ERR_CODE:in std_logic_vector
                              (7 downto 0)) is
    begin
      wait until (FP_IN_1='1');
      DATA_ERR_INS <= '1';
      ERR_CODE <= PI_ERR_CODE;
      wait for CYCLE*32;
      DATA_ERR_INS <= '0';
      BUS_CTRL("11111110","00000000",'0');
    end DATA_ERR ;

begin           --⑥ ここからシナリオ
  --シミュレーション開始
  --
  -- TEST_1_a DATA_CHK NO_ERR
  --
  CHIP_RST ;
  REG_SET("00000000","00000000");
  DATA_INPUT_START;
  wait for CYCLE*20;
  BUS_CTRL("11111110","00000000",'0');
  --
  -- TEST_1_b DATA_CHK INPUT_ERR
  --
  DATA_ERR("00000101");
  DATA_ERR("00000011");
  --
  -- TEST_2_a DATA_INSERT_CHK
  --
  CHIP_RST ;
  REG_SET("11111010","00000101");
  DATA_INPUT_START;
  DATA_ERR("00000101");
  --
  -- TEST_2_b DATA_INSERT_CHK
  --
  CHIP_RST ;
  REG_SET("11111100","00000011");
  DATA_INPUT_START;
  DATA_ERR("00000011");
  assert false  report "End time"
                              severity Error;
  --シミュレーション終了
end process;
```

6 波形表示ツールの活用法

さて，機能検証というのは基本的に，これから作ろうとしているLSIなりシステムなりの入力に，適切な信号パターンを与えて，そこから出力された信号などを観測します．一番簡単で，イメージのわきやすい観測方法として，波形を表示させる方法があります．現在入手可能な波形表示ツールには，以下の2種類があります．

(1) **HDLシミュレータに付属しているもの**
(2) **単体で販売されており，VCD（Value Change Dump）ファイルを読み込めるようになっているもの**

このうち(1)のほうは，場合によっては（ほとんどの場合？）それぞれの波形情報がツール・ベンダの独自フォーマットになっているため，異なるベンダのツールの間で波形情報をやり取りすることがなかなか難しい状況となっています．一方，(2)では，VCDファイルという，共通のテキスト・フォーマットにのっとって出力されたファイルを読み込んで表示させるため，VCDファイルを読み込めるツールであれば相互に波形情報を交換することができます．VCDファイルの波形情報を表示できるツールとしてはさまざまなもの

〔図3.19〕**Undertowの波形表示**
米国Veritools社の製品．ツールに添付されているサンプルのVCDファイルを読み込んでいるよう．

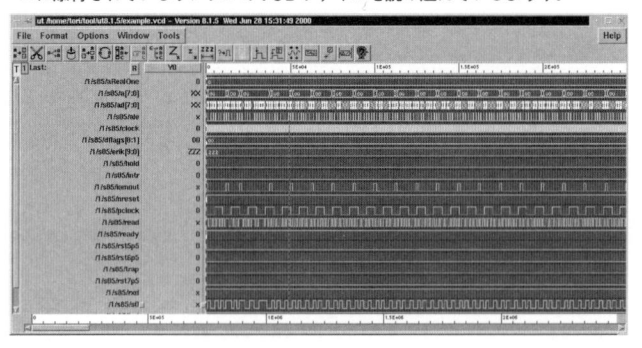

〔図3.20〕**DAI Signalscanの波形表示**
米国Cadence Design Systems社の製品．開発したのは米国Design Acceleration社（DAI）だが，1999年に同社はCadence社によって買収された．

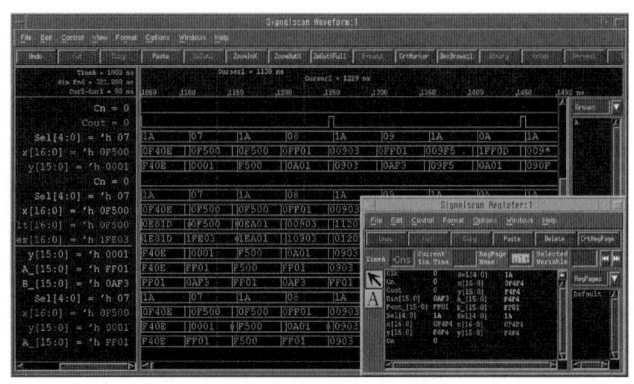

〔図3.21〕Timing Diagrammer Proの波形表示
米国SynaptiCAD社の製品．このツールはVCDだけでなく，いろいろなフォーマットのファイルをサポートしている．

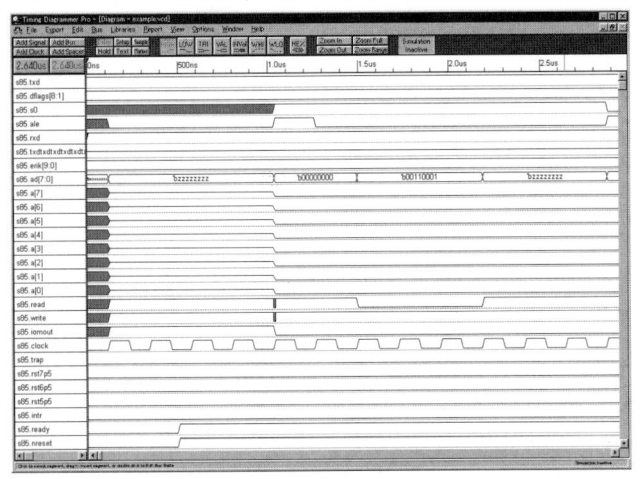

がありますが，例えば筆者は以下の製品を使用したことがあります．
- 米国Veritools社の「Undertow」（図3.19）
- 米国Cadence Design Systems社の「DAI Signalscan」（図3.20）
- 米国SynaptiCAD社の「Timing Diagrammer Pro」（図3.21）

　このようなVCDファイルをサポートしている波形表示ツールがあれば，じつは手元にHDLシミュレータがなくても，ある程度のデバッグが可能となります．つまり，VCDファイルとその波形情報を出力したHDLソース（RTLデータとテストベンチ）があれば，シミュレータを動作させることなくデバッグできるのです．

　実際，筆者はHDLシミュレータなしに，波形表示ツールだけを使用してデバッグした経験があります．ある顧客から，以前に筆者が手がけたVerilog HDLソースを，できる限り早く修正してほしいという依頼がありました．それを行うにあたって，以下のようないくつかの問題がありました．
- 筆者の自宅から顧客のところまで，距離的に遠かった（移動する時間とコストがもったいない）
- HDLソースを丸ごと送られても，筆者の手元にまともなVerilog HDLシミュレータがなかった
- 長年の経験から，他人の構築したテスト環境を手元で再現するのは，かなりの時間を要することがわかっていた

　このような状況に対処するために，筆者は次のような手順を考えました（図3.22）．
(1) 先方からHDLソース（RTL，テストベンチ）を電子メールで送ってもらう
(2) 不ぐあいの出ているVCDファイル（波形データ）を電子メールで送ってもらう
(3) VCDファイルを筆者の自宅の波形表示ツールで解析する
(4) HDLソースを修正し，先方に電子メールで送る
(5) 先方でシミュレーションを実行してもらう
(6) (2)以降をバグがなくなるまで繰り返す

　基本的に不ぐあい箇所は顧客のほうで絞り込んでいただいていたので，VCDファイルは，不ぐあいの影

〔図3.22〕波形表示ツールによるデバッグの手順
顧客とVCDファイルなどを電子メールによってやり取りした．

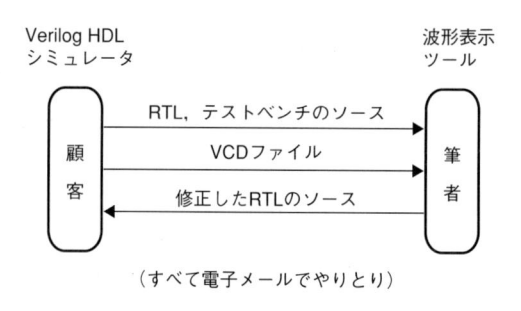

```
                                    Verilog HDL              波形表示
                                    シミュレータ              ツール
                                  ┌─────┐   RTL，テストベンチのソース   ┌─────┐
                                  │ 顧  │ ─────────────────→ │ 筆  │
                                  │     │       VCDファイル      │     │
                                  │ 客  │ ─────────────────→ │ 者  │
                                  │     │     修正したRTLのソース    │     │
                                  └─────┘ ←───────────────── └─────┘
                                              （すべて電子メールでやりとり）
```

響が及んでいるブロックに関連する部分だけを出力してもらいました（さすがに全ダンプを送ってもらうとなると，筆者の通信環境ではちょっと厳しい．ディスクの容量はなんとでもなるのだが…）．

シミュレーションは顧客側のエンジニアにお願いしているので，さすがに，「試しにこの信号の論理を変更して，ちょっとシミュレーションで流してみようか」というわけにはいきません．HDLの修正はできるだけ慎重に行いました．結局，丸々2日間，合計6度の修正を試みて，なんとかバグをフィックスさせました．いまにして思えば，本当は4度くらいの修正でなんとかなった気もするのですが，手元に適当なHDLシミュレータがなかったので，顧客側のエンジニアの方に余計な手間をかけていただくことになってしまいました．

しかし，このアプローチは結果的によかったと筆者は思っています．なぜなら，手元にHDLシミュレータがないので，修正に際して，じっくりといろいろなことを考えざるをえなかったからです（ちょうど将棋で，次に指す一手について長考しているようなもの）．そのおかげで，ふだんであればここまでは考えないだろうというところまで，深く考えました．そのときに，ふだん，いかにむだなシミュレーション（いわゆるトライ・アンド・エラーのシミュレーション）を行っているかということを認識させられました．上述のような環境でデバッグを行う場合，HDLの文法ミスなどというつまらないエラーは言語道断です．できる限り自分の目でチェックして，そのようなくだらないミスをなくさなければ，デバッグの効率がものすごく悪くなってしまうのです．

波形表示ツールが世の中に登場したころは，HDLシミュレータにも付属しているのに，なぜ独立したツールが必要になるのか，筆者は非常に不思議に思っていました．しかし高価なHDLシミュレータが手元になくても，上記のような方法でデバッグして仕事をこなせるわけですから，波形表示ツールの存在価値はかなりのものだと，いまでは認識しています．しかも，値段についてもHDLシミュレータに比べれば，非常に安価です．

以上のことを考えると，個人的に，またはある程度対話的にシミュレーションやデバッグを行いたい場合には，WindowsやLinuxなどの上で動作する安価な（または，無償の）HDLシミュレータを利用すればよいと思います．一方，チップ全体の検証など，大規模なシミュレーションを行う必要がある場合には，サインオフ・シミュレータとして認定されているツール（たとえばVerilog-XLなど）でシミュレーションを行い，VCDファイルを用いた波形表示ツールを利用してデバッグすれば，かなりの設計に対応できるのではないかと筆者は思っています．

また，筆者は商売がら，他人のHDL記述を拝見させていただくことがよくあります．そのときにも，HDLのファイルだけでなく，できるだけVCDファイルを添付してもらうようにしています．たとえかなり大きなVCDファイルであっても，最近ではCD-Rなどにデータを記録してやりとりすることもできます．このようなデータを提供してもらえば，「不ぐあいの原因がシミュレータに依存した問題なのか」，「RTLの記述方法

がまずいのか」,「テスト・パターンの与えかたが悪いのか」などの推定を手元の環境で容易に行えます.

　これからも世の中の状況をよくウォッチして,よりよい設計環境を追求し,効率的なデバッグを行っていきたいものです.

7 テストベンチの記述法 その4
——メモリ・モデルとパターン・ファイルの入出力

　本章の締めとして,最後にビヘイビア・レベルで記述したメモリ・モデル,テスト・パターン・ファイルの入出力,ROMモデルのサンプル記述を紹介します.

〔リスト3.60〕signal宣言で記述したビヘイビア・メモリ・モデル(VHDL)

```vhdl
-- ASYNC Signal RAM

library IEEE;
use       IEEE.std_logic_1164.all ;
use       IEEE.std_logic_unsigned.all ;

entity RAM_ASYNC is
  generic(ad_bits : integer := 21;
          dt_bits : integer := 32);
  port (
        AD :      in       std_logic_vector(ad_bits-1 downto 0);
        DI :      in       std_logic_vector(dt_bits-1 downto 0);
        DO :      out      std_logic_vector(dt_bits-1 downto 0);
        CS_N :    in       std_logic;
        WR_N :    in       std_logic
        );
end RAM_ASYNC;

architecture RTL2 of RAM_ASYNC is

subtype RAMWORD is std_logic_vector(dt_bits-1 downto 0);
type RAMARRAY is array (0 to 2**ad_bits-1) of RAMWORD;
signal DPRAM_D :         RAMARRAY;
signal AD_IN :           integer range 0 to 2**ad_bits-1;

begin
  AD_IN <= CONV_INTEGER(AD);
  process(WR_N)
  begin
    if rising_edge(WR_N) then
      if(CS_N ='0') then
           DPRAM_D(AD_IN) <= DI;
           DO <= DPRAM_D(AD_IN);
      end if;
    end if;
  end process;
end RTL2;
```

〔リスト3.61〕variable宣言で記述したビヘイビア・メモリ・モデル(VHDL)

```
-- ASYNC Variable RAM

library IEEE;
use      IEEE.std_logic_1164.all ;
use      IEEE.std_logic_unsigned.all ;

entity RAM_ASYNC is
  generic(ad_bits : integer := 21;
          dt_bits : integer := 32);
  port (
        AD :     in       std_logic_vector(ad_bits-1 downto 0);
        DI :     in       std_logic_vector(dt_bits-1 downto 0);
        DO :     out      std_logic_vector(dt_bits-1 downto 0);
        CS_N :   in       std_logic;
        WR_N :   in       std_logic
        );
end RAM_ASYNC;

architecture RTL1 of RAM_ASYNC is

subtype RAMWORD is std_logic_vector(dt_bits-1 downto 0);
type RAMARRAY is array (0 to 2**ad_bits-1) of RAMWORD;

begin
  process(WR_N)
    variable DPRAM_D :       RAMARRAY;
    variable AD_IN :         integer range 0 to 2**ad_bits-1;
  begin
    AD_IN := CONV_INTEGER(AD);
    if rising_edge(WR_N) then
      if(CS_N ='0') then
          DPRAM_D(AD_IN) := DI;
          DO <= DPRAM_D(AD_IN);
      end if;
    end if;
  end process;
end RTL1;
```

ビヘイビア・メモリ・モデル

　VHDLでビヘイビア・レベルのメモリ・モデルを記述する場合の最大の注意点は，容量の問題でしょう．実使用に近い容量のメモリ・モデルを記述してシミュレーションした際に，

> "memory allocation error"

などといったメッセージに遭遇したことはないでしょうか（これと同じメッセージが表示されるとは限らない．メッセージは使用しているツールに依存する）．

　これは，HDLシミュレータがシステム・メモリを使い切ったために，メモリをアロケートできなかったという意味です．これらの原因のほとんどは，メモリ・モデルをsignal宣言で記述してしまっているためです．signal宣言を使うと，1ビットに対して実メモリを十数バイト消費します．したがって，あっとい

〔リスト3.62〕shared variableで記述したビヘイビア・メモリ・モデル（VHDL）

```vhdl
library IEEE;
use     IEEE.std_logic_1164.all ;
use     IEEE.std_logic_unsigned.all ;
use     work.pcnv.all ;

entity RAM_ASYNC is
  generic(ad_bits : integer := 21;
          dt_bits : integer := 32);
  port (
        AD :     in    std_logic_vector(ad_bits-1 downto 0);
        DI :     in    std_logic_vector(dt_bits-1 downto 0);
        DO :     out   std_logic_vector(dt_bits-1 downto 0);
        CS_N :   in    std_logic;
        WR_N :   in    std_logic;
        INIT :   in    std_logic
        );
end RAM_ASYNC;

architecture RTL3 of RAM_ASYNC is

subtype RAMWORD is std_logic_vector(dt_bits-1 downto 0);
type RAMARRAY is array (0 to 2**ad_bits-1) of RAMWORD;
-----------------------------------------
shared variable DPRAM_D :        RAMARRAY;
-----------------------------------------
begin
  process(WR_N)
    variable AD_IN : natural;
  begin
    if rising_edge(WR_N) then
      AD_IN := stdv2ntl(AD);
      if(CS_N ='0') then
          DPRAM_D(AD_IN) := DI;                             --①
      end if;
    end if;
  end process;
  process(WR_N, AD)
    variable AD_IN : natural;
  begin
    AD_IN := stdv2ntl(AD);
    if (WR_N='1') then
      if(CS_N ='0') then
          DO <= DPRAM_D(AD_IN);
      end if;
    end if;
  end process;
  -- initialise
  process(INIT)
    variable AD_IN : natural;
  begin
    if rising_edge(INIT) then
      for AD_IN in 0 to 2**ad_bits-1 loop
          DPRAM_D(AD_IN) := (others => '0');                --②
      end loop;
    end if;
  end process;
end RTL3;
```

[リスト3.63] リスト3.62と同じ機能をもつビヘイビア・メモリ・モデル(Verilog HDL)

```verilog
module  RAM_ASYNC
    (   AD,DI,DO,CS_N,WR_N,INIT
    );
parameter ad_bits = 21;
parameter dt_bits = 32;
parameter ad_range = 2097151;
input  [ad_bits-1:0]AD;
input  [dt_bits-1:0]DI;
output [dt_bits-1:0]DO;
reg    [dt_bits-1:0]DO;
input  CS_N;
input  WR_N;
input  INIT;
reg    [dt_bits-1:0]DPRAM_D[0:ad_range];
integer AD_IN;

always@(posedge WR_N)
begin
  if(CS_N ==1'b0)
      DPRAM_D[AD] = DI;
end
always@(WR_N or AD)
begin
  if((WR_N==1'b0) & (CS_N==1'b0))
      DO = DPRAM_D[AD];
end
//initialise
always@(posedge INIT)
begin
    for (AD_IN=0;AD_IN<ad_range;AD_IN=AD_IN +1)
        DPRAM_D[AD_IN] = 0;
end
endmodule
```

う間にシステム・リソースを使い切ってしまうわけです．

　signalに代わる記述として，ビヘイビア・モデルではvariable宣言を使用します．とくに実使用状態に近い大容量メモリをモデル化したい場合，この記述は重要です．リスト3.60はsignal宣言で記述したメモリの例，リスト3.61はvariable宣言で記述したメモリの例です．

　リスト3.60，リスト3.61のソースをコンパイルしてシミュレーションすると，variable宣言のほうがより大きなメモリ容量のモデルを実現できることを確認できると思います．とくに大規模なコンピュータ・リソースを使用しているのでなければ，リスト3.60で設定したgenericの値は，より小さな値に変更することになるでしょう．いずれにしてもvariableで書いたモデルを上回ることはありません．

　さらに，VHDL93では，shared variableの記述を利用できます(リスト3.62)．これにより，独立したprocess文から共通のRAMアレイに対してアクセスすることができます．リスト3.62の①，②は同一のRAMアレイですが，①では通常の書き込み，②では初期化を行っています．多ポートのメモリ・モデルを記述する際に重宝する記述と言えます．

　Verilog HDLでは，VHDLのsignal宣言とvariable宣言のような違いはありません．リスト3.62と同じ機能をVerilog HDLで記述した例がリスト3.63になります．

テスト・パターンのファイル入出力

　実際に，デバッグが進んでくると，複雑なテスト・パターンの入力や期待値照合を行う必要に迫られます．そこで，クロックごとに入力ピンにある値を与えたいと，だれもが考えると思います．このときにファイル入出力の記述を使うことになります．

　まずVHDLの場合について説明します．VHDLでは，テキスト入出力パッケージ(TEXTIO)を使用します．リスト3.64を見てください．2節で解説したシフト・レジスタのテストベンチ(リスト3.6)にTEXTIOの機能を加えました．

　③，④でTEXTIOを使用するため，パッケージを呼び出しています．最初にlibrary STDを追加していることに注意してください．⑤，⑥では，file宣言で入力ファイルinput.vec(ファイル名，拡張子と

[リスト3.64] テスト・パターンのファイル入出力（VHDL）

```vhdl
library IEEE,STD;
use     IEEE.std_logic_1164.all ;
use     IEEE.std_logic_unsigned.all ;
use     STD.TEXTIO.all;                        --③
use     IEEE.std_logic_textio.all;             --④

entity SFTRG_TEST is
end SFTRG_TEST;

architecture SIM1 of SFTRG_TEST is

component SFTRG
  port (
        CLK :      in               std_logic;
        RST :      in               std_logic;
        SEL :      in               std_logic;
        S :        in               std_logic;
        P :        in               std_logic_vector(3 downto 0);
        Q :        out              std_logic_vector(3 downto 0)
        );
end component;
file I_FILE : text is in "input.vec";   --VHDL87        --⑤
file O_FILE : text is out "output.vec"; --VHDL87        --⑥
constant CLK_CYCLE : time := 100 ns;
constant HLDT :           time := 2 ns; --Hold Time
signal    CLK_I :         std_logic;
signal    RST_I :         std_logic:='1';
signal    SEL_I :         std_logic:='0';
signal    S_I :           std_logic:='1';
signal    P_I :           std_logic_vector(3 downto 0):="1111";
signal    Q_O :           std_logic_vector(3 downto 0);

begin
  U0: SFTRG port map (CLK_I, RST_I, SEL_I, S_I, P_I, Q_O);
  process
  begin
    CLK_I <= '1';
    wait for CLK_CYCLE/2;
    CLK_I <= '0';
    wait for CLK_CYCLE/2;
  end process;
  -----------------
  -- File read/write
  -----------------
  process
  variable LI,LO :    line;                     --⑦
  variable R, SE, S : std_logic;                --⑧
  variable P :        std_logic_vector(3 downto 0);   --⑨
  begin
    wait for HLDT;
    readline(I_FILE, LI);                       --⑩
    read(LI,R); read(LI,SE); read(LI,S); read(LI,P);  --⑪
    RST_I <= R;
    SEL_I <= SE;
```

[リスト3.64] テスト・パターンのファイル入出力（VHDL）（つづき）

```vhdl
    S_I <= S;
    P_I <= P;
    wait for HLDT;
    write(LO, NOW, RIGHT, 10);              --⑫
    write(LO, Q_O, RIGHT, 5);               --⑬
    writeline(O_FILE, LO);                  --⑭
    wait for CLK_CYCLE-HLDT*2;
    if(endfile(I_FILE)) then                --⑮
      assert FALSE report "Finished." severity NOTE;  --VHDL87
      wait;
    end if;
  end process;
end SIM1;
================================================================

======input.vec======
1011111
1011111
1011111
0011111
0111010
0011010
0011010
0011010
0011010
0011010
0011010
=====================

======output.vec======
      4 NS 0000
    104 NS 0000
    204 NS 0000
    304 NS 0000
    404 NS 0001
    504 NS 1010
    604 NS 0101
    704 NS 1011
    804 NS 0111
    904 NS 1111
   1004 NS 1111
=====================
```

もに任意）と出力ファイルoutput.vec（ファイル名，拡張子ともに任意）を宣言しています．この宣言方法はVHDL87でのみ使用し，VHDL93では使用できないことに注意してください（詳細は後述）．

⑦では，入出力の各1行分に使用する変数を宣言しています．⑧，⑨では，read関数やwrite関数と，signal宣言された信号を接続するための変数を定義しています．⑩では，readline関数によって1行を読み出しています．

⑪では，1行目にread関数で読み出したデータ・パターンを各信号に接続します．⑫では，write関数で信号のデータをline変数LOに入れていきます．このwrite関数では，NOW関数に10列確保し，書き込

3.7 テストベンチの記述法 その4——メモリ・モデルとパターン・ファイルの入出力

〔リスト3.65〕VHDL87とVHDL93の記述の違い(VHDL)

```
file I_FILE : text open read_mode is "input.vec";   --VHDL93
file I_FILE : text is in "input.vec";               --VHDL87
```

〔リスト3.66〕テスト・パターンのファイルの入出力(Verilog HDL)

```
`timescale 1ns / 10ns
module SFTRG_TEST;

parameter CLK_CYCLE = 100;
parameter WIDTH = 4;
reg CLK, RST, SEL, S;
reg [WIDTH-1:0] P;
wire [WIDTH-1:0] Q;
reg [6:0] m_vec [0:100];
reg [6:0] l_vec;
integer I;
integer W_VEC;

SFTRG #(WIDTH) U0(.CLK(CLK), .RST(RST), .SEL(SEL), .S(S), .P(P), .Q(Q));

always
   #(CLK_CYCLE/2) CLK = ~CLK;

initial begin
  $readmemb("input.vec", m_vec);
  CLK=1'b0; RST=1'b1; SEL=1'b0; S=1'b1; P = 4'b1111;
  for (I=0; I<101; I=I+1) begin
    l_vec = m_vec[I];
      #CLK_CYCLE RST=l_vec[6]; SEL=l_vec[5]; S=l_vec[4]; P=l_vec[3:0];
  end
  #CLK_CYCLE  $finish;
end

initial W_VEC = $fopen("output.vec");
always begin
  #(CLK_CYCLE/2+4) $fdisplay(W_VEC, $time, "%b", P);
  #(CLK_CYCLE/2-4);
end
endmodule
```

みは右詰めになります．⑬では，「Q_0」は4ビットですが，5列確保し，右詰めにすることで，左に1列スペースを空けます(output.vecを参照)．

そして，⑭で1行分のデータをファイル名output.vecに書き込みます．⑮でinput.vecの入力パターンを読み終えると，メッセージを出力してwaitで停止します．

VHDL93からはfile宣言の方法が変更されています．ファイル・オープン/ファイル・クローズの機能が追加されているのです．ファイル宣言では，ファイル・オブジェクトのモードを宣言しなくてはなりません．その違いを**リスト3.65**に示します．また，付属のCD-ROMには**リスト3.64**をVHDL93で記述したサンプルも収録されているので，比較してみてください．

次にVerilog HDLのサンプル記述を**リスト3.66**に示します．Verilog HDLではファイル入出力用のシス

テム・タスクが用意されているので，これを利用します．

ROMモデル

ROMはその名のとおり，読み出ししかできないメモリですが，シミュレーションで利用する場合，もう一つの側面として，最初からあるデータが格納されていなければならないという条件があります．RAMの場合，シミュレーションが始まってから，データを書き込むことができますが，ROMの場合，シミュレーションが始まって読み出したとき，そこにすでにデータが存在している必要があります．仮にROMがシーケンシャルな読み出しに限られる場合，テキスト・ファイル入力で代用することができますが，ROMへのランダム・アクセスがある場合，この方法では複雑になってしまいます．

また，VHDLでは，Verilog HDLの$readmemhのようにROMライクに使用できるシステム・タスクが用意されていません（ただし，EDAベンダの中には独自の関数を用意しているところもある）．そこで，これまで解説した記述を使ってVHDLのROMモデルを作成してみましょう．

ROMモデルの解説が最後になったのは，VHDL93のshared variableメモリとTEXTIOの両方の機能を使用する必要があるためです．リスト3.62のshared variableメモリのモデルを基にROMモデルを作成します．リスト3.67の⑯でROMのイメージ・ファイルinit.vecを宣言します．そして，⑰でイメージ・ファイルのデータがなくなるまでループし，アドレスをインクリメントしながらデータを入れていきます．INIT信号の立ち上がりエッジを0nsで発生させることにより，init.vecのすべてのデータが0ns時点でロードされます．これで，ランダム・アクセス可能なROMの完成です．信号波形を図3.23に示します．

〔リスト3.67〕ROMモデル(VHDL)

```
library IEEE,STD;
use     IEEE.std_logic_1164.all ;
use     IEEE.std_logic_unsigned.all ;
use     work.pcnv.all;
use     STD.TEXTIO.all;
use     IEEE.std_logic_textio.all;

entity RAM_ASYNC is
  generic(ad_bits : integer := 21;
          dt_bits : integer := 32);
  port (
        AD :      in       std_logic_vector(ad_bits-1 downto 0);
        DI :      in       std_logic_vector(dt_bits-1 downto 0);
        DO :      out      std_logic_vector(dt_bits-1 downto 0);
        CS_N :    in       std_logic;
        WR_N :    in       std_logic;
        INIT :    in       std_logic
        );
end RAM_ASYNC;

architecture RTL4 of RAM_ASYNC is

subtype RAMWORD is std_logic_vector(dt_bits-1 downto 0);
type RAMARRAY is array (0 to 2**ad_bits-1) of RAMWORD;
------------------------------------------
```

3.7 テストベンチの記述法 その4——メモリ・モデルとパターン・ファイルの入出力

〔リスト3.67〕ROMモデル(VHDL)(つづき)

```
shared variable DPRAM_D :         RAMARRAY;
----------------------------------------
file I_FILE : text open read_mode is "init.vec"; --VHDL93       --⑯
begin
  process(WR_N)
    variable AD_IN : natural;
  begin
    if rising_edge(WR_N) then
      AD_IN := stdv2ntl(AD);
      if(CS_N ='0') then
          DPRAM_D(AD_IN) := DI;
      end if;
    end if;
  end process;
  process(WR_N, AD)
    variable AD_IN : natural;
  begin
    AD_IN := stdv2ntl(AD);
    if (WR_N='1') then
      if(CS_N ='0') then
          DO <= DPRAM_D(AD_IN);
      end if;
    end if;
  end process;
  ---------------
  -- initialise --
  ---------------
  process(INIT)
    variable AD_IN : natural:=0;
    variable LI : line;
    variable IN_VEC : std_logic_vector(dt_bits-1 downto 0);
  begin
    if rising_edge(INIT) then
      while (endfile(I_FILE)=false) loop         --⑰
          readline(I_FILE, LI);
          read(LI, IN_VEC);
          DPRAM_D(AD_IN) := IN_VEC;
          AD_IN := AD_IN + 1;
      end loop;
    end if;
  end process;
end RTL4;
```

〔図3.23〕ROMモデルの信号波形
何も書き込まなくても，アドレスを与えるとすぐにデータが出てくる．INIT信号の立ち上がりエッジに合わせてデータを読み込んでいる．

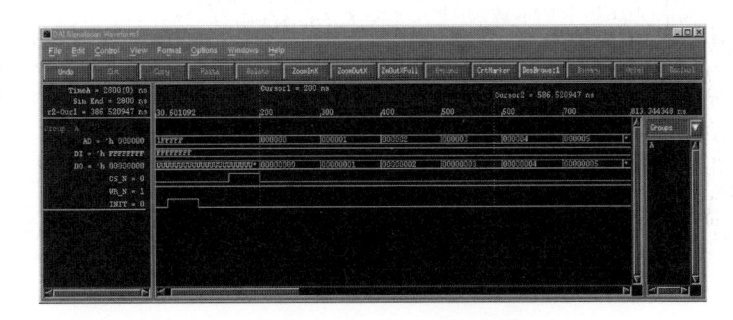

第4章 システム検証のためのサンプル記述

この章ではVerilog HDL シミュレータのPLI（programming language interface）とFPGAボードを利用したシステム検証のやりかたについてお話ししたいと思います．ここでいうシステム検証というのは，プロセッサなどとその周辺回路をまとめて指しているものと考えてください．本章では，以下の順番で話を進めていきます．

(1) Verilog PLIの概要とシステム検証
(2) PLIを利用したRS-232-C通信エミュレータ
(3) RS-232-C通信を利用したシステム検証
(4) USB通信を利用したシステム検証

なお，本章で紹介する記述やファイルも，本書の付属CD-ROMに収録されています．

1 Verilog PLIの概要とシステム検証

まず最初に，Verilog HDLのPLIの概要とシステム検証についてお話しします．まず，PLIとは何かということですが，ひと言でいえばVerilog HDL シミュレータとCプログラムの間を取り持つものと考えてください．

大規模設計では段階を踏んでデバッグを進める

LSIを設計している方にとっては，「なんでLSIを設計するためのVerilog HDL シミュレータに，C言語とのインターフェースが必要になるんだ？」と思われるかもしれません．現在ではチップに搭載されている回路の規模（ゲート数）がどんどん大きくなり，また高速化しています．そのため，1人の設計者が設計する回路の規模が非常に大きくなっています．従来と同じやりかたで設計していたのでは，いずれ納期どおりにチップを出荷することができなくなってしまいます．仮にチップを出荷できたとしても，どこまできっちり検証が行われているのか，はなはだ疑問です．

そこで考えられるのが，すでに設計された回路が存在していれば，できるだけそれを再利用していこうという考えかたです．こうした再利用のための回路ブロックを，一般にIPと呼んでいます．IPを利用する場合に問題となるのが，自分が使いたいと考えている周辺システムと組み合わせた場合に，それが本当に正しく動くのかどうか，ということです．インターフェースを多少いじったり，一部の機能を変更するだけで再

利用できる場合もありますし，一から設計をやり直したほうがよい場合もあります．

　IPの機能をある程度そのまま利用しようとしたとき，システム検証の作業がとても重要になります．ここでVerilog HDLシミュレータが備えているPLIの機能を利用すると，例えば，IPになる部分はFPGAなどを用いてハードウェア化し，周辺回路のHDLモデルとそのハードウェアを組み合わせて検証することが可能になります．こうすると，デバッグがはかどるのではないかと思います（実機とHDLモデルを比べると，HDLモデルのほうがデバッグ時の可観測性が高い）．

　また，部分的に実機を使用して検証することになるので，ゴールとなるシステムにより近い形で動作を確認できます．これは設計者にとって大きなメリットであると思います．この方法を用いると，実際にハードウェアに落とし込んでいく際にも，段階を踏んでデバッグを進めることができます．IPとその周辺回路がプロトタイピング用のFPGAボードに収まらない場合などにも，この考えかたは有効です．

　以上のことから，下記のようなシナリオでシステム検証を進めることが考えられます（**図4.1**）．

- 第1段階 ── HDLモデル＋FPGAボード（IP搭載）でデバッグ
- 第2段階 ── FPGAボード（IPの周辺回路をハードウェア化）＋FPGAボード（IP搭載）でデバッグ
- 第3段階 ── 1チップ化（IPの部分とその周辺回路の部分を搭載）してデバッグ

検証時間は延びるがチップの試作回数は減る

　上記の第1段階と第2段階の構成については，そのつなぎの部分をどうするかということが問題になります．第2段階の構成ではFPGAボード間をRS-232-Cなどの物理的なケーブルでつなげばよいのですが，第1段階の構成ではFPGAボードと（シミュレータ上の）HDLモデルを接続して協調動作させなければなりません．なんらかの方法でHDLシミュレータと実際のハードウェアの間で通信する方法が必要になります．

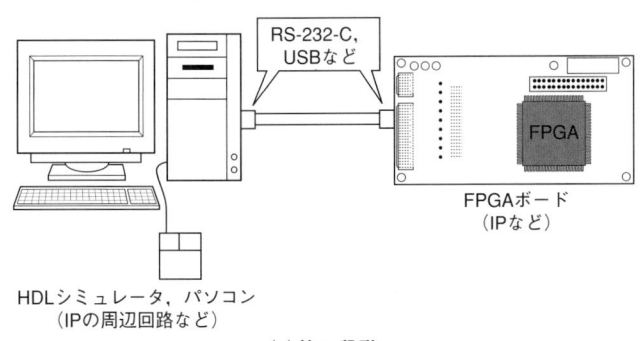

〔図4.1〕デバッグの手順

規模が大きくなればなるほど，段階を分けてデバッグしていくことが必要になる．ここでは，第1段階と第2段階の通信手段としてRS-232-CやUSBを用いているが，これらの通信プロトコルでなくてはならないということではない．単にパソコンとFPGAボードの両方で使える方法だったので，これを採用しただけである．

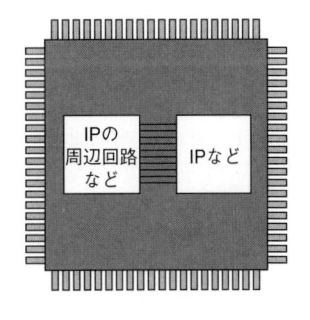

(a) 第1段階

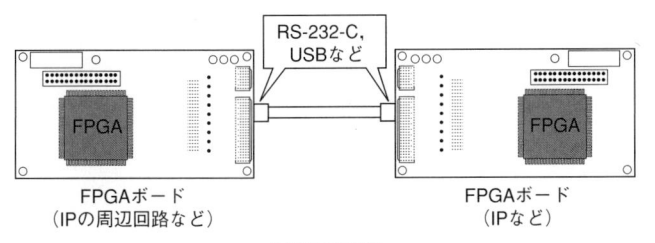

(b) 第2段階

(c) 第3段階

そこでどうするかというと，前述したPLIを使って通信するのです．

具体的には図4.2のようなイメージになり，以下のような手続きを実行します．

① Verilog HDLシミュレータから，PLI経由でRS-232-CまたはUSBのデバイス・ドライバをたたき，所望の値や命令をハードウェアに送る．
② たたかれたドライバは，つながっている先のポートにHDLからの指示をそのまま伝える．つまり送られてきた値や命令をハードウェア側に渡す．
③ 受け取ったハードウェア側では，その要求に応える（例えばなんらかの計算を行えという指示であれば，その答えを準備する）．
④ ハードウェア側でその準備ができたら，答えの値や命令などをVerilog HDLシミュレータが動作しているパソコンの接続ポートに返す．
⑤ 再びデバイス・ドライバをたたいて，ハードウェアからの値や命令を，PLI経由でHDLシミュレータに送る．

大ざっぱにはこのような感じです．上記の①～⑤を延々と繰り返していけば，実際のハードウェアと通信しながら検証できるということが，読者のみなさんにも想像できると思います．こういった検証を行うことは，設計を進めていくうえでとても大きな意味を持ちます．設計している段階から実際につなぐハードウェアを使用して動作を確認しているわけですから，これほど確実な検証はありません．

今回のような方法でシステムを検証できたとしても，シミュレーションには非常に時間がかかるとの指摘もあるでしょう．しかし，何度も試作チップを作り直すほうが，圧倒的に時間がかかるし，なんといっても試作チップを製造すると，とんでもないコストがかかります．たとえシミュレーションで多少の時間がかかっても，チップの試作回数を減らしたほうが，トータルで考えると，コストや開発期間の削減につながると思います．

今回紹介するような検証手法は，すでにいくつかのEDAベンダが提案していますが，それらの製品は非常に高価であるような気がします．しかも自分が思い描いたとおりのシステム検証を行うには，ちょっとやりにくい場合があるのが実情ではないかと思います（EDAベンダのツールは汎用的に作られているので，かゆいところに手が届くように作られていないことが多い）．今回紹介する方法は自由度がかなり高く，しかも安価に実現できます．

Verilog規格はPLI 1.0からPLI 2.0にシフト

ところで，PLIには二つのバージョンがあります．規格としては，「PLI 1.0」，「PLI 2.0」と呼ばれてい

〔図4.2〕PLIによる通信手段
本文にあるようにドライバをシステム・タスクとして登録し，HDL記述から呼び出せるようにする．こうすればハードウェアとHDLモデルの間で値や命令をやり取りできる．

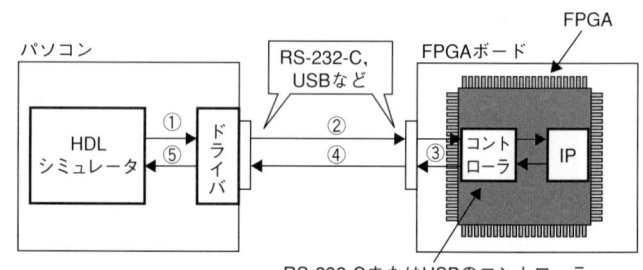

ます．PLI 1.0はTFとACCという関数群で成り立っており，PLI 2.0はVPIという関数群で成り立っています．最近ではPLI 2.0のほうへどんどん移行していく傾向にあるようです．例えばVerilog 2001の仕様では，PLI 1.0は保守のみで，本格的にはサポートしないようです．

基本的には呼び出す関数の名前が異なっているだけで，両者の違いはあまりないのですが，今後，PLIを使用して新しく何かを開発するのであれば，PLI 2.0を使用したほうがよいと思います．とはいうものの，諸般の事情（筆者がPLI 1.0に慣れていた．また，調達したシミュレーション環境がPLI 1.0をサポートしていた）があり，本書ではすべてPLI 1.0を使って説明しています．今回使用している関数に限って言えば，インクルードするファイルの違いと関数の名前が違っている程度なので，PLI 2.0に移行するのはさほど難しくないと思われます（下掲のコラム「PLI 2.0の記述方法」を参照）．

まずPLI環境とCコンパイラを用意する

さて，シミュレータ上のHDLモデルと実際のハードウェアを通信させるときのポイントは，一にも二にも，これらの間でやり取りするトラフィック（通信量）をどれだけ少なくできるかにかかっています．なぜなら，ハードウェアのほうが圧倒的にシミュレータよりも高速に動作するので，トラフィックが多いと，検証中にハードウェア側が待たされる機会が多くなり，結果的にシミュレータ側の速度に依存してしまうからです．つまり，トラフィックを減らすことができないと，結局，すべての動作をシミュレータ上で模擬しているのと同じになってしまい，せっかくシミュレータよりも高速に動作する実機（ハードウェア）を使用して検証しているにも関わらず，逆にデバッグ期間が延びてしまったということになりかねません．

幸いFPGAを使えば，たとえまだ検証が十分に済んでいないHDLの部分もハードウェア化してしまうこ

Column 1　PLI 2.0の記述方法

本文のリスト4.1の"Hello PLI World!!"を出力するCプログラムを，VPIライブラリを使って書き直してみます．リスト4.1はリストAのようになります．

ポイントは，インクルードするファイルがveriuser.hやacc_user.hからvpi_user.hに変わることと，それに伴って出力するためのprintの関数が変更になることです．実際，本文中でも触れているようにPLI関数の種類はかなり多いのですが，実機とHDLシミュレータの間で通信するには，tf_putcとtf_getcを読み書きできる関数さえあれば十分です．ただし，こちらのVPIライブラリ関数を使う場合，vpi_put_valueとvpi_get_valueなどに変わり，さらに引き数がvpiのハンドラや値に変わるので，ちょっと注意が必要です．

〔リストA〕VPIライブラリ(PLI 2.0)を使った記述

```
#include "vpi_user.h"

int PLI_hello(void){
        vpi_printf("Hello PLI World!!\n");
        return (0);
}
```

とができます．ですので，この切り口を柔軟に変えることによって，かなり検証の効率を引き上げることができます．

では，どのようにして実際のハードウェアとHDLモデルを結びつけるのでしょうか．具体的には，後でRS-232-CとUSBの例を説明するので，そちらを参照していただきたいと思います．ここでは，まず，基本的なPLIの使いかたについて説明することにします．

PLIとはいっても，基本的にはC言語のプログラムです．ですから，C言語の教科書の最初によく出てくる，「Hello World!!」の文字列をHDLシミュレータの標準出力に出すところから始めてみましょう．

PLIを動作させるには，まず，PLIのインターフェースを備えているVerilog HDLシミュレータが必要になります．筆者らは，米国SynaptiCAD社のVerilog HDLシミュレータ「VeriLogger」のDOS版を利用して今回の検証環境を構築しました．具体的には，同社の販売代理店である㈲インターリンクのホームページ（http://www.ilink.co.jp/）からVeriLoggerのダウンロード・ページにいき，そこからPLI環境を持つ，コマンド・ラインで動作するVeriLogger製品を含んだファイル（本書執筆時点ではhttp://www.syncad.com/syn_ruo.htmのページにあるLatest SynaptiCAD Product Suiteの12/21/01．本書付属CD-ROMにも収録）をダウンロードします（図4.3）．その環境を使って，PLIを用いた非常に簡単なシミュレーションを行ってみます．なお，C言語を使用するので，Windows上でCをコンパイルできるソフトウェア（例えばMicrosoft Visual C++など）も必要になります．

〔図4.3〕ダウンロード・ページ
SynaptiCAD社の最新製品のダウンロード・ページ．ファイル名は「allproducts.exe」，容量は14Mバイトほどある．このファイルの中に，PLIを利用するための環境が含まれている．

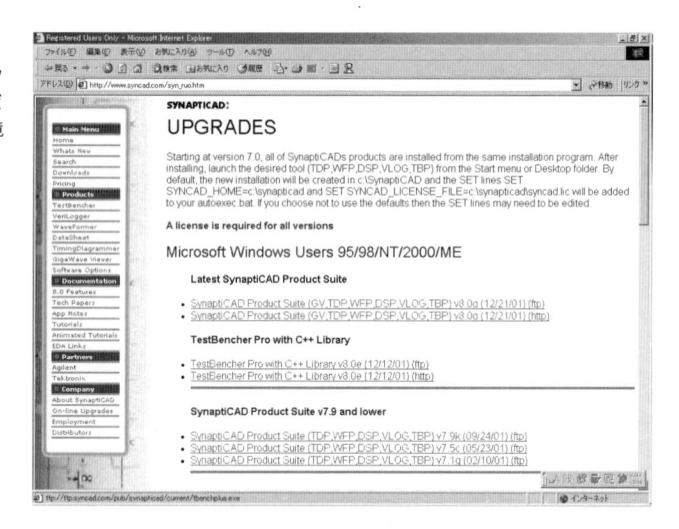

〔リスト4.1〕「Hello PLI World!!」を出力するCプログラム（hello.c）
printfではなくPLIのライブラリ関数，io_printfで出力されている．

```c
#include "veriuser.h"
#include "acc_user.h"

int PLI_hello(void){
        io_printf("\nHello PLI World!!\n");
        return (0);
        }
```

4.1 Verilog PLIの概要とシステム検証 215

〔リスト4.2〕$helloをシステム・タスクに登録するCプログラム(veriuser.c)
追加しているのは，{usertask, 0, 0, 0, PLI_hello, 0, "$hello"},のところ．また，s_tfcell veriusertfs[13] = を
s_tfcell veriusertfs[14] =に変更する．

```
/* VERIUSER.C - PLI user routine hooks */
/* Copyright (c) 1998, SynaptiCAD, Inc. */
/*    All rights reserved

   /* This material is confidential and
   proprietary, being exclusively owned by
   SynaptiCAD, Inc., P.O. Box 10608, Blacksburg,
   VA 24062-0208. The expression of the
   information contained herein is protected
   under federal copyright laws and all copying
   is prohibited and may be subject to criminal
   penalties.
   */

/* Filename: veriuser.c */

#define VERIUSER_C

#include <stdio.h>
#include "veriuser.h"
#include "acc_user.h"
/*JJH*/
#include "common.h"

/* Declaration of functions found in read.c */
/* For HP 10.20 (I think), the following was */
/* needed: */
/* #define FUNCVARS int, int */
/* but it ain't no more.  -emf */

/* Allows perl code to be executed */
int execute_perl(FUNCVARS);
#ifdef EMBED_PERL
int ExecutePerlScriptC(const char* scriptname);
#endif

#ifdef _WIN32
#pragma warning (push)
#pragma warning (disable : 4113)
#endif

s_tfcell veriusertfs[14] =
{
              /*** Template for an entry:
   { usertask|userfunction, data, checktf(),
              sizetf(), calltf(), misctf(),
     "$tfname", forwref?, Vtool?, ErrMsg? },
     Example:
   { usertask, 0, my_check, 0, my_func,
                    my_misctf, "$my_task" },
   ***/

/*
/*    {usertask,0,0,0,SignalMonitorAll,0,
/*                "$SignalMonitorAll",0},
/*    {usertask,0,0,0,SignalMonitorOne,0,
/*                "$SignalMonitorOne",0},
*/
   {userfunction, 0, fopenr_check,   fopenr_size,
                fopenr_call, fopenr_misc, "$fopenr"},
   {userfunction, 0, fcloser_check,
       fcloser_size, fcloser_call, 0, "$fcloser"},
   {userfunction, 0, fgets_check,    fgets_size,
                fgets_call,  0, "$fgets"},
   {userfunction, 0, fgetc_check,    fgetc_size,
                fgetc_call,  0, "$fgetc"},
   {userfunction, 0, ungetc_check,   ungetc_size,
                ungetc_call, 0, "$ungetc"},
   {userfunction, 0, feof_check,     feof_size,
                feof_call,   0, "$feof"},
   {userfunction, 0, fscanf_check,   fscanf_size,
            fscanf_call, fscanf_misc, "$fscanf"},
   {userfunction, 0, sscanf_check,   sscanf_size,
            sscanf_call, sscanf_misc, "$sscanf"},
   {userfunction, 0, ftell_check,    ftell_size,
                ftell_call,  0, "$ftell"},
   {userfunction, 0, fseek_check,    fseek_size,
                fseek_call,  0, "$fseek"},
   {userfunction, 0, fread_check,    fread_size,
                fread_call,  0, "$fread"},

   {usertask, 0, 0, 0, execute_perl, 0,
                                      "$perl"},
/*** add user entries here ***/
   {usertask, 0, 0, 0, PLI_hello, 0, "$hello"},
/*** final entry must be 0 ***/
        {0}
};

#ifdef _WIN32
#pragma warning (pop)
#endif

int execute_perl(FUNCVARS )
  {
  char* file;

  file = tf_getcstringp(1);
#ifdef EMBED_PERL
  ExecutePerlScriptC(file);
#endif
  return 0;
  }
```

〔リスト4.3〕$helloを使用したHDLソース
$helloを使用している．出力結果は図4.7を参照．

```
module TEST;

initial
begin
  $display("This is Verilog test");
  $hello;
  $finish;
end

endmodule
```

「Hello PLI World!!」を表示する

(1) PLI関数を使って接続するCプログラムを作成する

　リスト4.1に「Hello PLI World!!」の文字列を出力するCプログラムを，リスト4.2にこのプログラムをHDL上のシステム・タスクとして割り付けるためのCプログラムを示します．また，リスト4.3に「Hello PLI World!!」を出力するHDLソース・コードを示します．これは，PLIで登録したシステム・タスクを用いて記述してあります．

　まずリスト4.1にあるように，Cプログラムを作成します．システム・タスクの登録はあくまでもシミュレータ（メイン・プログラム）へ追加する形になるので，これは一種のサブルーチン・プログラムの作成といえます．従ってmainは使えません．適当な関数名を用いて，プログラムを作成します．この例ではPLI_helloという名前になっています．普通のCプログラムのように，`<stdio.h>`をインクルードして`printf`で表示させてもよいのですが，ここではPLIのインクルード・ファイルで定義されている`io_printf`を使用しました．これは書きかたが違うだけで，Cプログラムの教科書の最初によく出てくるプログラムとまったく同じです．

Column 2　PLIはディスク食い？

　PLIでいろいろな関数を追加していくのはよいのですが，そのたびにCでコンパイルを行って，生成するファイルを分けていると，その分だけどんどんVerilog HDLシミュレータの実行ファイルが増えていきます．そうなると，どの実行ファイルにどのようなシステム・タスクを追加したのかわからなくなってきます．ある程度個人利用中心の環境であれば，ちょっと調べれば何とかなるかもしれません．しかし，多数のユーザが共同で利用している環境の場合には，それなりのくふうが必要です．

　その場合にはいろいろな関数を寄せ集めて一気にコンパイルします．こうすると一つの実行ファイルの保守が楽になります．また，余計なハード・ディスク容量を食うということもなくなります．ただし，いろいろな関数を寄せ集めてコンパイルすると，時々プログラム中の宣言などが重なっていてエラーになることがあり，Verilog HDLシミュレータの実行ファイルを生成できないことがあります．そのようなときには，HDLではなくCのプログラムをデバッグするはめになります．

(2) シミュレータのシステム・タスクを登録する

追加したい関数のプログラムができたら，次にシミュレータのシステム・タスクとしてその関数を登録します．この登録は，お手持ちのVerilog HDLシミュレータの環境に合わせて行ってください．VeriLoggerではveriuser.cの中に，**リスト4.2**のように追加したい関数を書いておきます．今回登録する$helloは，特に引き数などを持ちません．また**リスト4.3**のように左辺の変数に代入を行うわけではないので，task型のシステム・タスクとして登録します（なお，関数の名前に戻り値を返すような場合，function型を使用する）．基本的には，まず**リスト4.2**の中でインクルード・ファイルとして使用されているcommon.hの中に，

```
    int PLI_hello();
```

を追加します．**リスト4.4**の57行目がこれにあたります．次に，veriusertfsの次元として，veriuser.cの中で定義されているシステム・タスクの数より1多い数を指定します（最後のエントリが0なので．**リスト**

〔リスト4.4〕veriuser.cで利用しているヘッダ・ファイル(common.h)
追加している箇所はint PLI_hello();のところ．s_tfcell veriusertfs[13];をs_tfcell veriusertfs[14];に変更する．

```
/* JJH*/
#ifndef __COMMON_H__
#define __COMMON_H__

/* JJH - these functions are used in veriuser.c */
/*       file and their definitions  are in */
/*       read.c file, this header is common for */
/*       both of them, it makes common linkage */
/*       - extern "C"*/

#define FUNCVARS

/* #ifdef __cplusplus */
/* extern "C" */
/* { */
/* #endif */

int fopenr_check(FUNCVARS);
int fopenr_size(FUNCVARS);
int fopenr_call(FUNCVARS);
int fopenr_call(FUNCVARS);
int fopenr_misc(FUNCVARS);
int fopenr_misc(FUNCVARS);
int fcloser_check(FUNCVARS);
int fcloser_size(FUNCVARS);
int fcloser_call(FUNCVARS);
int fgets_check(FUNCVARS);
int fgets_size(FUNCVARS);
int fgets_call(FUNCVARS);
int fgetc_check(FUNCVARS);
int fgetc_size(FUNCVARS);
int fgetc_call(FUNCVARS);
int ungetc_check(FUNCVARS);
int ungetc_size(FUNCVARS);
int ungetc_call(FUNCVARS);
int feof_check(FUNCVARS);
int feof_size(FUNCVARS);
int feof_call(FUNCVARS);
int ftell_size(FUNCVARS);
int fscanf_check(FUNCVARS);
int fscanf_size(FUNCVARS);
int fscanf_call(FUNCVARS);
int fscanf_misc(FUNCVARS);
int sscanf_check(FUNCVARS);
int sscanf_size(FUNCVARS);
int sscanf_call(FUNCVARS);
int sscanf_misc(FUNCVARS);
int ftell_check(FUNCVARS);
int ftell_call(FUNCVARS);
int fseek_check(FUNCVARS);
int fseek_size(FUNCVARS);
int fseek_call(FUNCVARS);
int fread_check(FUNCVARS);
int fread_size(FUNCVARS);
int fread_call(FUNCVARS);

int PLI_hello();

s_tfcell veriusertfs[14];

/* #ifdef __cplusplus */
/* } */
/* #endif */

#endif
```

4.2 の 58〜81 行目を参照).

　具体的には PLI_hello を一つ追加するので,

```
s_tfcell veriusertfs[14];
```

とします．**リスト4.4**の59行目がこれにあたります．次に**リスト4.2**のようにveriuser.c中の, veriusertfs の次元を,

```
s_tfcell veriusertfs[14] =
```

に変更します（**リスト4.2**の42行目）．さらに,

```
{usertask, 0, 0, 0, PLI_hello, 0, "$hello"},
```

を追加します（**リスト4.2**の83行目）．上記のように，5番目の引き数の部分に定義した関数を書き，最後の引き数の部分にVerilog HDLシミュレータで使用するシステム・タスク名を定義します．システム・タスクを追加する作業は，とりあえずここまでです．ちなみに複数の関数を定義して，それを一つのシステム・タスクに登録する場合には,

```
{userfunction,0,f232_recv_check,f232_recv_size,f232_recv_func,0,"$f232_recv"},
```

などのように記述します．上記の例では，「入力のチェック」，「大きさのチェック」，「実行」の三つの関数をシステム・タスクに割り付けています．以上のcommon.hやveriuser.cは，ダウンロードしてきたファイルをデフォルトのままインストールすれば，C:¥SynaptiCAD¥vlogPLI¥srcの下に含まれています．

(3) シミュレータで使用するダイナミック・リンク・ライブラリを生成する

　以上の変更が終了したら，コマンド・ラインで使用するVeriLoggerのダイナミック・リンク・ライブラリを生成します（Verilog HDLのシミュレータによっては，実行ファイルを生成するものもある．p.216のコラム「PLIはディスク食い？」を参照）．筆者の場合，Visual C++ 6.0 Professionalを使用しました．ダイナミック・リンク・ライブラリの生成に必要なファイルは，ダウンロードしたファイルをデフォルトのままインストールした場合，C:¥SynaptiCAD¥vlogPLI¥vlogPLIcmdの下に含まれています．この中の

〔図4.4〕**Visual C++ウィンドウ（その1）**
SynaptiCAD以下のフォルダにあるvlogPLIcmd.dspをダブル・クリックすると立ち上がる．PLIのコンパイル環境がすでに設定されている．

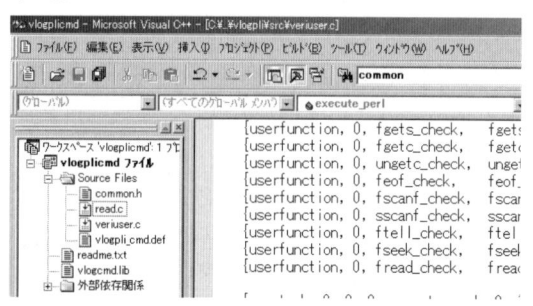

〔図4.5〕**Visual C++ウィンドウ（その2）**
自分で作成したCプログラムをプロジェクトに追加する．この時点でveriuser.cに登録したい関数を追加しておく．準備ができたら，ビルドなどを行う．

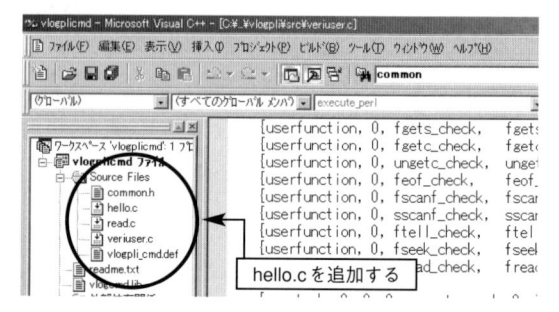

vlogPLIcmd.dspというプロジェクト・ファイルをダブルクリックし，Visual C++を立ち上げます（図4.4）．このとき，ファイル名がcmdpli.dsw（新しいバージョン）に変わります．この状態ではまだhello.cが追加されていないので，hello.cのファイルをこのプロジェクトに追加します（図4.5）．

それぞれをコンパイルし，ビルドなどが成功すると，C:¥SynaptiCAD¥vlogPLI¥vlogPLIguiの下のreleaseというディレクトリに，vlogPLI_cmd.dllというダイナミック・リンク・ライブラリのファイルが生成されます（図4.6）．このファイルを，C:¥SynaptiCADの下にあるvlogPLI_cmd.dllと入れ替えます．このとき，オリジナルのvlogPLI_cmd.dllはvlogPLI_cmd_org.dllなどのように名前を変えて，必ず保管しておきましょう．もしうまく動かなかったときに，元に戻すためです．なお，Visual C++の詳しい使いかたについては，ここでは触れません．詳細は別途，Visual C++のマニュアルなどを参照してください．

(4) HDLをコンパイルしてシミュレーションを実行する

ダイナミック・リンク・ファイルが生成でき，オリジナルと入れ替えたら，コマンド・プロンプト（いわゆるDOS窓）を立ち上げます．ここでC:¥SynaptiCADに移動し，新たに追加した$helloのシステム・タスクを用いたHDL（リスト4.3）をコンパイルします（コマンド・ラインからvlogcmd.exe hello.vを

〔図4.6〕実行ファイルの生成

ビルドなどが終了した後，vlogPLIcmd.dspのあるディレクトリの下にreleaseができ，そのディレクトリの下に，VeriLoggerのダイナミック・リンク・ライブラリvlogPLI_cmd.dllが生成される．

〔図4.7〕$helloの実行結果

$hello(io_printfで指定した文字列を出力する)の実行結果が，VeriLoggerの実行コンソールに出力されている．

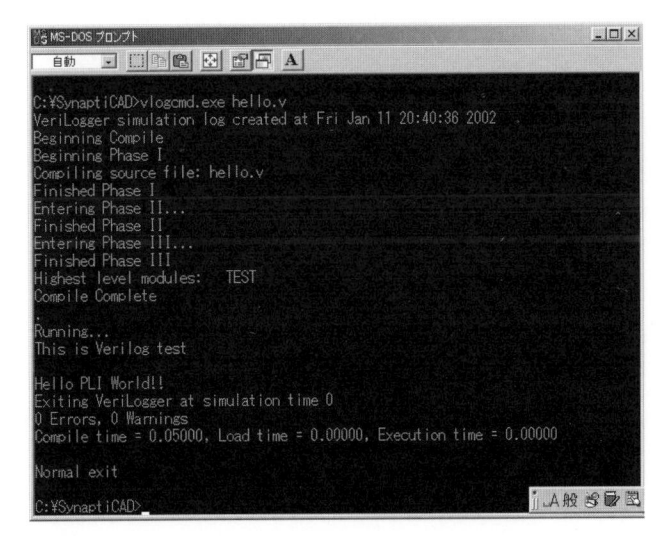

〔リスト4.5〕ロード付きアップダウン・カウンタのRTL
4ビットのロード付きアップダウン・カウンタのRTLコード.

```verilog
module UDCNT (RESET, CLK, COUNT, LOAD, INC, D);
input RESET, CLK, LOAD, INC;
input [3:0] D;
output [3:0] COUNT;
reg [3:0] COUNT;

always @(posedge CLK or negedge RESET)
   begin
      if(RESET==1'b0)
         COUNT <= 4'h0 ;
      else if(LOAD==1'b1)
         COUNT <= D ;
      else if(INC==1'b1)
         COUNT <= COUNT + 4'h1 ;
      else
         COUNT <= COUNT - 4'h1 ;
   end
endmodule
```

〔リスト4.6〕ロード付きアップダウン・カウンタのテストベンチ
4ビットのロード付きアップダウン・カウンタのテストベンチ.

```verilog
module UDCNT_TEST ;
reg RESET, CLK, LOAD, INC;
reg [3:0] D;
wire [3:0] COUNT;

UDCNT i1(.RESET(RESET), .CLK(CLK), .COUNT(COUNT), .LOAD(LOAD),INC(INC), .D(D));

always #50 CLK = ~CLK ;

initial
   begin
         CLK = 1'b0; RESET = 1'b0;
         LOAD = 1'b0; INC = 1'b1; D = 4'hd;
      #100 RESET = 1'b1;
      #100 RESET = 1'b0;
      #200 LOAD = 1'b1;
      #100 LOAD = 1'b0; INC = 1'b0;
      #800 LOAD = 1'b1; INC = 1'b1; D = 4'h7;
      #100 LOAD = 1'b0;
      #200 RESET = 1'b1; LOAD = 1'b1 ; INC = 1'b0; D = 4'h9;
      #100 RESET = 1'b0; LOAD = 1'b0 ;
      #200 LOAD = 1'b0; INC = 1'b1 ; D = 4'h8 ;
      #500 $finish;
   end

initial
   begin
   $monitor($time,,"CLK=%b RESET=%b LOAD=%b D=%h INC=%b COUNT=%h",CLK,RESET,LOAD,D,INC,COUNT);
   $dumpvars;
   end
endmodule
```

実行する).

コンパイル・エラーがなければ,図4.7のようにシステム・タスク$helloからの出力が標準出力されていることが確かめられます.これでおわかりのように,PLIを用いることによって,シミュレータからCプログラムを呼び出すことが可能となります.

HDLコードとCプログラムの間でデータを受け渡し

さて,上記のPLIの例は,単にC言語のprintf文に相当するものを使用して,標準出力に文字列を出

〔図4.8〕ロード付きアップダウン・カウンタの実行結果
4ビットのアップダウン・カウンタの実行結果.生成されたVeriLoggerが正常に動作していることを示している.

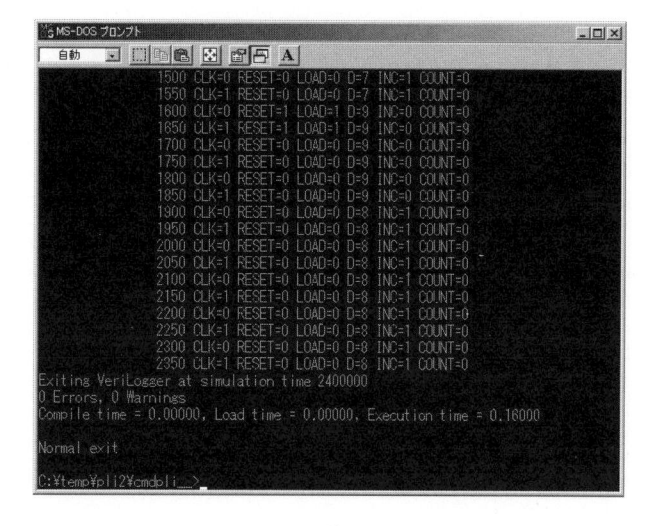

〔リスト4.7〕
信号を生成する部分のCプログラム
(count_test.c)

シミュレーション時刻を入力の引き数としてswitch文でデコードしている.各時間ですべての信号を代入して,HDL側に渡している.

```c
#include "veriuser.h"
#include "acc_user.h"

int PLI_count_test(){
        int SIM_TIME;
        int load, inc, d;
        SIM_TIME = tf_getp(1);
        io_printf ("Simulation Time %d\n",SIM_TIME);
        switch (SIM_TIME){
                case 0 : load = 0; inc = 1; d = 13; break;
                case 400 : load = 1; inc = 1; d = 13; break;
                case 500 : load = 0; inc = 0; d = 13; break;
                case 1300 : load = 1; inc = 1; d = 7; break;
                case 1400 : load = 0; inc = 1; d = 7; break;
                case 1600 : load = 1; inc = 0; d = 9; break;
                case 1700 : load = 0; inc = 0; d = 9; break;
                case 1900 : load = 0; inc = 1; d = 8; break;
                default : break;
        }
        tf_putp( 2, load);
        tf_putp( 3, inc);
        tf_putp( 4, d);
        return (0);
        }
```

[リスト4.8] $count_testをシステム・タスクに登録するCプログラム(veriuser.c)
追加している箇所は、{usertask, 0, 0, 0, PLI_count_test, 0, "$count_test"},のところ. s_tfcell veriusertfs[13] =
をs_tfcell veriusertfs[14] =に変更する.

```
/* VERIUSER.C - PLI user routine hooks */
/* Copyright (c) 1998, SynaptiCAD, Inc.
/*   All rights reserved

    /* This material is confidential and
    proprietary, being exclusively owned by
    SynaptiCAD, Inc., P.O. Box 10608, Blacksburg,
    VA 24062-0608.  The expression of the
    information contained herein is protected
    under federal copyright laws and all copying
    is prohibited and may be subject to criminal
    penalties.
    */

/* Filename: veriuser.c */

#define VERIUSER_C

#include <stdio.h>
#include "veriuser.h"
#include "acc_user.h"
/*JJH*/
#include "common.h"

/* Declaration of functions found in read.c */
/* For HP 10.20 (I think), the following was */
/* needed: */
/* #define FUNCVARS int, int */
/* but it ain't no more.  -emf */

/* Allows perl code to be executed */
int execute_perl(FUNCVARS);
#ifdef EMBED_PERL
int ExecutePerlScriptC(const char* scriptname);
#endif

#ifdef _WIN32
#pragma warning (push)
#pragma warning (disable : 4113)
#endif

s_tfcell veriusertfs[14] =
{
                /*** Template for an entry:
    { usertask|userfunction, data, checktf(),
                    sizetf(), calltf(), misctf(),
      "$tfname", forwref?, Vtool?, ErrMsg? },
    Example:
    { usertask, 0, my_check, 0, my_func,
                    my_misctf, "$my_task" },
    ***/

/*
/*  {usertask,0,0,0,SignalMonitorAll,0,
/*                "$SignalMonitorAll",0},
/*  {usertask,0,0,0,SignalMonitorOne,0,
/*                "$SignalMonitorOne",0},
*/
    {userfunction, 0, fopenr_check, fopenr_size,
            fopenr_call, fopenr_misc, "$fopenr"},
    {userfunction, 0, fcloser_check,
        fcloser_size, fcloser_call, 0, "$fcloser"},
    {userfunction, 0, fgets_check,  fgets_size,
                 fgets_call,   0, "$fgets"},
    {userfunction, 0, fgetc_check,  fgetc_size,
                 fgetc_call,   0, "$fgetc"},
    {userfunction, 0, ungetc_check, ungetc_size,
                 ungetc_call,  0, "$ungetc"},
    {userfunction, 0, feof_check,   feof_size,
                 feof_call,    0, "$feof"},
    {userfunction, 0, fscanf_check, fscanf_size,
            fscanf_call, fscanf_misc, "$fscanf"},
    {userfunction, 0, sscanf_check, sscanf_size,
            sscanf_call, sscanf_misc, "$sscanf"},
    {userfunction, 0, ftell_check,  ftell_size,
                 ftell_call,   0, "$ftell"},
    {userfunction, 0, fseek_check,  fseek_size,
                 fseek_call,   0, "$fseek"},
    {userfunction, 0, fread_check,  fread_size,
                 fread_call,   0, "$fread"},

    {usertask, 0, 0, 0, execute_perl, 0,
                                    "$perl"},
/*** add user entries here ***/
    {usertask, 0, 0, 0, PLI_count_test, 0,
                                "$count_test"},
/*** final entry must be 0 ***/
      {0}
};

#ifdef _WIN32
#pragma warning (pop)
#endif

int execute_perl(FUNCVARS )
 {
 char* file;

 file = tf_getcstringp(1);
#ifdef EMBED_PERL
 ExecutePerlScriptC(file);
#endif
 return 0;
 }
```

しただけです．これだけではRS-232-CポートやUSBポートを介してデータのやり取りは行えません．そこで，PLIの関数として用意されているもののうち，データをHDLコードからCプログラムに渡すためのtf_getpと，CプログラムからHDLコードに渡すためのtf_putpを使用します．その具体例を以下に示します．

リスト4.5にロード付きアップダウン・カウンタのRTL記述を，**リスト4.6**にそのテストベンチを示します．なんの変哲もない普通のロード付き4ビット・バイナリ・カウンタのシミュレーションです．実行結果は**図4.8**のとおりです．

さて，ここでちょっと強引ですが，**リスト4.6**のテストベンチをPLI，つまりC言語を使って書き換えてみます．**リスト4.6**にあるinitial文でload, inc, dに与えているデータをCプログラムで作成し，そのプログラムの関数をPLIでシステム・タスクとして登録し，そのデータをHDLに渡すということをやってみます．C言語に渡すデータはシミュレーション時刻とします．

〔**リスト4.9**〕**veriuser.cで利用しているヘッダ・ファイル（common.h）**
追加している箇所は`int PLI_count test();`のところ．`s_tfcell veriusertfs[13] =`を`s_tfcell veriusertfs[14] =`に変更する．

```
/* JJH*/
#ifndef __COMMON_H__
#define __COMMON_H__

/* JJH - these functions are used in veriuser.c */
/*       file and their definitions   are in */
/*       read.c file, this header iscommon for */
/*       both of them, it makes common linkage */
/*       - extern "C"*/

#define FUNCVARS

/* #ifdef __cplusplus */
/* extern "C" */
/* { */
/* #endif */

int fopenr_check(FUNCVARS);
int fopenr_size(FUNCVARS);
int fopenr_call(FUNCVARS);
int fopenr_call(FUNCVARS);
int fopenr_misc(FUNCVARS);
int fopenr_misc(FUNCVARS);
int fcloser_check(FUNCVARS);
int fcloser_size(FUNCVARS);
int fcloser_call(FUNCVARS);
int fgets_check(FUNCVARS);
int fgets_size(FUNCVARS);
int fgets_call(FUNCVARS);
int fgetc_check(FUNCVARS);
int fgetc_size(FUNCVARS);
int fgetc_call(FUNCVARS);
int ungetc_check(FUNCVARS);
int ungetc_size(FUNCVARS);
int ungetc_call(FUNCVARS);
int feof_check(FUNCVARS);
int feof_size(FUNCVARS);
int feof_call(FUNCVARS);
int ftell_size(FUNCVARS);
int fscanf_check(FUNCVARS);
int fscanf_size(FUNCVARS);
int fscanf_call(FUNCVARS);
int fscanf_misc(FUNCVARS);
int sscanf_check(FUNCVARS);
int sscanf_size(FUNCVARS);
int sscanf_call(FUNCVARS);
int sscanf_misc(FUNCVARS);
int ftell_check(FUNCVARS);
int ftell_call(FUNCVARS);
int fseek_check(FUNCVARS);
int fseek_size(FUNCVARS);
int fseek_call(FUNCVARS);
int fread_check(FUNCVARS);
int fread_size(FUNCVARS);
int fread_call(FUNCVARS);

int PLI_count_test();

s_tfcell veriusertfs[14];

/* #ifdef __cplusplus */
/* } */
/* #endif */

#endif
```

[リスト4.10] $count_testを使用したロード付きアップダウン・カウンタのテストベンチ

$count_testを使用してリスト4.6のテストベンチを書き換えたHDL記述．実行結果は図4.9を参照．

```verilog
module UDCNT_TEST ;
reg RESET, CLK, LOAD, INC;
reg [3:0] D;
wire [3:0] COUNT;

UDCNT i1(.RESET(RESET), .CLK(CLK), .COUNT(COUNT), .LOAD(LOAD),
                                        .INC(INC), .D(D));

always #50 CLK = ~CLK ;

initial
   begin
         CLK = 1'b0; RESET = 1'b0;
         $count_test($time, LOAD, INC, D);
      #100 RESET = 1'b1;
      #100 RESET = 1'b0;
      #200 $count_test($time, LOAD, INC, D);
      #100 $count_test($time, LOAD, INC, D);
      #800 $count_test($time, LOAD, INC, D);
      #100 $count_test($time, LOAD, INC, D);
      #200 RESET = 1'b1; $count_test($time, LOAD, INC, D);
      #100 RESET = 1'b0; $count_test($time, LOAD, INC, D);
      #200 $count_test($time, LOAD, INC, D);
      #500 $finish;
   end

initial
   begin
      $monitor($time,,"CLK=%b RESET=%b LOAD=%b D=%h INC=%b
         COUNT=%h", CLK, RESET, LOAD, D, INC, COUNT);
      $dumpvars;
   end
endmodule
```

[図4.9] $count_testの実行結果

$count_testの実行結果．図4.8のシミュレーション結果と一致している．

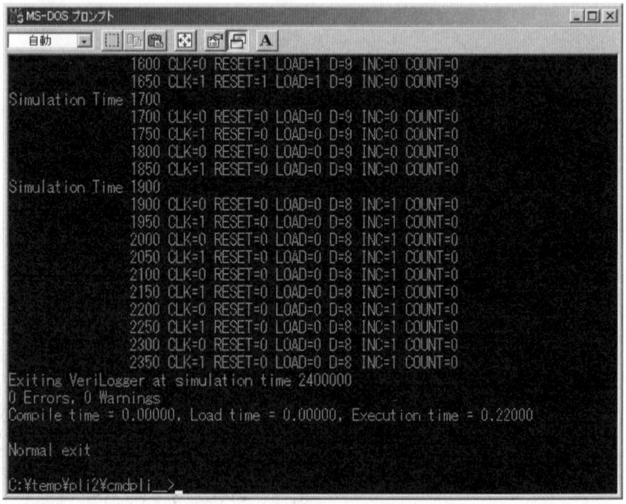

リスト4.7に信号を生成する部分のCプログラムを，リスト4.8とリスト4.9にシステム・タスクとして登録するためのveriuser.cとcommon.hを，リスト4.10にPLIで登録したシステム・タスク($count_test)を用いたテストベンチを示します．リスト4.7にあるように，HDLにおいて，tf_getpを使ってシミュレーション時刻をもらいます．そして，switch文で時刻データをデコードして，その時刻に応じて各信号(load, inc, d)の値を決め，最後にtf_putpを使ってそれぞれの信号の値をHDLに渡します．HDLで各信号の値を決めるときの大きな違いは，このPLI_count_testという関数が呼び出されるたびに，各信号(変数)が初期化されることです．ですから，各時刻ですべての信号を代入する必要があります．または，Verilog HDL記述の中のreg宣言された信号のように，必要な時にすべての代入を行う方法で，それまで持っていた値をこの関数に渡してやらなければなりません．後者の方法はいろいろとめんどうなので，ここでは毎回すべての信号が確定するようにしました．

ここでtf_getpとtf_putpの関数に渡している最初の引き数の数字は，登録されたシステム・タスクの引き数の順序を示しています．すなわち，tf_getpの1という数字は$count_testの1番目の引き数である$timeに相当し，tf_putpの2は$count_testの2番目の引き数であるloadに相当します．このようにこの両者(tf_getpとtf_putp)の関数を使用すれば，HDLコードとCプログラムの間で，データをやり取りできます．このシステム・タスクを利用したシミュレーションの結果を図4.9に示します．図4.8の結果と同じようにシミュレーションできていることを確認できます．

この例ではPLIを用いたシミュレーションのやりかたなどを説明するために，HDLのテストベンチを無理やり書き換えたので，かなり手間のかかるやりかたになっています．したがって，実際にはこのようなPLIの使いかたはしないで，直接テストベンチをHDLで記述するのが普通です．しかしこの例でおわかりのように，CプログラムとHDLコードの間でデータをやり取りできます．つまりCプログラムになっていれば，それがどのようなアプリケーションであろうと，またデバイス・ドライバであろうと，HDLコードから呼び出すことができ，さらにデータの受け渡しを行えるということです．

2 PLIを利用したRS-232-C通信エミュレータ

それでは次にRS-232-C通信用のシステム・タスクとシステム・ファンクションの作成方法について説明します．このPLIを利用すると，HDLモデルとFPGAボードを接続した検証環境を構築することができます．その事例として，RS-232-C通信エミュレータを紹介します．

RS-232-C通信用のPLI関数を作成する

まず，Verilog HDLシミュレータからRS-232-Cによるシリアル通信を行うためのPLI用ソース・コードを紹介します．ここでは表4.1のような環境で作業しました．PLIの実装方法は，使用するVerilog HDLシミュレータやOS，プラットホームによって異なります．ただし，ソース・コードの書きかたに大きな違いはありません．

PLIを利用してシステム・タスクとシステム・ファンクションを追加する場合，名前やパラメータなどを指定するソース・ファイルcommon.h (veriuser.c)と，処理内容を記述したソース・ファイル(ファイル名は任意．今回はSIO.cpp)が必要です．PLIが使用可能なシミュレータには，あらかじめveriuser.cが用意され

〔表4.1〕PLIによる検証に利用した環境

種 別	名 称
プラットホーム	PC AT互換機
OS	Windows 98（Microsoft社）
Verilog HDL シミュレータ	VeriLogger（SynaptiCAD社）
PLI開発	Visual C++ Professional Edition（Microsoft社）
論理合成ツール	LeonarldoSpectrum Altera（Altera社，開発元はMentor Graphics社）
FPGAの配置配線ツール	MAX+PLUS II BASELINE（Altera社），WebPACK ISE（Xilinx社）
FPGAボード	FLEX10KE評価キット（CQ出版社），XSP-006-150T（ヒューマンデータ）

〔表4.2〕RS-232-C通信用のシステム・タスクとシステム・ファンクション

名 前	種 類	機 能
$t232_open	タスク	COM1ポートのオープン
$t232_close	タスク	COM1ポートのクローズ
$t232_send()	タスク	データ送信用タスク
$f232_recv	ファンクション	受信データの取り込み．戻り値は9ビット，受信データがない場合はMSBが'0'になる．
$f232_recv_w	ファンクション	受信データの取り込み．戻り値は8ビット，受信データを受信するまでシミュレーションを停止．

〔リスト4.11〕common.hとveriuser.cの変更部分

```
───common.h の変更部分───
・・・（省略）・・・
int t232_open_check();
int t232_open_func();
int t232_close_check();
int t232_close_func();
int t232_send_check();
int t232_send_func();
int f232_recv_check();
int f232_recv_size();
int f232_recv_func();
int f232_recv_w_check();
int f232_recv_w_size();
int f232_recv_w_func();
s_tfcell veriusertfs[18];
・・・（省略）・・・

───veriuser.cの変更部分───
・・・（省略）・・・
s_tfcell veriusertfs[18] =
{
・・・（省略）・・・
/*** add user entries here ***/
    {usertask,0,t232_open_check,0,t232_open_func,0,"$t232_open"},
    {usertask,0,t232_close_check,0,t232_close_func,0,"$t232_close"},
    {usertask,0,t232_send_check,0,t232_send_func,0,"$t232_send"},
    {userfunction,0,f232_recv_check,f232_recv_size,f232_recv_func,0,"$f232_recv"},
    {userfunction,0,f232_recv_w_check,f232_recv_w_size,f232_recv_w_func,0,"$f232_recv_w"},

/*** final entry must be 0 ***/
        {0}
};
・・・（省略）・・・
```

〔リスト4.12〕SIO.cppの一部

```cpp
void t232_open_check()
{
    if (tf_nump() > 0) {
                //引き数があった場合はエラー
tf_error("f232_open input err");
}
;
}

void t232_open_func()
{
    BOOL status;
    serial_port = CreateFile(  "COM1",
                GENERIC_READ|GENERIC_WRITE,
                0,
                NULL,
                OPEN_EXISTING,
                0,
                NULL);
    if (serial_port == INVALID_HANDLE_VALUE )
                //return ERROR_INVALID_DRIVE;
    {
        tf_error("COM1 open err");
        return;
    }
    else
    {
        status = GetCommState
                    (serial_port,&dcb);
        if (!status)
        {
                tf_error("GetCommState
                            status ");
                return;
        }
        dcb.BaudRate    = CBR_57600;
        dcb.fBinary     = TRUE;
        dcb.ByteSize    = 8;
        dcb.Parity      = NOPARITY;
        dcb.StopBits    = ONESTOPBIT;

        status = SetCommState
                    (serial_port,&dcb);
        if (!status)
        {
                tf_error("SetCommState
                            status err ");
                return;
        }

        COMMTIMEOUTS timeouts;

        timeouts.ReadIntervalTimeout
                            = MAXDWORD;
        timeouts.ReadTotalTimeout
                                Multiplier   = 0;
        timeouts.ReadTotalTimeout
                                Constant     = 0;
        timeouts.WriteTotalTimeout
                                Multiplier   = 0;
        timeouts.WriteTotalTimeout
                                Constant     = 0;
        if (!SetCommTimeouts
                (serial_port, &timeouts))
        {
                tf_error("set timeout
                                err ");
                return;
        }
        return;
    }
}

void t232_close_check()
{
   if (tf_nump() > 0) {
                //引き数があった場合はエラー
    tf_error("f232_close input err");
   };
}

void t232_close_func()
{
    BOOL status;

    status = CloseHandle(serial_port);
    if (!status )
            tf_error("t232_close_func err");
    return;
}

void t232_send_check()
{
   if (tf_nump() <1) {
                //引き数がない場合はエラー
    tf_error("f232_send input err");
   }
}

void t232_send_func()
{
    BYTE  buffer ;
    DWORD length;
    DWORD byte_count;
    BOOL  status;

    buffer = tf_getp(1);
```

[リスト4.12] SIO.cppの一部（つづき）

```cpp
        length = 1;                                         };
        status = WriteFile(       serial_port,        }
                                  &buffer,
                                  length,             int f232_recv_w_size()
                                  &byte_count,        {
                                  NULL);                 return 8;//システム・タスクに戻すビット数
        return;                                        }
}
                                                    void f232_recv_w_func()
void  f232_recv_check()                             {
{                                                           BYTE  receive_buffer;
   if (tf_nump() > 0 ) {                                    DWORD length;
                   //引き数があった場合はエラー              DWORD byte_count;
      tf_error("f232_recv input err");                      BOOL  status;
   }                                                        DWORD dwCommEvent;
}
                                                            length = 1;
int f232_recv_size()                                        if (!SetCommMask(serial_port, EV_RXCHAR))
{                                                           {
   return 9;//システム・タスクに戻すビット数                       tf_putp(0,0);
}                                                                    tf_error("SetCommMask
                                                                                         err");
void f232_recv_func()                                              return ;
{                                                           }
        BYTE  receive_buffer;
        DWORD length;                                       if (!WaitCommEvent(serial_port,
        DWORD byte_count;                                              &dwCommEvent, NULL))
                                                            {
        length = 1;                                                 tf_putp(0,0);
        if (!ReadFile(    serial_port,                              tf_error("WaitCommEvent err");
                          &receive_buffer,                          return ;
                          length,                          }
                          &byte_count,                     else
                          NULL))                           {
        {                                           // Event has occurred.
                tf_error("read err ");                      status = ReadFile( serial_port,
                tf_putp(0,0);                                           &receive_buffer,
        }                                                               length,
        else                                                            &byte_count,
                if (byte_count==0)                                      NULL);
                        tf_putp(0,0);                       tf_putp(0,256|receive_buffer);
                else                                        return;
                        tf_putp(0,256|                 }
                                receive_buffer);    }
        return;
}

void  f232_recv_w_check()
{
   if (tf_nump() > 0 ) {
                   //引き数があった場合はエラー
      tf_error("f232_recv input err");
```

ています．veriuser.cとcommon.hにユーザが作成するシステム・タスクやシステム・ファンクションの情報を追加します．

表4.2は，追加したシステム・ファンクションとシステム・タスクの一覧表です．**リスト4.11**はveriuser.cとcommon.hの変更部分です．common.hにRS-232-C通信用の関数を宣言します．これらの関数はSIO.cppに記述してあります．次にveriusertfsにタスクとファンクションの識別，パラメータやコールする関数の指定，名前を追加します．

リスト4.12はSIO.cppの一部です．RS-232-C通信機能はMicrosoft Visual C++ 6.0のDCBを利用しています．RS-232-C通信の処理方法も，開発ツールやOS，プラットホームによって違います．使用する環境に合わせて変更してください．

VeriLogger用PLIではソースをコンパイルしてビルドすると，PLI用ダイナミック・リンク・ライブラリが生成されます．このPLI用ダイナミック・リンク・ライブラリをシミュレーション実行ファイル（vlogemd.exe）と同じフォルダにコピーしてシミュレーションを実行すると，追加したシステム・タスクとシステム・ファンクションが使用可能になります．Verilog HDLのソース・コードから，通常のシステム・タスクやシステム・ファンクションと同じフォーマットで呼び出せます．PLIの詳しい実装方法については，使用するVerilog HDLシミュレータのマニュアルを参照してください．

PLI関数を利用してRS-232-Cエミュレータを作成

RS-232-C通信用のシステム・タスクとシステム・ファンクションを利用したRS-232-C通信エミュレータについて説明します．シミュレータ内のHDLモデルと実際のハードウェアの間でRS-232-C通信を行います．

図4.10の上の図は，装置の最終的な使用形態です．ハードウェアはコントローラとタイマの二つがあり，コントローラはRS-232-C通信でタイマを制御します．検証環境では点線で囲まれた部分をエミュレーショ

〔**図4.10**〕**最終的な使用形態と検証環境**
最終的な使用形態では，コントローラとタイマはケーブルで直接接続されている．検証環境ではPLIを介してHDLモデルとFPGAボードが接続される．HDLモデルはビヘイビア・レベルの記述でも検証可能である．

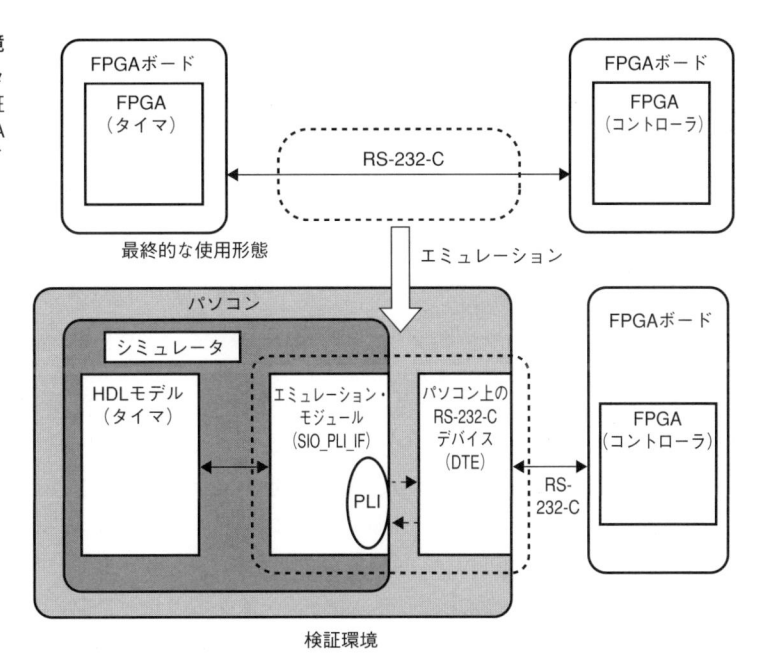

〔図4.11〕SIO_PLI_IFのブロック図

DCE_IFはほかのモジュールでも共通に使用するRS-232-C通信用回路である．SIO_PLIは，RS-232-C通信用のシステム・タスクやシステム・ファンクションに信号レベルのインターフェースを追加したモジュールである．

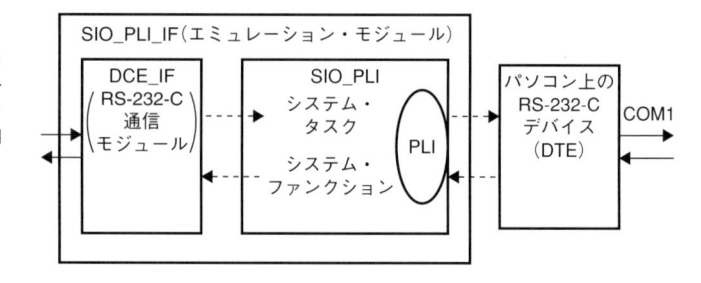

ンします．図4.10の下の図は検証環境です．シミュレータ側はHDLモデルのRS-232-CポートとSIO_PLI_IFのRS-232-Cポートを，実機側はパソコンのCOM1ポート（RS-232-Cポート）とFPGAボードのRS-232-Cポートを接続します．SIO_PLI_IFのRS-232-CポートとパソコンのCOM1はPLIを利用して通信します．

エミュレーション用モジュールの構成

SIO_PLI_IFはRS-232-C通信のエミュレーション用モジュールです．図4.11はSIO_PLI_IFの内部構成，およびCOM1ポートの関係です．

SIO_PLI_IFの中には，DCE_IFとSIO_PLIの二つのサブモジュールがあります．DCE_IFはタイマとコントローラで共通に使用しているRS-232-C通信用回路です．HDLモデルとの間のRS-232-C通信を8ビット単位の送受信データに変換しています．SIO_PLIはRS-232-C通信用のシステム・タスクとシステム・ファンクションを制御しています．DCE_IFが受信したデータを，RS-232-C用システム・タスクによってパソコンのRS-232-Cポートに送ります．

パソコンのRS-232-Cポートが受信したデータは，RS-232-C通信用システム・ファンクションによって読み出されます．RS-232-C通信用のシステム・タスクやシステム・ファンクションをHDLモデルの中に組み入れてシミュレーションすることも可能ですが，検証対象となるHDLモデルの中にPLIを利用したモジュールを含めることになるので，通信回路そのものを検証できません．一度RS-232-C通信を終端する構成はむだに見えますが，検証精度を上げるため，このようなしくみにしました．FPGAの中でもRS-232-C通信にDCE_IFを使用するので，検証範囲がオーバラップしています．

受信データをポーリングで監視

RS-232-C通信用のシステム・タスクやシステム・ファンクションの使いかたを説明します．表4.3はSIO_PLIの端子表です．送信，受信の表記はシミュレータ側から見た方向です．リスト4.13はSIO_PLIの送受信処理の記述です．

送信処理は簡単です．SEND = 1のときに$t232_sendを使用して，send_dtを送信しています．受信処理は多少複雑になっています．受信処理ではデータの受信を知るしくみが必要です．常時RS-232-Cポートを監視すれば話は簡単なのですが，処理時間の多くがこの処理に使われてしまい，シミュレーションがたいへん遅くなります．そこで，一定周期ごとに受信データを監視するポーリングで処理しています．パソコンが受信したデータはバッファに蓄えられるので，すぐに読み出さなくても大丈夫です．ポーリング用カウンタが設定値P_TIMと一致したとき，受信データを取り込みます．このときにポーリング用カウンタも初期化します．

4.2 PLIを利用したRS-232-C通信エミュレータ

〔表4.3〕SIO_PLIの端子表

信号名	IN/OUT	信号幅	機能
CLK	IN	1	クロック
SEND	IN	1	送信イネーブル(0：データ無効，1：データ有効)
SEND_DT	IN	8	送信データ
RCV	OUT	1	受信イネーブル(0：データ無効，1：データ有効)
RCV_DT	OUT	8	受信データ
RCV_WAIT	IN	1	受信モード設定(0：ウェイトなし，1：データ受信までウェイト)
RCV_EN	IN	1	受信許可(0：受信中止，1：受信可能)
P_TIM	IN	16	受信ポーリング間隔設定

〔リスト4.13〕SIO_PLI.v

```verilog
always@(posedge CLK)
begin
    //送信処理
    if (SEND==1'b1)
        begin
            //$display("SIM ->COM1: %b",SEND_DT);
            $t232_send(SEND_DT);                    //データ送信
        end
    //受信処理
    if (P_COUNT==P_TIM)                             //ポーリングの設定値の場合に処理開始
        begin
            if ((RCV_EN==1'b1)&&(RCV == 1'b0))
                begin
                    if (RCV_WAIT==1'b1)
                        MON_DATA = {1,$f232_recv_w};    //受信データがない場合は，受信できるまでウェイト
                    else
                        MON_DATA = $f232_recv;          //受信データがない場合にウェイトしない
                    if (MON_DATA[8]==1'b1)              //MON_DATA[8]が1の時は受信データあり
                        begin
                            //$display("COM1->SIM : %b %b",MON_DATA[7:0],RCV_WAIT);
                            RCV <= 1'b1;
                            RCV_DT <= MON_DATA[7:0];
                            MON_DATA = 9'b000000000;
                        end
                    else
                        begin
                            RCV <= 1'b0;
                        end
                end
            else
                RCV <= 1'b0;
            P_COUNT = 16'd0;
        end
    else
        begin                                       //ポーリング用カウンタのインクリメント
            P_COUNT = P_COUNT +1;
            MON_DATA = 9'b000000000;
            RCV <= 1'b0;
        end
end
```

受信データの取り込み方法は二つ用意してあり，信号RCV_WAITで選択します．信号RCV_WAITを1にすると，受信用システム・ファンクションの$f232_recv_wを使用します．受信データがない場合，$f232_recv_wはVerilog HDLシミュレータに値を戻しません．したがってデータを受信するまでVerilog HDLシミュレータは停止しています．この方法はパソコンのリソース消費を少なくできますが，処理の主体がHDLモデル側にある場合はシミュレータが停止したまま動かなくなります．

　一方，信号RCV_WAITを0にすると，受信用システム・ファンクションの$f232_recvを使用します．受信データがない場合，$f232_recvはデータの9ビット目を0にして値を戻します．以後の処理では，9ビット目が0の場合，データを受信していないものとして処理します．この方法ではシミュレータを停止させないので，処理の主体がHDLモデル側にある場合も機能します．

コントローラとタイマの仕様

　検証に使用する回路は，RS-232-C通信機能を備えたコントローラとタイマです．コントローラはスイッチ(SW)操作に従ってコマンドを解釈し，RS-232-C通信でデータを送信します．タイマは受信したデータに従って動作します．

　表4.4はスイッチの機能と7セグメントLEDの表示内容です．**表4.5**はコマンドの一覧表です．**図4.12**

〔表4.4〕スイッチ(SW)の機能と7セグメントLEDの表示内容

部品名	機能および表示内容
SW1	クリア
SW2	コマンド変更
SW3	設定値インクリメント
SW4	データ送信．送信後は次のコマンドへ変更．ただしストップの次はスタート．
7セグメントLED1	コマンド表示
7セグメントLED2	カウント設定(十の位)．未設定時は点滅．設定中は早い点滅．
7セグメントLED3	カウント設定(一の位)．未設定時は点滅．設定中は早い点滅．
7セグメントLED4	分周設定(百の位)．未設定時は点滅．設定中は早い点滅．
7セグメントLED5	分周設定(十の位)．未設定時は点滅．設定中は早い点滅．
7セグメントLED6	分周設定(一の位)．未設定時は点滅．設定中は早い点滅．

〔表4.5〕コントローラ・コマンドの一覧

コマンド名(ステート)	送信データ								受信データ	コマンド表示
	D7	D6	D5	D4	D3	D2	D1	D0		
クリア(CLR)	0	0	0	0	0	0	0	0	なし	0
スタート(START)	0	0	0	1	0	0	0	0	なし	1
ストップ(STOP)	0	0	1	0	0	0	0	0	なし	2
カウント設定(十の位)(COUNT_B)	0	0	1	1	設定	設定	設定	設定	なし	3
カウント設定(一の位)(COUNT_A)	0	1	0	0	設定	設定	設定	設定	なし	4
分周設定(百の位)(RATE_C)	0	1	0	1	設定	設定	設定	設定	なし	5
分周設定(十の位)(RATE_B)	0	1	1	0	設定	設定	設定	設定	なし	6
分周設定(一の位)(RATE_A)	0	1	1	1	設定	設定	設定	設定	なし	7
ダンプ(DUMP)	1	0	0	0	0	0	0	0	カウント値	8

はコントローラのブロック図です．スイッチの入力によって状態が遷移するステート・マシンを利用して，コマンドを解釈しています．**図4.13**はコントローラの状態遷移図です．SW_IFはスイッチのチャタリング防止回路です．RS-232-C通信用回路としてはDCE_IFを使用します．7セグメントLED表示用回路としてはSEG_DECを使用します．

図4.14はタイマのブロック図です．カウント部は99から0までのダウン・カウントを行います．DCE_IFはRS-232-C通信回路です．DCE_IFはコントローラとタイマの両方で，共通の回路を使用しています．

〔図4.12〕コントローラのブロック図
SW_IFはスイッチのチャタリング防止回路，SEG_DECは7セグメントLEDの表示制御回路，DCE_IFはRS-232-C通信回路である．ステート・マシンはスイッチの操作に従ってコマンドを解釈し，データ送信を指示する．

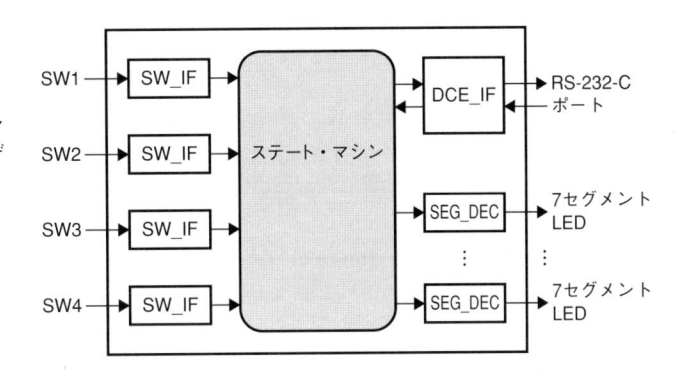

〔図4.13〕コントローラの状態遷移図
各状態は表4.5の各コマンドに対応している．SW1はクリア用スイッチで，どこの状態にいても状態CLRに移動する．SW2はコマンド選択スイッチで，状態を変更してコマンドを変更する．SW4は送信スイッチで，コマンドと設定値を送信する．SW3は設定値のインクリメント・スイッチである．状態遷移を起こさないので状態遷移図には書いていない．状態がCOUNT_A，COUNT_B，RATE_A～RATE_Cのときに設定値をインクリメントする．

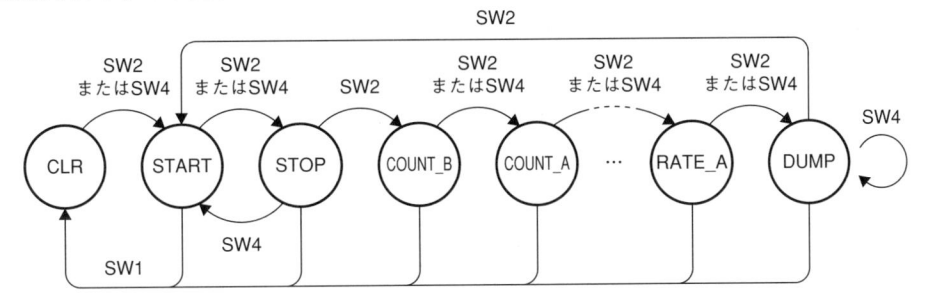

〔図4.14〕タイマのブロック図
カウント部は1kHzのクロックをベースにダウン・カウントしている．コントローラからの指示で分周のレートやカウント・スタート値を設定する．DUMPコマンドを受信すると，カウント値をRS-232-Cポートへ送信する．表示部は7セグメントLED用にデータを変換する．DCE_IFはRS-232-C通信回路である．

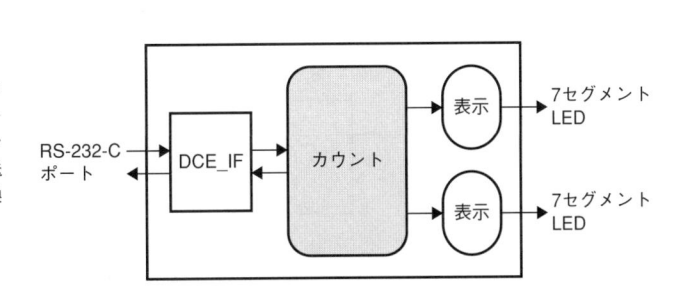

七つの項目を検証

表4.6は検証項目の一覧表です．タイマとコントローラがともにHDLモデルの状態で，ひととおり機能検証を行います．今回のHDL検証で確認が難しい機能は，人間とのインターフェース部分です．回路が動作していることはシミュレーションで確認できますが，LEDの点滅を人間が認識できるかどうかは，シミ

〔表4.6〕検証項目

装置	項目	シミュレーション	FPGAボード	特徴
コントローラ	通信機能	△	○	FPGAボードでは実際に通信している
	ステート・マシン	○	△	FPGAボードでは操作手順は人まかせ．再現性が低い
	操作性	×	○	シミュレーションではサンプリング間隔を変更
	LED表示	×	○	シミュレーションでは点滅間隔が目視確認できない
タイマ	通信機能	△	○	FPGAボードは実際に通信している
	カウント	△	○	シミュレーションではカウンタを早回し
	LED表示	×	○	シミュレーションでは目視確認できない
──	デバッグ作業	○	×	デバッグはシミュレーションが有利

〔リスト4.14〕カウンタの早回し（timer.v）

```verilog
always @(posedge CLK or posedge RST)
   begin
      if(RST == 1'b1)                        // Reset
         begin
            COUNT_CLKA <= 16'd0;
            CLKA <= 1'b0;
         end
      else
         begin
            //if (COUNT_CLKA==16'd11999) // FPGA 通常動作
            if (COUNT_CLKA==16'd2)         // sim 早回し
               begin
                  COUNT_CLKA <=16'h0000;
                  CLKA <= ~CLKA;
               end
            else
               COUNT_CLKA <= COUNT_CLKA +16'h0001;
         end
   end
```

〔図4.15〕検証環境の構成

パソコンのCOM1ポートとFPGAボードは，RS-232-Cストレート・ケーブルで接続する．タイマとSIO_PLI_IFのRS-232-Cポートはともに DCE 仕様なので，RS-232-C クロスパッチ・ケーブルと同じ接続になっている．

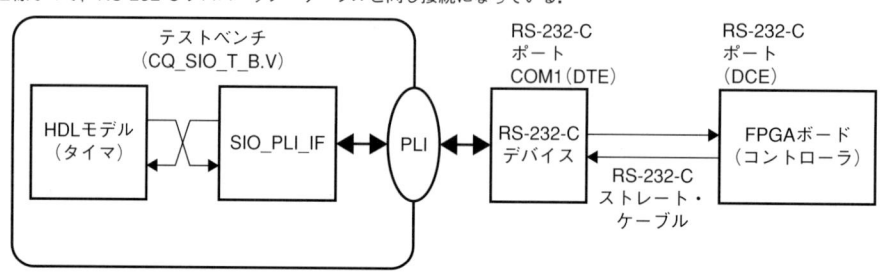

〔写真4.1〕**FPGAボードとパソコンの接続**
FPGAボードは，Xilinx社のXC2S150を搭載したXSP-006-150T（ヒューマンデータ製）である．パソコンのプリンタ・ポートと接続されているのがプログラミング用ケーブル．RS-232-Cポートは，市販のストレート・ケーブルで接続する．

ュレーションではわかりません．

　HDLの検証モデルでは，シミュレーション速度を上げるため，**リスト4.14**のタイマのカウンタを早回ししています．FPGAに実装する場合は，通常動作で検証します．

検証の作業手順

　ここからは検証の手順を説明します．まず，FPGAで実現する回路（Verilog HDLのソース・コード）の論理合成を行い，さらに配置配線とプログラミングを行います．コントローラを実装するFPGAボードとしては，ヒューマンデータの「XSP-006-150T」を使用しました．このFPGAボードは米国Xilinx社のFPGAを搭載しているので，設計にはXilinx社が提供している開発ツール「WebPACK ISE」を使用しました．

Column 3　RS-232-C用ケーブルにはストレートとクロスパッチがある

　シリアル通信には，RS-232-C，USB，IEEE 1394など，多数の方式があります．シリアル通信としてRS-232-Cが広く普及しているためか，一般的に「シリアル通信」といった場合，RS-232-Cを指す場合が多いようです．

　身近なRS-232-Cポートとしては，パソコンのシリアル・ポートがあります．RS-232-CのポートにはDTE（データ端末装置）とDCE（回線終端端末装置）の2種類があります．通常，パソコンはDTEです．モデムなどはDCEです．本来の規格ではDTEとDCEを接続して使用します．この場合に使用するケーブルは，同じ番号の信号が接続されているストレート・ケーブルです．

　では，DTE同士やDCE同士は接続できないのでしょうか．ご存知の方も多いと思いますが，いくつかの信号を入れ替えることで接続可能になります．信号を入れ替えたケーブルはクロスパッチ・ケーブル，クロス・ケーブル，バース・ケーブルと呼ばれ，市販されています．RS-232-Cで接続する場合，ポートの種類を確認してケーブルを選ぶ必要があります．ちなみにFLEX10KE評価キットはDCEです．パソコンとFLEX10KE評価キットを接続する場合はストレート・ケーブル，FLEX10KE評価キット同士を接続する場合はクロスパッチ・ケーブルを使用します．

〔図4.16〕シミュレーション・ログ

```
VeriLogger simulation log created at Tue Apr 24 19:01:14 2001
Beginning Compile
Beginning Phase I
Compiling source file: sourceICQ_SIO_T_B.v
Compiling source file: sourceITIMER.v
Compiling source file: sourceICLK_GEN.v
Compiling source file: sourceIDCE_IF.v
Compiling source file: sourceISW_IF.v
Compiling source file: sourceISIO_PLI_IF.v
Compiling source file: sourceISEG_OUT.v
Compiling source file: sourceISIO_PLI.v
Compiling source file: sourceISEG_DEC.v
Finished Phase I
Entering Phase II...
Finished Phase II
Entering Phase III...
Finished Phase III
Highest level modules:    CQ_SIO_T_B,    CONTROLLER,
Compile Complete
.
Running...
TIMER=9 9
COM1->SIM :          00000000 0
COM1->SIM :          00010000 0       ←──── クリア・コマンド
TIMER=9 8                             ←──── スタート・コマンド
TIMER=9 7
TIMER=9 6
TIMER=9 5
TIMER=9 4
TIMER=9 3
COM1->SIM :          00000000 0
TIMER=9 9                             ←──── クリア・コマンド
COM1->SIM :          00010000 0
TIMER=9 8                             ←──── スタート・コマンド
TIMER=9 7
TIMER=9 6
Interrupt at time 3101427000
C1> $finish;
Exiting VeriLogger at simulation time 3101427000
0 Errors, 0 Warnings
Compile time = 0.05000, Load time = 0.06000, Execution time = 44.71000

Normal exit
```

〔図4.17〕評価ボード同士を接続した検証環境

XSP-006-150T はコントローラに，FLEX10KE 評価キットはタイマに使用した．どちらのFPGAボードもRS-232-Cポートが DCE 仕様なので，接続には RS-232-C クロスパッチ・ケーブルを使用する．ケーブルをまちがえると通信できない．

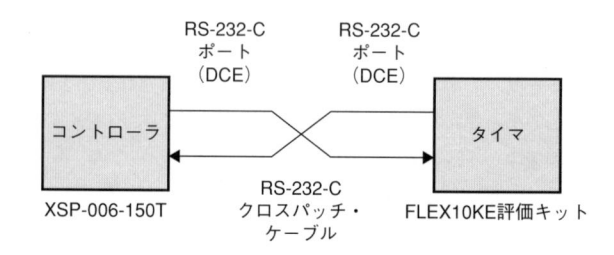

コントローラ　RS-232-C ポート (DCE) ── RS-232-C クロスパッチ・ケーブル ── RS-232-C ポート (DCE)　タイマ

XSP-006-150T　　　　　　　　　　　　　　　　　　　　　　　　　FLEX10KE 評価キット

論理合成ツールに入力するファイルはcontroller.v，sw_if.v，seg_dec.v，dce_e.v，clk_gen.vです．最上位階層はcontroller.vです（本書の付属CD-ROMに収録）．次にプログラミング・ファイルを作成します．ここで使用したWebPACK ISEは，Xilinx社のホームページからダウンロードでき，無償で使用できます．

まず，検証環境のセットアップを行います．**図4.15**は検証環境です．**写真4.1**はFPGAボードとパソコンを接続したようすです．パソコンのプリンタ・ポートとFPGAボード（XSP-006-150T）のプログラミング用コネクタを専用ケーブルで接続します．また，パソコンのCOM1ポートとFPGAボードのRS-232-Cポートを，RS-232-Cストレート・ケーブルで接続します（p.235のコラム「RS-232-C用ケーブルにはストレートとクロスパッチがある」を参照）．

次にFPGAをプログラミングします．プログラミングはWebPACK ISEのJTAGProgrammerから実施します．プログラミングに成功すると，7セグメントLEDの右側の五つが点滅します．この後，シミュレーションを実行します．テストベンチはcq_sio_test.vを使用します．PLIで機能を追加したシミュレータから実行すると，シミュレータのウィンドウにカウント値が示されます．この後，FPGAボードのスイッチを押して，カウンタの値の変化を確認します．**図4.16**はシミュレーションのログです．

確認が完了したら，今度はタイマを別のFPGAボードが搭載するFPGAに実装し，こちらの検証を行います．タイマを実装するFPGAボードとしては，CQ出版社のFLEX10KE評価キットを使用しました．FLEX10KE評価キットには米国Altera社のFPGA（EPF10K30EQC208-3）が搭載されているので，設計にはAltera社が提供している開発ツール「MAX+PLUS II BASELINE」を使用しました．MAX+PLUS II BASELINEはAltera社のホームページからダウンロードできます注．タイマをFPGAに実装したら，今度はコントローラをHDLモデルに置き換えて検証を行います．

最後に2枚のFPGAボード（XSP-006-150TとFLEX10KE評価キット）を使用して検証します．コントローラとタイマをそれぞれのFPGAにプログラミングし，**図4.17**のようにRS-232-Cクロスパッチ・ケーブルで接続して検証を行います．

注：MAX+PLUS II BASELINEについて，2001年11月にFLEX10KEファミリのサポートを中止するとAltera社がアナウンスした．MAX+PLUS II BASELINEが利用できない場合は，同社の新しい開発環境であるQuartus IIなどを用いる必要がある．

3 RS-232-C通信を利用したシステム検証

今度はRS-232-Cポートにアクセスするシミュレータとして FPGA ボードを使用して，実際のチップ（以下，実チップと呼ぶ）をテストベンチの一部として利用する方法を紹介します．この方法を使うと，設計した回路と実チップの間のインターフェース仕様を確実に検証できます．

実チップをテストベンチに取り込むメリット

一般的なテストベンチでは，**図4.18**のように設計対象となるチップに接続される周辺回路のモジュールを使用します．周辺回路のHDLソース・コードやシミュレーション・モデルがあれば，これらをテストベンチの一部として利用できます．しかし，現実問題として，多くのLSIメーカはシミュレーション・モデルを用意していませんし，過去に開発されたLSIの中には，HDLソース・コードそのものが存在しないもの

もあります．

　周辺回路のHDLソース・コードやシミュレーション・モデルが存在しない場合，周辺回路の仕様を理解してダミー・モジュールを作る必要があります．ただし，このダミー・モジュールが実際の周辺回路とまったく同じように動作するという保証はありません．また，LSI設計の担当者がテストベンチを作成した場合，設計側にとってつごうよく仕様を解釈しがちです．実チップをテストベンチ（または，その一部）として利用できれば，このような問題をある程度解消できます．

　検証の全工程にわたって，実チップを含むテストベンチを使用する必要はありませんが，例えば最終確認の段階で使用すると，効率よく機能上の不ぐあいを洗い出せます．また，検証対象となるHDLモデルは，ビヘイビア・レベルの記述であってもかまいません．ビヘイビア・レベルのプロトタイプと実チップを組み合わせて協調検証を行えば，設計の初期段階に，回路（モジュール）間のインターフェース仕様に問題がないかどうかを確認できます．

PLI関数を利用してデータを受け渡し

　実チップとVerilog HDLシミュレータの間は，RS-232-CケーブルとFLEX10KE評価キットを介して接

〔図4.18〕周辺回路（HDLモデル）を取り込んだテストベンチ
周辺回路のHDLモデルを使用したテストベンチの例．メモリのHDLモデルはLSIメーカから入手できる場合もある．周辺回路のHDLモデルにまちがいがあった場合，検証の意味がなくなる．

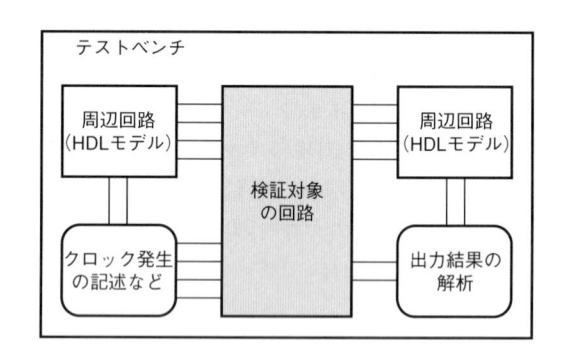

〔図4.19〕実チップを取り込んだ検証環境
FLEX10KE評価キットは実チップ側インターフェース回路として使用する．コントローラのHDLモデルは，ビヘイビア・レベルの記述であってもよい．

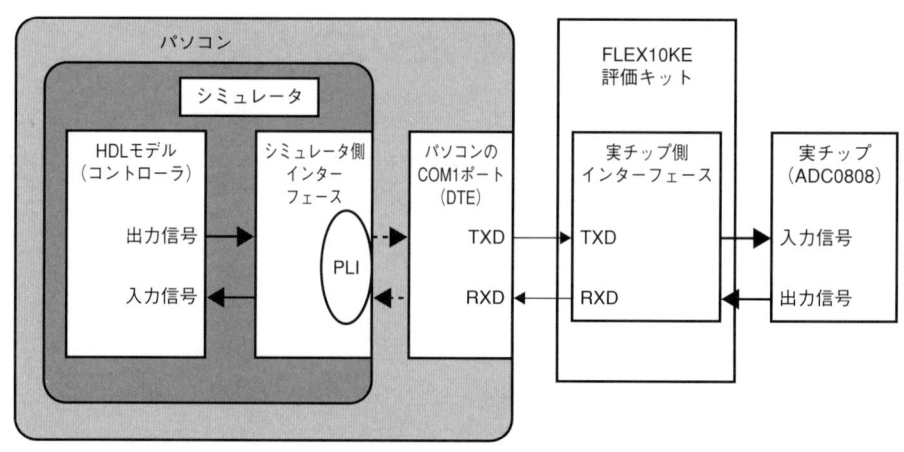

続きました．**図4.19**は検証環境の構成です．

HDLモデルから出力された信号は，Verilog HDLシミュレータの中のシミュレータ側インターフェースからRS-232-Cポートへ出力されます．FLEX10KE評価キットのFPGAに実装した実チップ側インターフェースは，RS-232-Cポートからの受信データを実チップに入力信号として与えます．

実チップからの出力データは実チップ側インターフェースからRS-232-Cポートへ送出されます．Verilog HDLシミュレータの中のシミュレータ側インターフェースでは，RS-232-Cポートから受信したデータをHDLモデルに戻します．Verilog HDLシミュレータからRS-232-Cポートへのアクセスには，前述のPLIを使います．

実チップはイベント・ドリブンで動作

実チップとシミュレータの通信は，入力信号の変化（イベント）によって処理を起動するイベント・ドリブン方式になっています．**図4.20**は検証中のデータの流れです．

HDLモデルから実チップへの入力データに変化（イベント）が発生すると，データをRS-232-Cポート経由で送信して実チップに与えます．実チップは入力信号の変化に伴って動作します．動作後の実チップの出力データはRS-232-Cポート経由でシミュレータに戻され，イベントによって起動された処理の結果として扱われます．

実チップ側との通信中にHDLモデルが動作すると，HDLモデルと実チップの動作に時間的なズレが発生します．これを防ぐため，イベントの発生から，実チップの出力データを受信するまでの間は，HDLモデルに与えるクロックを停止してHDLモデルの動作を止めます．これにより，実チップとHDLモデルが同期して動作します．

〔図4.20〕検証中のデータの流れ
HDLモデルの出力信号に変化があるとイベントとして検出され，RS-232-C通信で実チップへ伝えられる．実チップの出力はRS-232-C通信でHDLモデルに戻される．通信中はシミュレーション・モデル用のクロックを停止して，実チップとHDLモデルを同期させる．

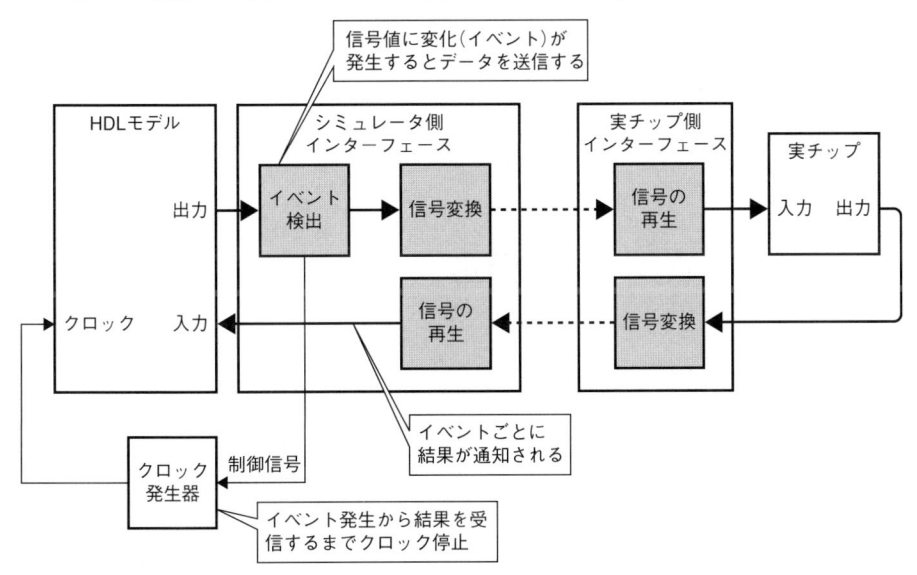

〔リスト4.15〕イベント検出（dev_model_p.v）

```verilog
//イベント検出・クロック制御
always@(posedge CLK or posedge RST)
begin
  if (RST==1'b1)
    begin
      DATA_A_D   <= 8'b00000000;
      DATA_EVENT <= 1'b0;
      CLKA_EN    <= 1'b1;
    end
  else
    begin
      DATA_A_D <= DATA_A;
      if (DATA_A != DATA_A_D)        //入力データに変化が発生（イベント発生） ①
        begin
          DATA_EVENT <=1'b1;         //イベント通知
          CLKA_EN <= 1'b0;           //クロックを止める
        end
      else
        begin
          DATA_EVENT <=1'b0;
          if (RCV==1'b1)             //出力データを受信
             CLKA_EN <=1'b1;         //クロックを発生開始
          else
             CLKA_EN <= CLKA_EN ;
        end
    end
end
```

〔リスト4.16〕送受信処理（dev_model_p.v）

```verilog
always@(posedge CLK or posedge RST)
begin
  if (RST==1'b1)
    begin
      SEND   <= 1'b0;
      DATA_B <= 8'b00000000;
      RCV_EN <= 1'b0;
    end
  else
    begin
      // 送信処理
      if (DATA_EVENT==1'b1)          //イベント発生
        begin
          SEND_DT <= DATA_A_D;
                                     //送信データ・セット
          SEND <= 1'b1;              //送信指示
        end
      else
        begin
          SEND_DT <= SEND_DT ;
          SEND <= 1'b0;
        end
      //受信処理
      if (RCV==1'b1)                 //受信データあり
          DATA_B <= RCV_DT;          //受信データ出力
      else
          DATA_B <= DATA_B;          //受信データ保持
      if (SEND == 1'b1)
          RCV_EN <= 1'b1;            //受信許可 ②
      else
          if (RCV==1'b1)
             RCV_EN <= 1'b0;         //受信禁止
          else
             RCV_EN <= RCV_EN;
    end
end
```

4.3 RS-232-C通信を利用したシステム検証

〔図4.21〕シミュレータ側インターフェースの波形

DATA_AはHDLモデルの出力．DATA_Aが変化すると，DATA_EVENTが'1'になり，イベントを通知する．データの送信が始まり，結果を受信するまで，CLKA_ENを'0'にしてHDLモデルのクロックを停止させる．

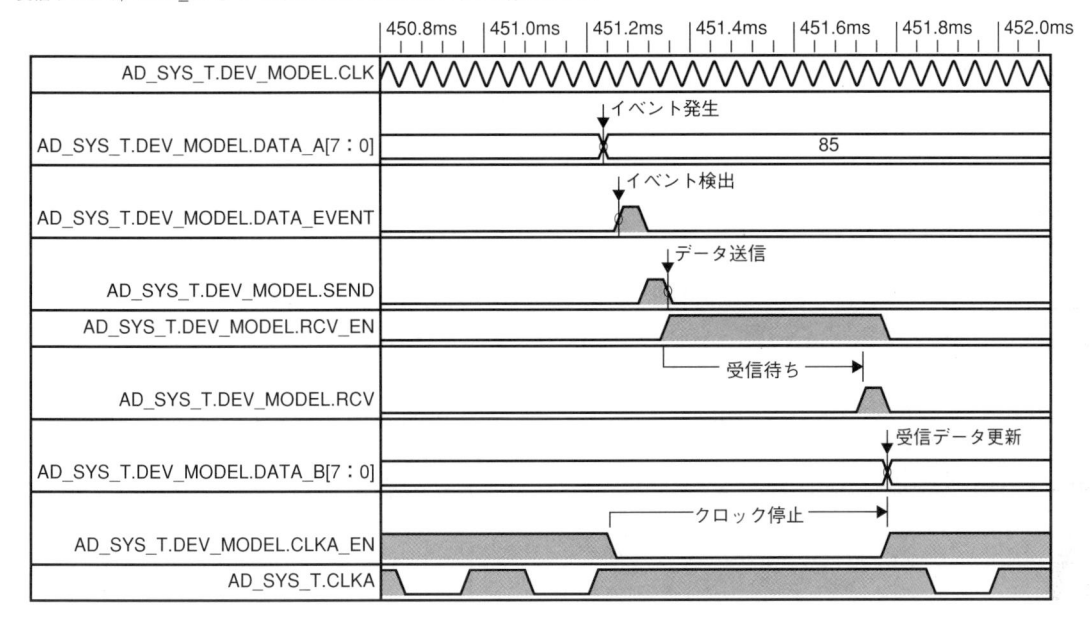

〔リスト4.17〕実チップ側インターフェース(dev_model_c.v)

```
always@(posedge CLK or posedge RST)                      SEND <= 1'b0;
begin                                                  end
  if (RST==1'b1)                                     end
    begin                                          end
      SEND    <= 1'b0;
      RCV_D1  <= 1'b0;                            DCE_IF DUT (
      RCV_D2  <= 1'b0;                              .CLK(CLK),
      DATA_A  <= 8'b00000000;                       .RST(RST),
      SEND_DT <= 8'b00000000;                       .DSR(DSR),
    end                                             .RXD(RXD),
  else                                              .DTR(DTR),
    begin                                           .TXD(TXD),
      RCV_D1 <= RCV;                                .SEND_DT(SEND_DT),
      RCV_D2 <= RCV_D1;                             .SEND(SEND),
      if (RCV==1'b1)                                .RCV_DT(RCV_DT),
        DATA_A <= RCV_DT;                           .RCV(RCV)
      else                                        );
        DATA_A <= DATA_A ;
      if (RCV_D1==1'b1)
        begin
          SEND_DT <= DATA_B;
          SEND <= 1'b1;
        end
      else
        begin
          SEND_DT <= SEND_DT ;
```

シミュレータ側と実チップ側のインターフェース

　シミュレータ側インターフェースはシミュレーション環境の中にあり，入力データのイベント検出とRS-232-Cポートの通信をコントロールしています．**リスト4.15**は入力イベント検出とクロック制御の記述です．**リスト4.16**はデータ送信とデータ受信の記述です．`SIO_PLI`は前述のPLIを利用したRS-232-Cポートへのアクセス用モジュールの記述です．

　イベント検出の記述は**リスト4.15**の①になります．1クロック前のデータと現在のデータを比較して違っていた場合，イベントを通知します．イベントが通知されると，サブモジュール`SIO_PLI`を使ってRS-232-Cポートへデータを送信します．

　リスト4.16の②では送信後に受信を許可し，受信データを待ちます．受信データを待っている間，HDLモデルに供給するクロックを停止するため，`CLKA_EN`を0にします．テストベンチでは，`CLKA_EN`が0の場合，HDLモデル用クロックの`CLKA`を停止します．**図4.21**はシミュレータ側インターフェースの波形です．

〔図4.22〕**最終的な使用状態**
ADC0808はA-D変換LSIである．0～5Vを8ビットの2進数で表現する．アナログ入力はIN0～IN7．IN0とIN1に可変抵抗を付けて，測定電圧を変更可能にした．AD_SYS.vはADC0808の制御回路．測定電圧を7セグメントLEDに表示する．

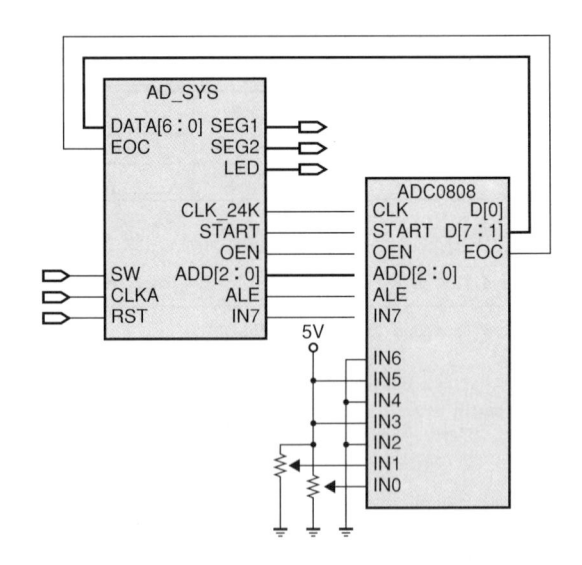

〔写真4.2〕**実際の検証環境のようす**
パソコンのプリンタ・ポートとFLEX10KE評価キットのCN6はプログラミング用に接続する．パソコンのCOM1ポートとFLEX10KE評価キットのRS-232-Cポート（CN4）をRS-232-Cストレート・ケーブルで接続している．ADC0808はブレッド・ボードに搭載されている．

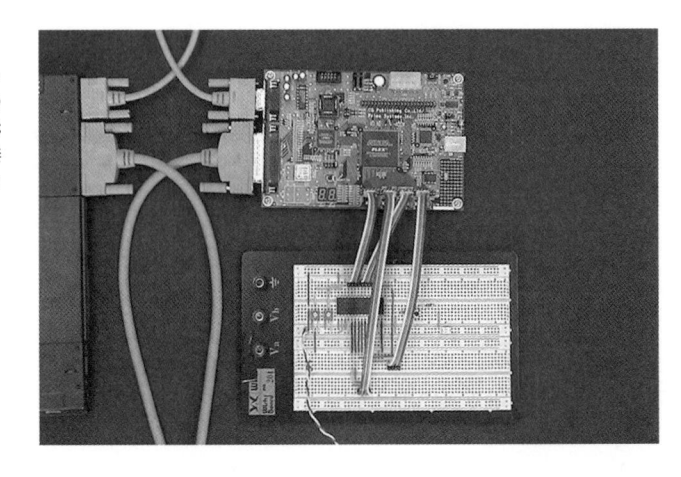

実チップ側インターフェースはFLEX10KE評価キットのFPGAで実現します．**リスト4.17**は，実チップ側インターフェースの記述の一部です．RS-232-Cポートからの受信データを実チップへの入力信号として出力します．実チップの出力信号をRS-232-Cポートへ送出します．データを受信すると，データ出力の1クロック後に実チップの出力データを取り込み，`DCE_IF`を介してRS-232-Cポートへ送出します．RS-232-Cポートとのアクセスには，前述の`DCE_IF`を流用しました．

A-D変換LSIをブレッド・ボードに取り付ける

テストベンチに取り込む実チップとしては，米国National Semiconductor社の「ADC0808」というA-D変換LSIを使用しました．HDLモデルは，ADC0808をコントロールして測定した電圧を7セグメントLEDに小数点以下第1位まで表示する回路です．**図4.22**は最終的に作りたい回路構成です．**図4.23**は検証環境の構成です．**写真4.2**は実際の検証環境です．

〔図4.23〕検証環境
AD_SYS.vは検証対象のコントローラ，DEV_MODEL_P.vはシミュレータ側のインターフェース回路．FLEX10KE評価キットは，DEV_MODEL_C.vを論理合成した実チップ側インターフェース回路として使用する．

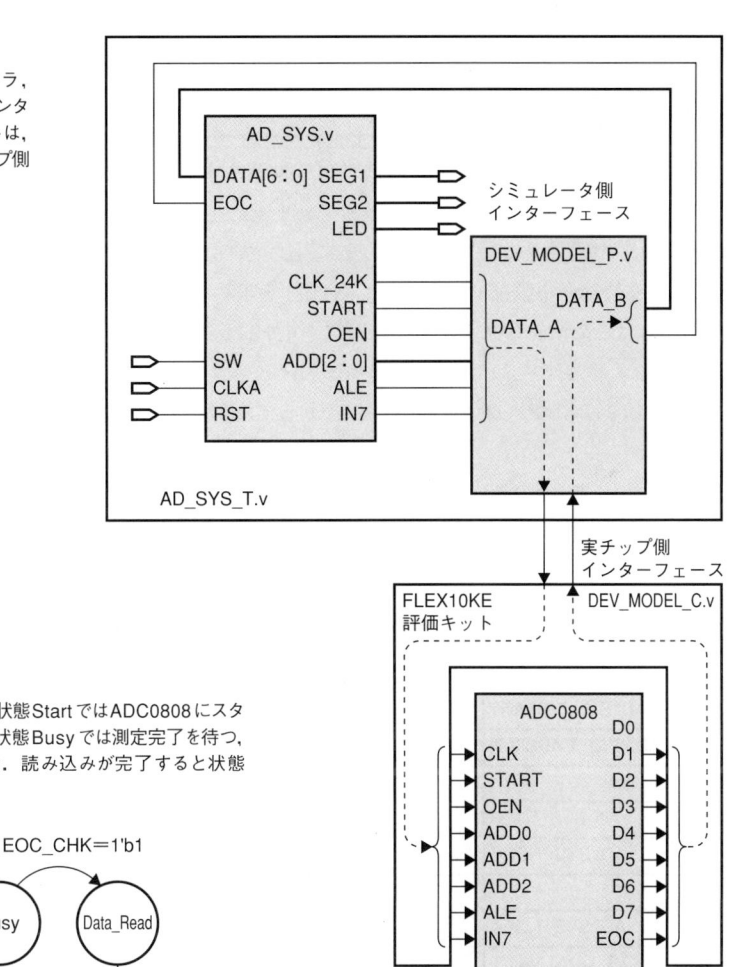

〔図4.24〕コントローラの状態遷移図
状態SetADDでは測定対象を変更できる．状態StartではADC0808にスタート信号を送り，状態Busyに遷移する．状態Busyでは測定完了を待つ．状態Data_Readでは測定値を読み込む．読み込みが完了すると状態SetADDに戻り，新しい測定を開始する．

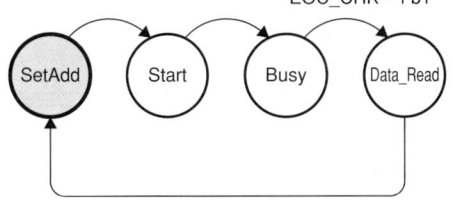

ADC0808はブレッド・ボードに取り付けました．ADC0808のIN1，IN2（アナログ入力1，2）には可変抵抗を付けて電圧を変更できるようにしました．IN7（アナログ入力7）にはFPGAの出力信号を接続し，FLEX10KEのVohおよびVolを測定してみます．

四つの状態を持つコントローラ

コントローラの記述はad_sys.vになります．AD_SYSがADC0808を制御します．図4.24はAD_SYSのステート・マシンです．

状態SetAddでADDの値を決定し，A-D変換対象のPINを決めます．次に，状態StartでALE（アドレス・ラッチ）とSTART（A-D変換開始）を1にして，A-D変換を開始します．その次は状態Busyになり，EOC（A-D変換終了）が立ち上がるまで状態Busyのままです．EOCが立ち上がると状態Data_Readになり，OEN（アウトプット・イネーブル）を1にして，ADCの出力データを取り込みます．状態SetAddのときにスイッチ（SW）が押されていると，ADDが1加算されます．IN7はADDが6から7になるときに値を反転します．

図4.25はシミュレーションの波形です．DATA[6:0]とEOCがADC0808の動作結果です．

値をボルト表示に変換

ADC0808は5.0Vを8ビットの2進数に変換します．この検証環境ではピン数の制約からMSB側の7ビットを使用し，DATA[6:0]として扱っています．DATA[6:0]は，5.0Vを128（2の7乗）分割した電圧を1LSBとし，電圧を2進数で表しています．DATA[6:0]のままでは電圧表示には使えません．電圧のボルト表示の整数部と小数部（小数点以下第1位）を求める演算が必要です．

図4.26はこの演算のようすです．リスト4.18はこの演算の記述です．FS-1LSB = "1111111" なので，FS = 5.0V->DATA[7:0] = "10000000" と考えれば，DATA[6:0]を5倍してけた上がりした部分（DATA_V1[9:7]）が，電圧の整数部になります．5倍の演算は，乗算の演算子は使わず，DATA[6:0]を2

〔図4.25〕コントローラの波形
START＝1で測定が開始され，ADC0808の出力EOCが0になるとBusy状態になる．電圧測定が完了するとEOCが1になるので，測定データを取り込む．TO_SEG1は測定結果のボルト表示の整数部分，TO_SEG1は小数点以下第1位である．

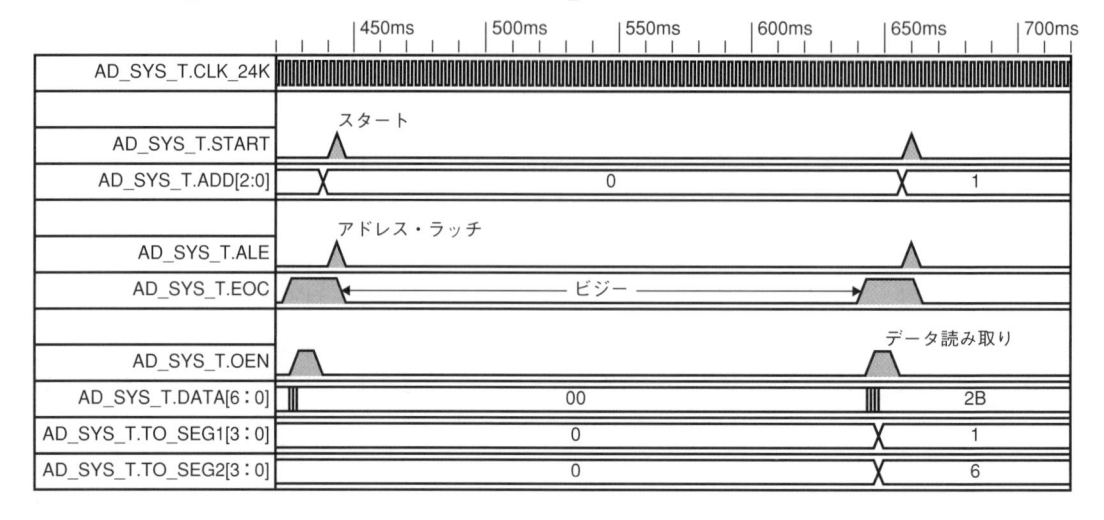

〔図4.26〕ボルト表示への変換
ADC0808の測定結果は，MSB側7ビットを使用している．ボルト表示に必要な乗算値は固定のため，乗算器は使用せず，ビットのシフトと加算で実現している．

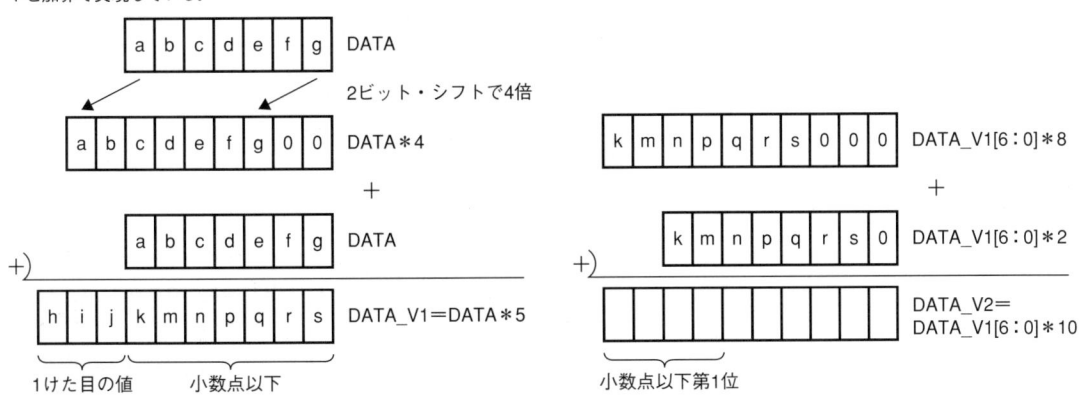

| a | b | c | d | e | f | g |　DATA

2ビット・シフトで4倍

| a | b | c | d | e | f | g | 0 | 0 |　DATA*4

＋

| a | b | c | d | e | f | g |　DATA

+)

| h | i | j | k | m | n | p | q | r | s |　DATA_V1=DATA*5

1けた目の値　小数点以下

| k | m | n | p | q | r | s | 0 | 0 | 0 |　DATA_V1[6:0]*8

＋

| k | m | n | p | q | r | s | 0 |　DATA_V1[6:0]*2

+)

|　|　|　|　|　|　|　|　|　|　|　DATA_V2=DATA_V1[6:0]*10

小数点以下第1位

〔リスト4.18〕電圧表示変換

```verilog
assign DATA_TMP =  {DATA,2'b0} + DATA ;//整数部演算

always @(posedge CLK_24K or posedge RST)
  begin
     if(RST == 1'b1)
        begin
           OEN <=1'b0;
           OEN_1 <=  1'b0;
           DATA_V1 <=3'b111 ;
           DATA_V2 <=11'b11110000000 ;
        end
     else
        begin
          if (EOC_CHK==1'b1)
             OEN <=1'b1;
          else
             if (OEN_1==1'b1)
                OEN <=1'b0;
                OEN_1 <= OEN;
        if (STATE==2'b11)
           begin
              // DATA_V1は電圧の整数部
              DATA_V1 <= DATA_TMP[9:7] ;
              // DATA_TMP[6:0] * 10
              // DATA_V2[10:7] は電圧の小数点以下第1位
              DATA_V2 <= {DATA_TMP[6:0],3'b000} + {DATA_TMP[6:0],1'b0} ;
           end
        end
  end
```

[図4.27] 検証時のシミュレーション・ウィンドウと実チップの測定波形

左側はシミュレーション・ウィンドウ，右側は実チップの測定波形である．実チップの測定波形Bは測定対象のアナログ入力である．測定波形Aはスタート信号．Bは，測定開始時は2.6Vで，終了時は0Vになっている．シミュレーション・ウィンドウでも同じ結果が得られている．

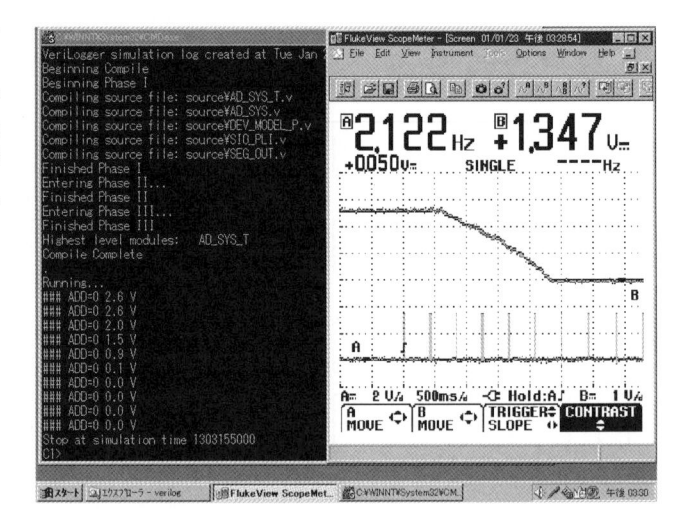

ビット左シフトした4倍の値と$DATA[6:0]$を加算することによって求めています．$DATA\_V1$の整数部よりLSB側（$DATA\_V1[6:0]$）は，小数部を2進数で現しています．$data\_v1[7:0]$ = "10000000" = 1.0Vなので，$DATA\_V1[6:0]$を10倍してけた上がりした部分（$DATA\_V2[10:7]$）が，10進数で表された小数点以下第1位です．

セットアップ手順はRS-232-C通信エミュレータの場合と同じ

　検証環境のセットアップの手順は，前述のRS-232-C通信エミュレータの場合と同じですので，そちらを参照してください．図4.27は検証時のシミュレーション・ウィンドウと実チップ側の測定波形です．シミュレーション・ウィンドウにはテストベンチからの測定電圧を表示します．信号STARTがHになってしばらくしてから，サンプリングが実行されていることがわかります．最後に，FPGAの中身をAD_SYS.vの合成結果と入れ替えてテストしたところ，正常に動作しました．

　ここで構築した検証環境は対応できる信号数が入力8，出力8と少なく，処理速度も遅く，改善すべき点が多数残っています．信号数の問題は，1回のイベントで送受信するデータ数を増やすことにより対処可能です．FLEX10KE評価キットにはUSBポートがあるので，RS-232-Cポートの部分をUSBポートに変更すれば，シミュレーション速度を上げることができます．

4 USB通信を利用したシステム検証

　最後に，USBケーブルを介してパソコンとFLEX10KE評価キットを接続して，システム検証を行う方法を紹介します．ここでは，CQ出版社発行の『TECH I Vol.8（インターフェース4月号増刊）USBハード＆ソフト開発のすべて』の第5章（桑野雅彦氏著）で紹介されているUSBターゲットをFLEX10KE評価キットに実装し，Verilog HDLシミュレータと通信できるようにします（図4.28）．

　FLEX10KE評価キットには，米国Cypress Semiconductor社の「AN2131SC」というUSBコントロー

〔図4.28〕
USB通信を利用したシステム検証

RS-232-C経由で，FPGAのプログラミング・データをダウンロードして，FLEX10KE評価キットを動作可能状態にする．USB接続側では，PLIを介してVerilog HDLシミュレータとFLEX10KE評価キットが，シミュレーション・データを通信し合う．

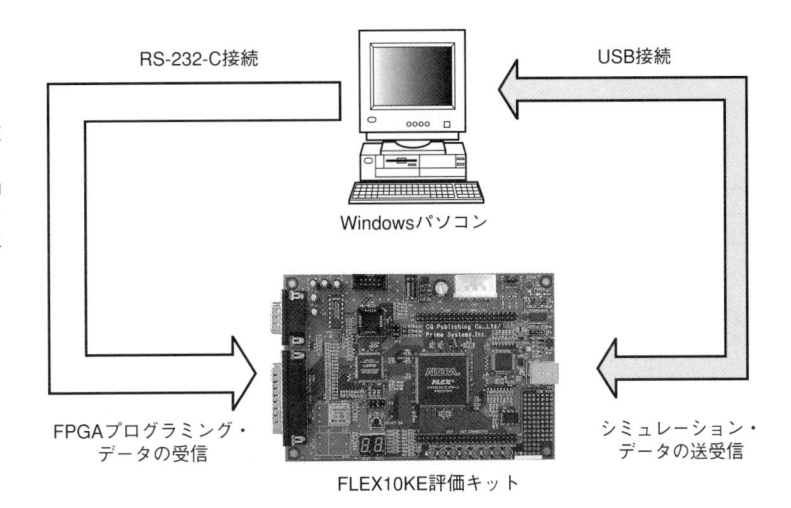

ラが実装されています．これは非常に使いやすいUSBコントローラで，ファームウェアなしでもWindowsからUSBデバイスとして認識させることができます．また，その後，EZ-USBというツールを使って，ファームウェアをUSB経由でダウンロードできます．ダウンロード後は，USBケーブルを抜き差ししなくても，Windowsに別のUSBデバイスとして認識させることができるので，一連のデバッグ手順が単純で簡素化されます．非常にデバッグ効率のよいUSBコントローラと言えます．詳細な説明は，上述の『USBハード&ソフト開発のすべて』のpp.92-131を参照してください．

LED&ディップスイッチ回路をFPGAにプログラミング

まず，『USBハード&ソフト開発のすべて』に説明のある「LED&ディップスイッチ回路」を，下記の手順でFPGAにプログラミングします．

(1) FPGAへプログラムをダウンロードするため，ボード上のCN6とパソコンのパラレル・ポートを25ピンのストレート・ケーブルで接続します．なお，FLEX10KE評価キットの取扱説明書にはプリンタ・ケーブルで接続するように記載されていますが，通常のプリンタ・ケーブルではなく，25ピン・シリアル(RS-232-C)用全ピン結線のストレート・ケーブルを使用してください．
(2) JP2をS0にセットします．
(3) FPGAボードに電源を供給します．付属のACアダプタをDCジャックに接続し，JP1をEXT+5V側にセットします．正しくFPGAボードに電源が供給されると，赤色の電源用LEDが点灯します．
(4) JP3をシルク印刷のないところにセットします．
(5) JP4をCLR側にセットします．
(6) パソコン上のMAX+PLUS II BASELINEのProgrammer画面からボード上のFPGA（EPF10K30EQC208-3）をプログラミングします．MAX+PLUS II BASELINEを起動します．「File」→「project」→「name」でeztest4.sof（『USBハード&ソフト開発のすべて』付属CD-ROMの¥CHAP5¥FLEXのファイル）を選択します．図4.29のツール・バーの右側にあるProgrammerのアイコンをクリックします．これで，Programmer画面がウィンドウ内に表示されます．図4.29のようにFileとDeviceの各項目

が表示されていることを確認して，[Configure]ボタンを押します．進捗状況が100%までいけばプログラミング終了です．
これで，ハードウェアの準備は完了です．

ファームウェアをダウンロード

次にファームウェアをダウンロードします．ボード上に実装されているシリアルROMは，以下のいずれかの方法で回路から切り離しておいてください．いずれの方法も『USBハード&ソフト開発のすべて』のp.107に改造方法が記載されています．

- シリアルROMの実装をソケット・タイプに変え，シリアルROMを抜いておく（DIP 8ピン・ソケットはパーツ・ショップなどで簡単に入手することができる）．
- パターンをカットしてジャンパ・ピンを立て，シリアルROMの有無を選択できるようにし，ROMなしに設定する．

次に，下記の手順でファームウェアをダウンロードします．

(1) 『USBハード&ソフト開発のすべて』のp.108を参照し，付属CD-ROMを使って，「EZ-USB Control Panel」をインストールしてください．
(2) 前述の方法で書き込みが終わった状態のFLEX10KE評価キットとパソコンをUSBケーブルで接続します．すると，自動的にファームウェアなしのUSBコントローラを認識し，ドライバのインストールが始まります．ドライバはEZ-USBをインストールする際に，いっしょにインストールされています．**図4.30**にこのときの「システムのプロパティ」を示します．
(3) 『USBハード&ソフト開発のすべて』のp.108に記載されているとおり，インストールしたEZ-USB Control Panelを起動します．
(4) EZ-USB Control Panelウィンドウ（**図4.31**）の[Download..]ボタンを押すと，Anchor Downloadウィンドウが表示されます．ここでダウンロード・ファイルを指定します．今回は，ezusb.hex（『USBハ

〔図4.29〕 MAX+PLUS II BASELINEのProgrammerアイコンとProgrammerウィンドウ

MAX+PLUS II BASELINEを起動し，sofファイルを読み込んで，Programmerアイコンを押した直後の画面．Programmerウィンドウ内の「File:」と「Device:」がそれぞれ設定されているかを確認する

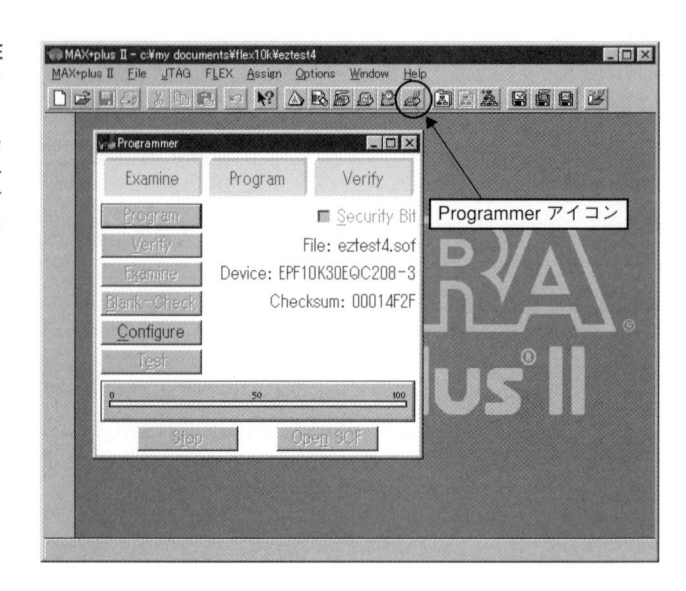

ード&ソフト開発のすべて』付属CD-ROMの¥CHAP5¥LED-DIPのファイル）を指定します．すると自動的にダウンロードが始まり，ボード上のLEDや7セグメントLEDが点灯します．ダウンロードが正常に終了し，ボード上のFPGAとUSBの動作がうまくいけば，7セグメントLEDが「02」を表示して止まります．

(5) ダウンロードが終了し，評価ボードが先ほどの状態になると，Windows上のUSBケーブルを抜き差ししなくても，新たなUSBデバイスを認識し，デバイス・ドライバのインストールが始まります．ドライバは，『USBハード&ソフトのすべて』付属のCD-ROM内のChap9¥Flex10ke¥Drvにあります．図4.32に，このときの「システムのプロパティ」を示します．

これでファームウェアのダウンロードは終わりです．

HDLシミュレーションを実行

いよいよシミュレーションの実行です．シミュレータとしては，先ほどと同じようにVeriLoggerを使いました．

〔図4.30〕ファームウェアなしのUSBコントローラの表示
（システムのプロパティ）

FLEX10KE評価キットとパソコンをUSBケーブルで接続した後のシステムのプロパティ．ファームウェアなしのUSBコントローラ直結状態で，Windows98に認識されていることがわかる．この状態でEZ-USB Control Panelウィンドウを開いて，ファームウェアをUSBコントローラにダウンロードできる．

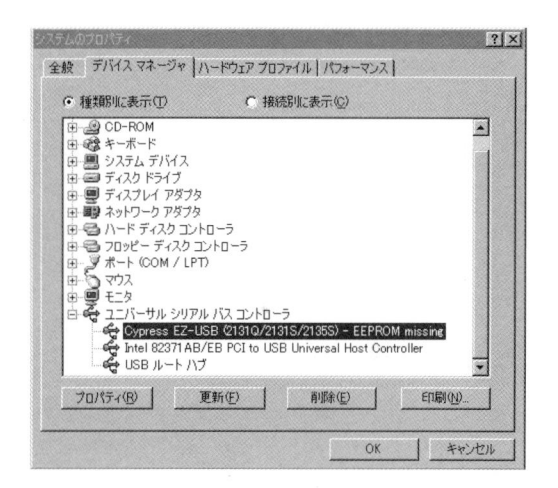

〔図4.31〕EZ-USB Control Panelの
[Download..]ボタン

EZ-USB Control Panelを使い，8051用コンパイラで作成したHEXファイルをダウンロードする．[Download..]ボタンを押すと，HEXファイルを指定するウィンドウが表示される．

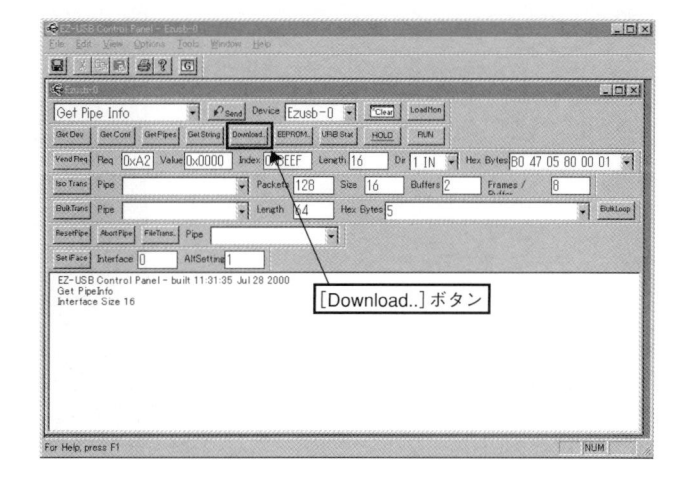

下記の手順でvlogpli_cmd.dllを生成してから，バッチ・ファイルsim_ex.batを実行してください．なお，以下のdllファイルを生成せず，『USBハード&ソフト開発のすべて』の付属CD-ROMに収録されているuusbd.dllと，本書の付属CD-ROMに収録されているvlogpli_cmd.dllをディレクトリ￥SynaptiCADにコピーした後，すぐにバッチを実行することもできます．

(1) p.218の「(3) シミュレータで使用するダイナミック・リンク・ライブラリを生成する」を参考に，dllファイルを生成します．まず，vlogPLIcmd.dspをダブルクリックし，Microsoft Visual C++を立ち上げます．p.218のところでvlogPLIcmd.dspを使ってファイルの追加などを行った場合でも，この最初の手順から行ってください．USB_PLI.cをプロジェクトのソース・ファイル・リストに追加し，common.h，veriuser.cをオリジナルのソース・ファイルと置き換えてください（本書付属のCD-ROMに収録されているファイルは，収録の都合上，ファイル名を変えてある．名前を元に戻しておくことを忘れずに…）．

　これで，コンパイル，ビルドが成功すると，￥SynaptiCAD￥vlogPLI￥vlogPLIgui￥releaseの下にvlogpli_cmd.dllが生成されます．このdllファイルを￥SynaptiCAD直下のvlogpli_cmd.dllと置き換えます．なお，オリジナルのvlogpli_cmd.dllは別の場所に保存しておいてください．

〔図4.32〕ファームウェア・ダウンロード後のUSBコントローラの表示（システムのプロパティ）

EZ-USB Control Panelの機能を使ってファームウェアをダウンロードした後のシステムのプロパティ．先ほどのファームウェアなしの状態と異なり，別のデバイスとして認識されていることがわかる．

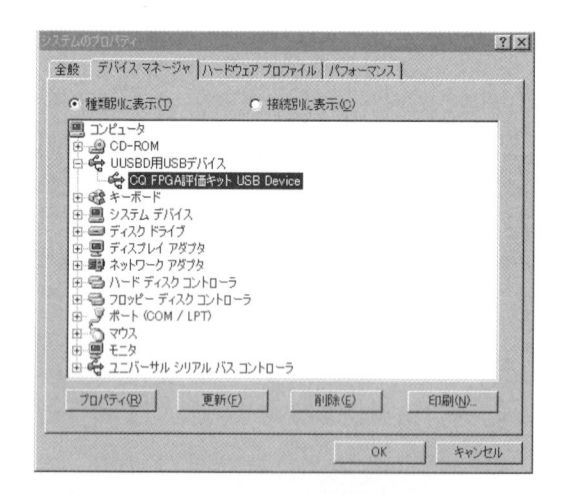

〔図4.33〕HDLシミュレーションの待機状態

sim_ex.batを実行した直後のDOS窓（コマンド・プロンプト）．ボード上の7セグメントLEDは「05」を表示し，いったんシミュレーションは待機状態となる．DOS窓はC1>を表示して入力待ちとなる．

(2) uusbd.dll，USB_TEST.v，sim_ex.batを¥SynaptiCAD直下にコピーします．
実行環境の例を以下に示します．

> ¥SynaptiCAD¥vlogpli_cmd.dll（コンパイラで生成もしくは付属CD-ROMからコピー）
> ¥SynaptiCAD¥uusbd.dll（付属CD-ROMからコピー）
> ¥SynaptiCAD¥vlogcmd.exe（インストール状態のままでＯＫ）
> ¥SynaptiCAD¥USB_TEST.v（付属CD-ROMからコピー）
> ¥SynaptiCAD¥sim_ex.bat（付属CD-ROMからコピー）

sim_ex.batを実行するとシミュレーションが開始されます．シミュレーションが始まると，DOS窓（MS-DOSプロンプト）の画面（図4.33）が表示されます．その中で，

```
C1>
```

と表示して待機状態になります．このときボード上の7セグメントLEDは「05」を表示しています．ここで，

```
C1>.[Enter]
```

というように，半角のピリオド（.）を入力し，[Enter]キーを押すと，シミュレーションが先に進みます．シミュレーション上で何を実行しているかについては後述します．C1>が表示されるたびに，ピリオドを入力して，ボード上の7セグメントLEDが「0C」になるまで進めば，シミュレーションは終了です．

USB通信用PLIのCプログラム

動作を確認できたところで，HDLシミュレーションに使用した各種のソース・コードについて解説しましょう．

まず，USB通信用PLIのCプログラムについて説明します．このPLI関数はボード上に実装されているAN2131SCと通信します．USBデバイスのコントロールは『USBハード＆ソフト開発のすべて』のpp.207-212で紹介されているUUSBD.DLLを使用しました．

USB通信用のPLIはUUSBD.DLLを利用したサンプルのソース・コードを参考に作成しています．UUSBD.DLLを用いると，USBデバイスに対してオープン，クローズ，書き込み，読み出しを行えるので，前節のRS-232-C通信と同じように取り扱えます．作成するシステム・タスクとシステム・ファンクションは**表4.7**のようになります．

システム・タスクとシステム・ファンクションの定義はveriuser.cとcommon.hに記述します．**リスト4.19**はシステム・タスクとシステム・ファンクションの定義です．ここではファンクション名，パラメータ，使用する関数が指定されます．実際の処理の内容はUSB_PLI.cに記述してあります．

〔表4.7〕USB通信用システム・タスクとシステム・ファンクションの一覧

名　前	種　類	機　能
$tusb_open	タスク	USBデバイスのオープン
$tusb_close	タスク	USBデバイスのクローズ
$tusb_send()	タスク	データ送信用タスク
$fusb_recv	ファンクション	受信データの取り込み．戻り値は9ビット．受信データがない場合はMSBが'0'になる．

[リスト4.19] システム・タスクとシステム・ファンクションの定義

```
---common.h の変更部分---
・・・(省略)・・・
int tusb_open_check();
int tusb_open_func();
int tusb_close_check();
int tusb_close_func();
int tusb_send_check();
int tusb_send_func();
int fusb_recv_check();
int fusb_recv_size();
int fusb_recv_func();
int fusb_recv_w_check();
int fusb_recv_w_size();
int fusb_recv_w_func();
s_tfcell veriusertfs[18];
・・・(省略)・・・

---veriuser.cの変更部分---
・・・(省略)・・・

s_tfcell veriusertfs[18] =
{
            /*** Template for an entry:
    { usertask|userfunction, data, checktf(), sizetf(), calltf(), misctf(),
      "$tfname", forwref?, Vtool?, ErrMsg? },
    Example:
    { usertask, 0, my_check, 0, my_func, my_misctf, "$my_task" },
    ***/

・・・(省略)・・・

/*** add user entries here ***/
    {usertask,0,tusb_open_check,0,tusb_open_func,0,"$tusb_open"},
    {usertask,0,tusb_close_check,0,tusb_close_func,0,"$tusb_close"},
    {usertask,0,tusb_send_check,0,tusb_send_func,0,"$tusb_send"},
    {userfunction,0,fusb_recv_check,fusb_recv_size,fusb_recv_func,0,"$fusb_recv"},
    {userfunction,0,fusb_recv_w_check,fusb_recv_w_size,fusb_recv_w_func,0,"$fusb_recv_w"},

/*** final entry must be 0 ***/
        {0}
};

・・・(省略)・・・
```

リスト4.20はusb_pli.cの一部です。リスト4.20の①は，最大パケット・サイズを求めています。リスト4.20の②のtusb_open_funcは，USBデバイスをオープンします。リスト4.20の③のtusb_send_funcは，送信用の関数です。1回のコールで8ビットのデータを送信します。リスト4.20の④のfusb_recv_funcは，データを受信します。受信データはtf_putp関数を利用してシミュレータに渡されます。実際の受信データは8ビットですが，ステータス・ビットを1ビット追加しています。ステータス・ビットが1の場合，データが有効です。

[リスト4.20] システム・タスクとシステム・ファンクションの処理内容(usb_pli.c)の一部

```c
#include <stdio.h>          /* C I/O routines */
#include "veriuser.h"
//#include <windows.h>
#include "uusbd.h"
//#include <process.h>
                /* _beginthread, _endthread */

#define NUM_INTERFACE 0
             // dumpするインターフェースの番号
#define NUM_PIPE_R    4 // dumpするパイプの番号
#define NUM_PIPE_W    3 // sendするパイプの番号
#define LOOPCOUNT     10 // 繰り返す回数

void tusb_close_check(void);
void tusb_close_func(void);
void tusb_open_check(void);
void tusb_open_func(void);
void tusb_send_check(void);
void tusb_send_func(void);
void fusb_recv_check(void);
int  fusb_recv_size(void);
void fusb_recv_func(void);
void fusb_recv_w_check(void);
int  fusb_recv_w_size(void);
void fusb_recv_w_func(void);

HUSB husb;
HANDLE h_r;
HANDLE h_w;
unsigned char *buf;
DWORD size, ret, i, j, maxlen;

USHORT get_max_packet(HUSB husb, DWORD if_num,
                      DWORD pipe_num) //①
{
    char *buf,*p;
    USHORT max_len;
    DWORD pipe_count, len;
    BOOL ok;
    USB_CONFIGURATION_DESCRIPTOR conf;
    PUSB_ENDPOINT_DESCRIPTOR
                      endp_descriptor;
    //まずコンフィグレーション・ディスクリプ
    //タのみ得て，全体の大きさを知る
    ok = Uusbd_GetConfigurationDescriptor
            (husb,(char*)&conf, sizeof(conf));
    if(!ok) return 0;
    len = conf.wTotalLength;
    buf = (char*)malloc(len);
    //全体を得る
    ok = Uusbd_GetConfigurationDescriptor
                    (husb,buf, len);
    if(!ok) return 0;
    p = buf; max_len = 0; pipe_count = 0;
                            ok = FALSE;
    while(len>0) {
        if(p[1] == USB_INTERFACE
                    _DESCRIPTOR_TYPE)
            { // interface descriptor
                if((unsigned) p[2]
                            == if_num) ok
                                    = TRUE;
                else ok = FALSE;
                pipe_count = 0;
        }
        if(p[1] == USB_ENDPOINT_
                    DESCRIPTOR_TYPE &&
            ok){ // endpoint descriptor
                if(pipe_count
                        == pipe_num)
                    { // found !!
                        endp_descriptor
                    = (PUSB_ENDPOINT_DESCRIPTOR)p;
                            max_len =
                endp_descriptor->wMaxPacketSize;
                            break;
                }
                pipe_count++;
                        // fix Ver1.1
        }
        p += p[0];
        len -= p[0];
    }
    free(buf);
    return max_len;
}

void tusb_open_check()
{
    if (tf_nump() > 0) {
                //引き数があった場合はエラー
        tf_error("fusb_open input err");
    }
    ;
}

void tusb_open_func()  //②
{
    husb = Uusbd_Open();
    if(husb == INVALID_HANDLE_VALUE) {
        printf("Uusbd.sysを使ったUSB
                デバイスは見つかりません¥n");
        return;
    }
    ret = Uusbd_Check(husb);
    if(ret != UU_CHECK_OK) {
        printf("IOCTLエラー¥n");
        return;
```

[リスト4.20] システム・タスクとシステム・ファンクションの処理内容（usb_pli.c）の一部（つづき）

```c
        }
        maxlen = get_max_packet
                (husb,NUM_INTERFACE,NUM_PIPE_R);
        if(maxlen == 0) {
                printf("Can't Get max packet
                                    length\n");
                return;
        }
        printf("max packet size =%d\n",maxlen);

        buf = (unsigned char*)malloc(maxlen);
        h_r = Uusbd_OpenPipe(husb,NUM_INTERFACE,
                                NUM_PIPE_R);
        h_w = Uusbd_OpenPipe (husb,NUM_INTERFACE,
                                NUM_PIPE_W);
        Uusbd_ResetDevice(husb);
}


void tusb_close_check()
{
   if (tf_nump() > 0) {
                        //引き数があった場合はエラー
      tf_error("fusb_close input err");
   }
   ;
}

void tusb_close_func()
{

        CloseHandle(h_w);
        CloseHandle(h_r);
        Uusbd_Close(husb);
        free(buf);
}

void tusb_send_check()
{
   if (tf_nump() <1) {
                        //引き数がない場合はエラー
      tf_error("fusb_send input err");
   }
   ;
}

void tusb_send_func()   //③
{
        BYTE    buffer ;
        DWORD   length;
        DWORD   byte_count;
        BOOL    status;

    buffer = (BYTE)tf_getp(1);
        length = 1;
        status = WriteFile(        h_w,
                                   &buffer,
                                   length,
                                   &byte_count,
                                   NULL);
        return;
  }

void  fusb_recv_check()  //④
{
   if (tf_nump() > 0 ) {
                        //引き数があった場合はエラー
      tf_error("fusb_recv input err");
   }
   ;
}

int fusb_recv_size()
{
   return 9;//システム・タスクに戻すビット数
}

void fusb_recv_func()
{
                memset(buf, 0, maxlen);
                ret = ReadFile(h_r, buf,
                        maxlen, &size, NULL);
                if(ret ==0 || size == 0) {
                        printf("read error ret
                    =%d size=%d\n",ret,size);
                        ret = Uusbd_Check
                                        (husb);
                        if(ret != UU_CHECK_OK)
{
                                printf
           ("デバイスが取り外されました\n");
                                //break;
                        }
                        Uusbd_ResetPipe(h_r);
                        Sleep(100);
                        tf_putp(0,0);
                        //continue;
                }
                //printf("%05d:",i);
                //for(j=0;j<size;j++){
                //printf("%02X ", buf[j]);
                tf_putp(0,256|buf[0]);
                //}
                //printf("\n");

}
```

[リスト4.21] FPGAに実装する回路の Verilog HDL ソース・コード（usb_fpga.v）

```verilog
module usb_fpga (WT,RD,REG,DIO,LD);
input    WT;
input    RD;
input    REG;
inout    [7:0]DIO;
output   [7:0]LD;

reg CMD_DFF;
reg [7:0] DIO_DFF;

wire DIO_ENB;

assign DIO_ENB =((REG==1'b0)&&(CMD_DFF==1'b1))?1'b1:1'b0;

assign DIO = (RD==1'b1)?LD:8'bzzzzzzzz;

assign LD = ~DIO_DFF;

always@(posedge WT )
begin
  if (REG==1'b1)
     CMD_DFF <= DIO[7];
  if (DIO_ENB==1'b1)
     DIO_DFF <= DIO;
end

endmodule
```

FPGAに実装する回路のVerilog HDL記述

　USB通信用PLIをテストするための簡単な回路をFLEX10KE評価キット用に用意しました．回路の機能は，USB経由で送られてきたデータのLED表示，データ用レジスタへの書き込み，データ用レジスタの反転値の通知（読み出し時）です．USB通信はAN2131SCが処理してくれます．FPGAに組み込む回路はAN2131SCとLED/スイッチのインターフェースになります．

　リスト4.21はFPGAに実装する回路のVerilog HDL ソース・コード（usb_fpga.v）です．DIO[7:0]はデータ・バスです．WTは書き込み信号，RDは読み出し信号です．REG=1かつDIO[7]=0の条件で書き込みが実行された場合，データ用レジスタへの書き込みが禁止されます．REG=1かつDIO[7]=1の条件で書き込みが実行された場合，データ用レジスタへの書き込みが可能になります．読み出しデータはデータ用レジスタの反転値になります．DIOの向きはRDでコントロールしています．このソース・コードは，論理合成を行った後，FPGAのプログラミングに使用されます．HDLシミュレーションでは，直接には使用しません．なお，このモジュールと前述のシミュレーションの実行で使用したサンプルは別の回路です．

シミュレーション用のVerilog HDL記述

　リスト4.22は，USB用システム・タスクとシステム・ファンクションの使用例です．まず，$tusb_openでUSBデバイスをオープンします．$tusb_sendを利用すると，USBデバイスに8ビットのデータを送信できます．$fusb_recvはUSBデバイスからデータを読み出します．

[リスト4.22] USB通信用システム・タスクとシステム・ファンクションの使用例(usb_test.v)

```verilog
`timescale 1ns/1ns
module USB_TEST;
reg[7:0] MON_BYTE;
initial
begin
    $monitor("recv %b",MON_BYTE);  //受信データのモニタ
    $tusb_open;                    //USBデバイスのオープン
    #1;
    $display("send 11110000");
    $tusb_send(8'b11110000);       //データ送信
    #1;
    $stop;
    #1;
    MON_BYTE <= $fusb_recv;        //dummy read
    MON_BYTE <= $fusb_recv;        //データ受信
    #1;
    $stop;
    $display("send 00001111");
    $tusb_send(8'b00001111);       //データ送信
    #1;
    $stop;

    //途中は省略

    #1;
    $tusb_close;
    $finish;
end
endmodule
```

この例では2回連続で$fusb_recvを使用しています．$fusb_recvは2回目の読み出しで正常なデータを戻します．これは$fusb_recvに問題があるのですが，現時点では解決できていません．$finishでシミュレーションを終了する前に，$tusb_closeを使用してUSBデバイスをクローズしてください．

参考文献

1) 鳥海佳孝,「LinuxでHDL設計環境を構築する」,『Design Wave Magazine』, CQ出版, pp.168-178, 2000年9月号.
2) Stuart Sutherland, *The Verilog PLI Handbook*, Kluwer Academic Publishers, 1999.
3) Swapnajit Mittra, *PRINCIPALES OF VERILOG PLI*, Kluwer Academic Publishers, 1999.
4) 『TECH I Vol.8（インターフェース4月号増刊）USBハード＆ソフト開発のすべて』, CQ出版, 2001年.
5) 『トランジスタ技術SPECIAL No.51 データ通信技術基礎講座』, CQ出版, 1995年.

付属のCD-ROMについて

　このCD-ROMには，第2章～第4章で紹介した各種サンプル記述と，記述の検証などに使用したEDAツールの評価版が収録されています．

　トップ・ディレクトリにあるindex.htmをInternet ExplorerやNetscapeなどのブラウザで開くと，収録されているサンプル記述の一覧を参照できます．

　CD-ROMに収録されている評価版のEDAツールは，下記のとおりです．

```
├─ FPGA Advantage
├─ PeakFPGA
│   └─ Setup
├─ sample
│   ├─ chapter2
│   │   ├─ verilog
│   │   └─ vhdl
│   ├─ chapter3
│   │   ├─ 3_1
│   │   ├─ 3_2
│   │   ├─ 3_3
│   │   ├─ 3_4
│   │   ├─ 3_5
│   │   └─ 3_7
│   └─ chapter4
└─ VeriLogger Pro
```

● 米国Mentor Graphics社の統合型FPGA設計環境「FPGA Advantage for HDL Designer, Release 5.2」

　Windows 98/NT 4.0/2000上で動作する．HDL，C/C++混在の設計データ入力とデータ管理に利用する「HDL Designer Series」，VHDL/Verilog HDLシミュレータ「ModelSim」，論理合成ツール「LeonardoSpectrum」が含まれている．下記の問い合わせ先から評価用ライセンスを取得する必要がある．評価期間は30日間．

　製品についての問い合わせ先：
　　メンター・グラフィックス・ジャパン（株）
　　　テクニカルセールス部 HDLグループ
　　E-mail：mgjsptcae@mentorg.co.jp
　　TEL03-5488-3015（東京），TEL06-6399-9521（大阪）
　　http://www.mentorg.co.jp/

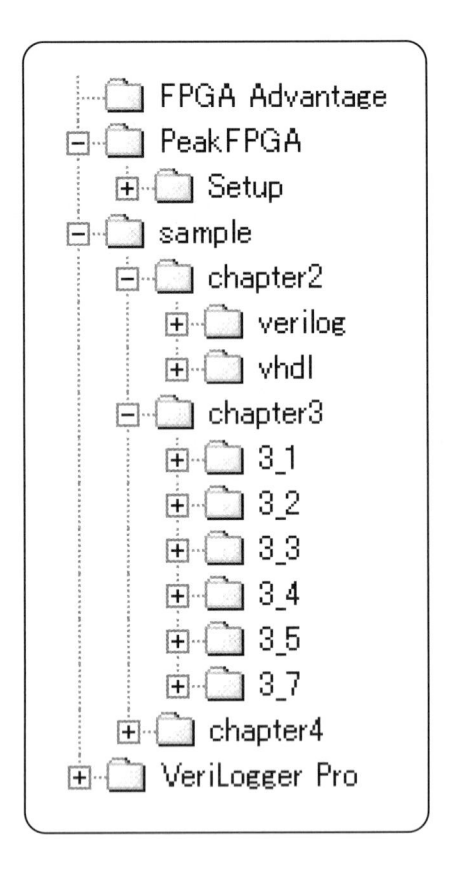

● 米国Altium社の統合型FPGA設計環境「PeakFPGA Design Suite トライアルバージョン」

　Windows 95/98/NT 4.0/2000上で動作する．エディタ，VHDLシミュレータ，VHDL入力の論理合成ツールなどが含まれている．最初にソフトウェアを起動してから30日間，製品と同じ機能を使用できる．

　製品についての問い合わせ先：
　　アルティウム ジャパン（株）
　　E-mail：sales.jp@protel.com
　　TEL03-5436-2501，FAX03-5436-2505
　　http://www.altium.co.jp/

● 米国SynaptiCAD社のVerilog HDLシミュレータ「VeriLogger Pro ver7.9k」

　Windows 95/98/NT4.0/2000上で動作する．最大1250行または最大640個のセミコロンを含むソース・コードをシミュレーションできる．下記の問い合わせ先から評価用ライセンスを取得すると，1ヵ月間，製品と同じ機能を使用できる．

製品についての問い合わせ先：

（有）インターリンク

E-mail：support@ilink.co.jp

TEL045-262-3960，FAX045-262-3965

http://www.ilink.co.jp/

　なお，上記の各問い合わせ先の情報は，2002年1月時点のものです．

　各ツールに対応したフォルダには，インストール・ガイドやReadmeファイルなどがあります．必ずお読みください．

　本CD-ROMの無断複製・配布は禁止します．

索引

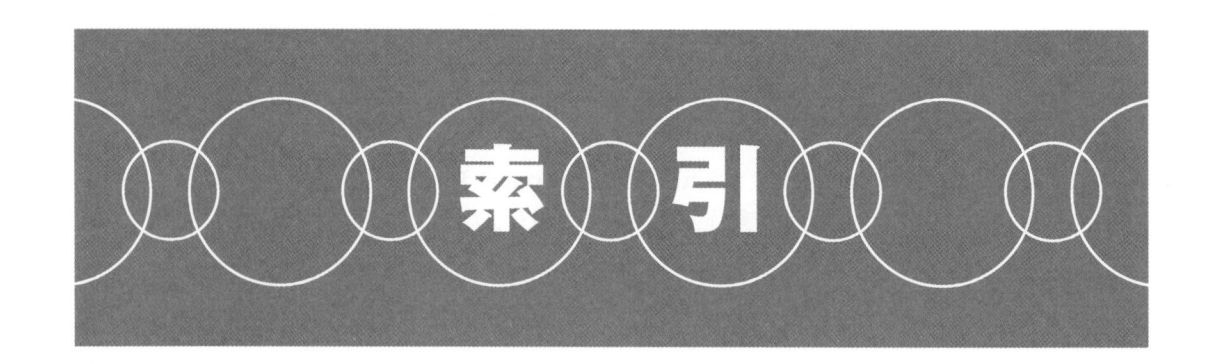

●○● あ行 ●○●

アグリゲート ･･････････････････････ 34
アップダウン・カウンタ ･････････････ 31
アトリビュート ･･･････････ 34, 75, 86, 154
アドレス・デコーダ ････････････ 113, 116
アラーム保護 ･･････････････････････ 101
イナーシャル遅延 ･･････････････････ 189
イネーブル付きDフリップフロップ ･････ 28
インクルード・ファイル ･････････････ 216
インスタンシエーション ･･････････････ 24
インスタンス ･･････････････････････ 13

●○● か行 ●○●

回路ライブラリ ･･････････････････････ 9
書き込みポインタ ･･････････････････ 61
加減算器 ･･････････････････････････ 52
加算器 ････････････････････････････ 48
慣性遅延 ･････････････････････････ 189
キャリ ･･････････････････････････ 37, 58
キャリ・ルックアヘッド ･･････････････ 58
組み合わせ回路 ････････････････････ 34
クリティカル・パス ･････････････････ 58
クロスパッチ・ケーブル ････････････ 236
クロック同期アドレス ･･･････････ 117, 130
けた上げ先見 ･･････････････････････ 58
検証エンジニア ･･････････････ 142, 172
コンカレント信号代入文 ････････････ 116

コンカレント代入 ･･････････････････ 180
コントローラ ･･･････････････････ 229, 232

●○● さ行 ●○●

最小量子化ビット ･･････････････････ 46
最大量子化ビット ･･････････････････ 46
システム・タスク
　･････ 152, 165, 183, 207, 216, 225, 254
システム・ファンクション ･･････ 225, 254
シフト演算子 ･･････････････････････ 46
シフト・レジスタ ･････････ 41, 146, 187
順序回路 ･･････････････････････････ 34
シリアル-パラレル・コンバータ ･･･････ 95
シリアル-パラレル変換 ･･･････････････ 43
シンセサイザ・モデル ･･･････････････ 11
真理値表 ･･････････････････････ 46, 50
水平パリティ・ジェネレータ ･･････････ 77
水平パリティ・チェッカ ･･････････････ 77
数値演算ユニット ･･････････････････ 58
スクラッチパッド・レジスタ ･･････････ 69
ステータス・ビット ････････････････ 255
ステート・マシン ･･････ 101, 111, 128, 136
ストレート・ケーブル ･･･････････ 235, 247
制御回路 ････････････ 94, 99, 111, 128, 136
静的タイミング解析 ････････････････ 18
設計再利用 ･････････････････････････ 9
セレクタ ･････････････････ 38, 46, 52, 58

全加算器 ・・・・・・・・・・・・・・・・・・・・・・・・・・・・ 51
センシティビティ・リスト ・・・・・・・ 38, 41, 117
即値 ・・・・・・・・・・・・・・・・・・・・・・・・・・・・・・・・・・ 12

●○● た行 ●○●

タイマ ・・・・・・・・・・・・・・・・・・・・・・・・・ 229, 232
タイム・スケール ・・・・・・・・・・・・・・・・・・・・ 159
タスク・コール ・・・・・・・・・・・・・・・・ 187, 193
ダミー・モジュール ・・・・・・・・・・・・・・・・・ 238
遅延素子 ・・・・・・・・・・・・・・・・・・・・・・・・・・・・ 43
チップ・セレクト ・・・・・・・・・・・・・・・ 71, 186
ディレイ・ライン ・・・・・・・・・・・・・・・・・・・ 187
ディレクティブ ・・・・・・・・・・・・・・・・・・・・・・ 34
データ・セレクタ ・・・・・・・・・・・・・・ 113, 117
データ・タイプ ・・・・・・・・・・・・・・・・・・・・・ 154
データ多重バス・インターフェース ・・・・・・ 117
データ・チェッカ ・・・・・・・・・・・・・・・・・・・ 185
データパス ・・・・・・・・・・・・・・・・・・・・ 94, 99
データ分離バス・インターフェース ・・・・・・ 130
テキスト入出力パッケージ ・・・・・・・・・・ 204
テスト項目 ・・・・・・・・・・・・・・・・・・・・・・・・ 143
テスト・シナリオ ・・・・・・・・・・・・・・ 144, 150
テスト・パターン ・・・・・・・・・・・・・・・・・・・ 140
テストベンチ ・・・・・・・・・・・・・・・・・・・ 89, 139
デマルチプレクサ ・・・・・・・・・・・ 38, 41, 99
デュアル・ポートSRAM ・・・・・・・・・・・・・・・ 66
デューティ比 ・・・・・・・・・・・・・ 89, 150, 180
伝播遅延 ・・・・・・・・・・・・・・・・・・・・・・・・・・ 189
同期バス ・・・・・・・・・・・・・・・・・・・・・・・・・・・ 61
同期リセット ・・・・・・・・・・・・・・・・・・・・・・・・ 34
トップダウン設計 ・・・・・・・・・・・・・・・・・・・ 139
トランザクション ・・・・・・・・・・・・・・・・・・・ 193
トランスペアレント・ラッチ ・・・・・・・・・・・・ 21
トランスポート遅延 ・・・・・・・・・・・・・・・・・ 189

●○● な行 ●○●

ノン・ブロッキング代入 ・・・・・・・・・・・・・・・ 26

●○● は行 ●○●

ハーフ・アダー ・・・・・・・・・・・・・・・・・・・・・・ 48
ハイ・インピーダンス ・・・・・・・・・・・・・・・・ 68
バイナリ・コード ・・・・・・・・・・・・・・・・・・・・ 45
バス・インターフェース ・・・・・・・・・・・・・ 138
バス・プロトコル ・・・・・・・・・・・・・ 128, 138
パラメタライズ ・・・・・・・・・・・・・・・・・・・・・・ 11
パラレル-シリアル・コンバータ ・・・・・・・・ 89
パラレル-シリアル変換 ・・・・・・・・・・・・・・ 43
パリティ・ジェネレータ ・・・・・・・・・・・・・・ 72
パリティ・チェッカ ・・・・・・・・・・・・・・・・・・ 72
パリティ・チェック ・・・・・・・・・・・・ 167, 172
パリティ・ビット ・・・・・・・・・・・・・・・・・・・・ 72
パルス・ジェネレータ ・・・・・・・・・・・・・・・・ 82
バレル・シフタ ・・・・・・・・・・・・・・・・・・・・・・ 46
半加算器 ・・・・・・・・・・・・・・・・・・・・・・・・・・・・ 51
左シフト ・・・・・・・・・・・・・・・・・・・・・・・・・・・・ 46
非同期 ・・・・・・・・・・・・・・・・・・・・・・・・・・・・・・ 18
非同期バス ・・・・・・・・・・・・・・・・・・・・・ 61, 66
非同期リセット ・・・・・・・・ 21, 31, 34, 38
不定値 ・・・・・・・・・・・・・・・・・・・・・・・・・ 38, 48
プライオリティ・エンコーダ ・・・・・・・・・・ 44
フラグ ・・・・・・・・・・・・・・・・・・・・・・・・・・・・・・ 65
フル・アダー ・・・・・・・・・・・・・・・・・・・・・・・・ 48
フレーム長異常 ・・・・・・・・・・・・・・・・・・・・・ 89
フレーム同期検出 ・・・・・・・・・・・・・・・・・・ 106
フレーム・パルス ・・・ 81, 107, 180, 181, 192
プロシージャ・コール ・・・・・・・・・・・・・・・ 187
ブロッキング代入 ・・・・・・・・・・・・・・・・・・・・ 26
プロトタイプ ・・・・・・・・・・・・・・・・・・・・・・・ 238
分周クロック ・・・・・・・・・・・・・・・・・・・・・・・・ 89
ポインタ ・・・・・・・・・・・・・・・・・・・・・・・・・・・・ 61
ポーリング ・・・・・・・・・・・・・・・・・・・・・・・・・ 230
補数 ・・・・・・・・・・・・・・・・・・・・・・・・・・・・・・・・ 52

●○● ま行 ●○●

マルチプレクサ ・・・・・・・・・・・・・・・・・・・・38, 99
右シフト ・・・・・・・・・・・・・・・・・・・・・・・・・・・・・46
命令コード ・・・・・・・・・・・・・・・・・・・・・・・・・・・12

●○● や行 ●○●

読み出しポインタ ・・・・・・・・・・・・・・・・・・・・・・61

●○● ら行 ●○●

リダクション演算 ・・・・・・・・・・・・・・・・・・・・・・73
リダクション演算子 ・・・・・・・・・・・・・・・・・・・・76
リプル・キャリ ・・・・・・・・・・・・・・・・・・・・・・・・58
ローカル変数 ・・・・・・・・・・・・・・・・・・・・・・・・・46
ローテート・シフト演算子 ・・・・・・・・・・・・・・46
論理圧縮 ・・・・・・・・・・・・・・・・・・・・・・・・・・・・・46
論理合成可能なモデル ・・・・・・・・・・・・・・・・・・9

●○● わ行 ●○●

割り込み ・・・・・・・・・・・・・・・・・・・・・・・・・・・・・18
ワンホット ・・・・・・・・・・・・・・・・・・・・・・45, 60

●○● 数字・英文 ●○●

10進カウンタ ・・・・・・・・・・・・・・・・・・・・34, 169
60進カウンタ ・・・・・・・・・・・・・・・・・・・・・・・・37
7セグメントLED ・・・・・・・・・169, 232, 249
ALU ・・・・・・・・・・・・・・・・・・・・・・・・・・・・・・・58
DMAコントローラ ・・・・・・・・・・・・・・・・・・・71
DMUX ・・・・・・・・・・・・・・・・・・・・・・・・・・・・・99
Dフリップフロップ ・・・・・・・・・・・・・・・21, 24
FIFO ・・・・・・・・・・・・・・・・・・・・・・・・・・・・・・61
IP ・・・・・・・・・・・・・・・・・・・・・・・・・・・・・9, 210
IPプロバイダ ・・・・・・・・・・・・・・・・・・・・・・・・9
ISAバス・インターフェース・コントローラ ・・69
LSB ・・・・・・・・・・・・・・・・・・・・・・・・・・・・・・・46
MSB ・・・・・・・・・・・・・・・・・・・・・・・・・・・・・・46
MUX ・・・・・・・・・・・・・・・・・・・・・・・・・・・・・・99
OPコード ・・・・・・・・・・・・・・・・・・・・・・・・・・12
PLI ・・・・・・・・・・・・・・・・・・・・・・・・・210, 212
RS-232-C ・・・・・・・・・・・・・210, 225, 235
RSフリップフロップ ・・・・・・・・・・・・・・・・・18
TEXTIO ・・・・・・・・・・・・・・・・・・・・204, 208
USB ・・・・・・・・・・・・・・・・・・・・・・・・210, 246
USBコントローラ ・・・・・・・・・・・・・・・・・246
VCD ・・・・・・・・・・・・・・・・・・・・・・・・・・・・・198
Verilog 2001 ・・・・・・・・・・・・・・・・・・・・・213
VHDL87 ・・・・・・・・・・・・・・・・・128, 157, 206
VHDL93 ・・・・・・・・128, 150, 152, 204, 206

著　者：**鳥海　佳孝**．1987年に日本電気入社．DSPの開発およびEDAシステムの管理に従事．1992年にエクセレント・デザインとコンサルティング契約を結ぶ．1993年に同社に入社．8ビットCPUとその周辺回路のシンセサイザブル・モデルの開発，およびコンサルティング業務を手がける．1996年に設計コンサルタント（個人事業主）として独立．HDLトレーニング講師，コンサルティング業務，受託開発，HDL関連の雑誌記事の執筆，インターネット関連のWebサーバの構築やCGIの開発，幼稚園のパソコン教室の講師などを請け負って現在に至る．趣味はサッカー（プレー＆観戦），パソコンの組み立て．家族構成は妻と子供3人．

田原迫　仁治．1987年に日本IBM入社．1991年にアクシス入社．ノート・パソコン（おもに海外向け）の開発に従事．1995年にエクセレント・デザイン入社．PCIやIrDAなどのIPコアの開発を手がける．現在はイクス・ベインに勤務し，NTSC/PALビデオ・デコーダIPの開発に従事．IP採用責任者をうならせる高画質と同期追従性能を目指して奮闘している．趣味はサッカー観戦＆タコプレー（オーバラップしたら帰って来ない鉄砲玉サイドバック），オーディオ，カメラ，MTB など．

横溝　憲治．1989年に日本電気エンジニアリング入社．LSI設計および設計用ワークステーションのシステム管理を担当．1996年に有限会社ひまわり取締役に就任．不動産管理業務のパソコン・システムの構築に従事．1997年に同社にLSI設計・コンサルティング部門を設立．HDL関連の教育・コンサルティング業務，LSIの受託開発，パソコン・ベースの中小企業向け業務システムの構築・コンサルティング業務を請け負って，現在に至る．地元横浜では消防団，体育指導委員，少年補導員に所属して地域活動へ参加．納期間近になると近所で火災が発生しないように祈る日々が続く．

実用HDLサンプル記述集　　　　　　　　　　　　　　　CD-ROM付き

2002年3月15日　初版発行

Copyright Ⓒ yoshitaka toriumi, masaru taharazako, kenji yokomizo 2002

著　者　鳥海　佳孝
　　　　田原迫　仁治
　　　　横溝　憲治
発行人　蒲生　良治
発行所　CQ出版株式会社
　　　　〒170-8461　東京都豊島区巣鴨1-14-2
　　　　電　話　03-5395-2126（編集）
　　　　　　　　03-5395-2141（販売）
　　　　振　替　00100-7-10665

（無断転載を禁じます）

（定価はカバーに表示してあります）
Printed in Japan

DTP・印刷・製本　クニメディア株式会社
乱丁・落丁本はお取り替えいたします．